DEUTSCHE KLASSIKER

Bibliothek
der literarischen
Meisterwerke

Arthur Schopenhauer
1788–1860
Ölgemälde (um 1818)
von L.S. Ruhl

DEUTSCHE KLASSIKER

# Arthur Schopenhauer
# Preisschrift über die Grundlage der Moral

Einmalige Sonderausgabe der
Manfred-Pawlak-Taschenbuch-VerlagsgesellschaftmbH,
Herrsching
nach dem Wortlaut des 1. Bandes der von Werner Brede
herausgegebenen Ausgabe
Arthur Schopenhauer
WERKE IN ZWEI BÄNDEN
1977


Umschlaggestaltung: Bine Cordes
unter Verwendung eines Gemäldes
von Angilbert Goebel
(Schopenhauer im Jahr 1859)

Gesamtherstellung: Elsnerdruck GmbH, Berlin
Printed in Germany
ISBN: 3-8224-1178-7

# PREISSCHRIFT
# ÜBER DIE GRUNDLAGE DER MORAL,

*nicht gekrönt*
*von der Königlich Dänischen Sozietät*
*der Wissenschaften,*
*zu Kopenhagen, am 30. Januar 1840*

## VORREDE ZUR ERSTEN AUFLAGE

Unabhängig voneinander, auf äußern Anlaß, entstanden, ergänzen diese beiden Abhandlungen sich dennoch gegenseitig zu einem System der Grundwahrheiten der Ethik, in welchem man hoffentlich einen Fortschritt dieser Wissenschaft, die seit einem halben Jahrhundert Rasttag gehalten hat, nicht verkennen wird. Jedoch durfte keine von beiden sich auf die andere und ebensowenig auf meine früheren Schriften berufen; weil jede für eine andere Akademie geschrieben und strenges Inkognito hiebei die bekannte Bedingung ist. Daher auch war nicht zu vermeiden, daß einige Punkte in beiden berührt wurden; indem nichts vorausgesetzt werden konnte und überall ab ovo anzufangen war. Es sind eigentlich spezielle Ausführungen zweier Lehren, die sich, den Grundzügen nach, im vierten Buche der »Welt als Wille und Vorstellung« finden, dort aber aus meiner Metaphysik, also synthetisch und a priori abgeleitet wurden, hier hingegen, wo, der Sache nach, keine Voraussetzungen gestattet waren, analytisch und a posteriori begründet auftreten: daher was dort das Erste war, hier das Letzte ist. Aber gerade durch dieses Ausgehn von dem allen gemeinsamen Standpunkt, wie auch durch die spezielle Ausführung, haben beide Lehren an Faßlichkeit, Überzeugungskraft und Entfaltung ihrer Bedeutsamkeit hier sehr gewonnen. Demnach sind diese beiden Abhandlungen als Ergänzung des vierten Buches meines Hauptwerks anzusehn, gerade so, wie meine Schrift »Über den Willen in der Natur« eine sehr wesentliche und wichtige Ergänzung des zweiten Buches ist. Übrigens, so heterogen auch der Gegenstand der zuletztgenannten Schrift dem der gegenwärtigen zu sein scheint; so ist dennoch zwischen ihnen wirklicher Zusammenhang, ja, jene Schrift ist gewissermaßen der Schlüssel zur gegenwärtigen, und die Einsicht in diesen Zusammenhang vollendet allererst das vollkommene Verständnis beider. Wenn einmal die Zeit gekommen sein wird, wo man mich liest, wird man finden, daß meine Philosophie ist wie Theben mit hundert Toren: von allen Seiten kann man hinein und durch jedes auf geradem Wege bis zum Mittelpunkt gelangen.

Noch habe ich zu bemerken, daß die erste dieser beiden Abhandlungen bereits im neuesten Bande der zu Drontheim erscheinenden Denkschriften der Königlich Norwegischen Sozietät der Wissenschaften ihre Stelle gefunden hat. Diese Akademie hat, in Betracht der weiten Entfernung Drontheims von Deutschland, mir die von ihr erbetene Erlaubnis, einen Abdruck dieser Preisschrift für Deutschland veranstalten zu dürfen, mit der größten Bereitwilligkeit und Liberalität gewährt: wofür ich derselben meinen aufrichtigen Dank hiemit öffentlich abstatte.

Die zweite Abhandlung ist von der Königlich Dänischen Sozietät der Wissenschaften *nicht* gekrönt worden, obschon keine andere da war, mit ihr zu kompetieren. Da diese Sozietät ihr Urteil über meine Arbeit veröffentlicht hat, bin ich berechtigt, dasselbe zu beleuchten und darauf zu replizieren. Der Leser findet dasselbe hinter der betreffenden Abhandlung und wird daraus ersehn, daß die Königliche Sozietät an meiner Arbeit durchaus nichts zu loben, sondern nur zu tadeln gefunden hat und daß dieser Tadel in drei verschiedenen Ausstellungen besteht, die ich jetzt einzeln durchgehn werde.

Der erste und hauptsächliche Tadel, dem die beiden andern nur akzessorisch beigegeben sind, ist dieser, daß ich die Frage mißverstanden hätte, indem ich irriger Weise vermeint hätte, es würde verlangt, daß man das Prinzip der Ethik aufstelle: hingegen wäre die Frage eigentlich und hauptsächlich gewesen nach dem *Nexus der Metaphysik mit der Ethik*. Diesen Nexus darzulegen hätte ich ganz unterlassen (omisso enim eo, quod potissimum postulabatur), sagt das Urteil im *Anfang*; jedoch drei Zeilen weiter hat es dies wieder vergessen und sagt das Gegenteil, nämlich: ich hätte denselben dargelegt (principii ethicae et metaphysicae suae nexum exponit), jedoch hätte ich dieses als einen Anhang und als etwas, darin ich mehr als verlangt worden leistete, geliefert.

Von diesem Widerspruch des Urteils mit sich selbst will ich ganz absehn: ich halte ihn für ein Kind der Verlegenheit, in welcher es abgefaßt worden. Hingegen bitte ich den gerechten und gelehrten Leser, die von der Dänischen Akademie gestellte *Preisfrage*, mit der ihr vorgesetzten *Einleitung*, wie beide, nebst meiner Verdeutschung derselben, der Abhandlung vorgedruckt stehn, jetzt aufmerksam zu durchlesen und sodann zu entscheiden, *wonach diese Frage eigentlich frägt*, ob nach dem letzten Grunde, dem Prinzip, dem Fundament, der wahren und eigentlichen Quelle der Ethik – oder aber nach dem Nexus zwischen Ethik und Metaphysik. – Um dem Leser die Sache zu erleichtern, will ich jetzt Einleitung und Frage analysierend durchgehn und den Sinn derselben auf das deutlichste hervorheben. Die *Einleitung* zur Frage sagt uns: »es gebe eine notwendige Idee der Moralität, oder einen Urbegriff vom moralischen Gesetze, der zwiefach hervortrete, nämlich einerseits in der Moral als Wissenschaft, und andererseits *im wirklichen Leben:* in diesem letztern zeige derselbe sich wiederum zwiefach, nämlich teils im Urteil über unsere eigenen, teils in dem über die Handlungen anderer. An diesen ursprünglichen Begriff der Moralität knüpften sich dann wieder andere, welche auf ihm beruheten. Auf diese Einleitung gründet nun die Sozietät ihre Frage, nämlich: wo denn *die Quelle und Grundlage der Moral* zu suchen sei? ob vielleicht in einer ursprünglichen Idee der Moralität, die etwa tatsächlich und unmittelbar im Bewußtsein, oder Gewissen, läge? diese müßte alsdann analysiert werden, wie auch die hieraus hervorgehenden Begriffe; oder aber ob die Moral einen andern Erkenntnisgrund habe?« – Latein lautet die Frage, wenn vom Unwesentlichen entkleidet und in eine ganz deutliche Stellung gebracht, also: Ubinam sunt quaerenda *fons et fundamentum philosophiae moralis*? Suntne quaerenda in explicatione ideae moralitatis, quae conscientia immediate contineatur? an in alio cognoscendi principo? Dieser letzte Fragesatz zeigt aufs deutlichste an, daß überhaupt nach dem *Erkenntnisgrund der Moral* gefragt wird. Zum Überfluß will ich jetzt noch eine paraphrastische Exegese der Frage hinzufügen. Die Einleitung geht aus von zwei ganz *empirischen* Bemerkungen: »es gebe, sagt sie, faktisch eine *Moralwissenschaft*; und ebenfalls sei es Tatsache, daß im *wirklichen Leben* moralische Begriffe sich bemerkbar machten; nämlich teils indem wir selbst, in unserm Gewissen, über unsere Handlungen moralisch richteten, teils indem wir die Handlungen anderer in moralischer Hinsicht beurteilten. Imgleichen wären mancherlei moralische Begriffe, z. B. Pflicht, Zurechnung u. dgl. in allgemeiner Geltung. In diesem allen nun trete doch eine ursprüngliche Idee der Moralität, ein Grundgedanke von einem moralischen Gesetze hervor, dessen Notwendigkeit jedoch eine eigentümliche und nicht eine bloß *logische* sei: d.h. welche nicht nach dem bloßen Satze vom Widerspruch aus den zu beurteilenden Handlungen, oder den diesen zum Grunde liegenden Maximen, bewiesen werden könne. Von diesem moralischen Urbegriff gingen nachher die übrigen moralischen Hauptbegriffe aus, und wären von ihm abhängig, daher auch unzertrennlich. – Worauf nun aber dieses alles beruhe? – das wäre doch ein wichtiger Gegenstand der Forschung. – Daher also stelle die Sozietät folgende Aufgabe: *die Quelle, d.h. der Ursprung der Moral, die Grundlage* derselben, soll *gesucht* werden (quaerenda sunt). *Wo* soll sie gesucht werden? d.h. wo ist sie zu finden? Etwan in einer uns angeborenen, in unserm Bewußtsein, oder Gewissen, liegenden *Idee der Moralität*? Diese, nebst den von ihr abhängigen Begriffen brauchte dann bloß analysiert (explicandis) zu werden. Oder aber ist sie woanders zu suchen? d.h. hat die Moral vielleicht einen ganz anderen Erkenntnisgrund unserer Pflichten zu ihrer Quelle, als den soeben vorschlags- und beispielsweise angeführten?« Dieses ist der, ausführlicher und deutlicher, aber treu und genau wiedergegebene Inhalt der Einleitung und Frage.

Wem kann nun hiebei auch nur der leiseste Zweifel bleiben daran, daß die Königliche Sozietät nach der *Quelle*, dem Ursprung, der Grundlage, dem letzten Erkenntnisgrunde *der Moral* frägt? – Nun kann aber die Quelle und Grundlage der *Moral* schlechterdings keine andere sein, als die der *Moralität* selbst: denn was theoretisch und ideal *Moral* ist, das ist praktisch und real *Moralität*. Die Quelle *dieser* aber muß notwendig der letzte Grund zu allem moralischen Wohlverhalten sein: eben diesen Grund muß daher auch ihrerseits die *Moral* aufstellen, um sich, bei allem, was sie dem Menschen vorschreibt, darauf zu stützen und zu berufen; wenn sie nicht etwan ihre Vorschriften entweder ganz aus der Luft greifen, oder aber sie falsch begründen will. Sie hat also diesen letzten Grund aller Moralität nachzuweisen: denn als wissenschaftliches Gebäude hat sie ihn zum Grundstein, wie die Moralität als Praxis ihn zum Ursprung hat. Er ist also unleugbar das fundamentum philosophiae moralis, danach die Aufgabe frägt:

folglich ist es klar wie der Tag, daß die Aufgabe wirklich verlangt, daß *ein Prinzip der Ethik* gesucht und aufgestellt werde, »ut principium aliquod Ethicae condereturα«, nicht in dem Sinn einer bloßen obersten Vorschrift oder Grundregel, sondern eines *Realgrundes aller Moralität, und deshalb Erkenntnisgrundes der Moral.* – Dieses *leugnet* nun aber das Urteil, indem es sagt, daß weil ich es vermeint hätte, meine Abhandlung nicht gekrönt werden könne. Allein das wird und muß jeder vermeinen, der die Aufgabe liest: denn es steht eben, schwarz auf weiß, mit klaren, unzweideutigen Worten da, und ist nicht wegzuleugnen, so lange die Worte der lateinischen Sprache ihren Sinn behalten.

Ich bin hierin weitläuftig gewesen: aber die Sache ist wichtig und merkwürdig. Denn hieraus ist klar und gewiß, daß *was diese Akademie gefragt zu haben leugnet, sie offenbar und unwidersprechlich gefragt hat.* – Dagegen behauptet sie, etwas anderes gefragt zu haben. Nämlich der *Nexus zwischen Metaphysik und Moral* sei der Hauptgegenstand der Preisfrage (diese allein kann unter ipsum thema verstanden werden) gewesen. Jetzt beliebe der Leser nachzusehn, ob davon *ein Wort* in der Preisfrage, oder in der Einleitung, zu finden sei: keine Silbe und auch keine Andeutung. Wer nach der Verbindung zweier Wissenschaften frägt, muß sie denn doch beide nennen: aber der Metaphysik geschieht weder in der Frage noch in der Einleitung Erwähnung. Übrigens wird dieser ganze Hauptsatz des Urteils deutlicher, wenn man ihn aus der verkehrten Stellung in die natürliche bringt, wo er in genau denselben Worten lautet: Ipsum thema ejusmodi disputationem flagitabat, in qua vel praecipuo loco metaphysicae et ethicae nexus consideraretur: sed scriptor, omisso eo, quod potissimum postulabatur, hoc expeti putavit, ut principium aliquod ethicae conderetur: itaque eam partem commentationis suae, in qua principii ethicae a se propositi et metaphysicae suae nexum exponit, appendicis loco habuit, in qua plus, quam postulatum esset, praestaret. Auch liegt die Frage nach dem Nexus zwischen Metaphysik und Moral schlechterdings nicht in dem Gesichtspunkte, von welchem die *Einleitung* der Frage ausgeht: denn diese hebt an mit *empirischen* Bemerkungen, beruft sich auf die *im gemeinen Leben* vorkommenden moralischen Beurteilungen u. dgl., frägt sodann, worauf denn das alles zuletzt beruhe? und schlägt endlich, als Beispiel einer möglichen Auflösung, eine angeborene, im Bewußtsein liegende Idee der Moralität vor, nimmt also in ihrem Beispiel, versuchsweise und problematisch, eine bloße *psychologische Tatsache* und nicht ein metaphysisches Theorem als Lösung an. Hiedurch aber gibt sie deutlich zu erkennen, daß sie die Begründung der Moral durch irgendeine *Tatsache*, sei es des Bewußtseins oder der Außenwelt, verlangt, nicht aber dieselbe aus den Träumen irgendeiner Metaphysik abgeleitet zu sehn erwartet: daher würde die Akademie eine Preisschrift, welche die Frage auf diese Art gelöst hätte, mit vollem Rechte haben abweisen können. Man erwäge das wohl. Nun kommt aber noch hinzu, daß die angeblich aufgestellte, jedoch nirgends zu findende Frage nach dem *Nexus der Metaphysik mit der Moral* eine ganz unbeantwortbare, folglich, wenn wir der Akademie einige Einsicht zutrauen, eine *unmögliche* wäre: *unbeantwortbar*, weil es eben keine *Metaphysik schlechthin* gibt, sondern nur verschiedene (und zwar höchst verschiedene) *Metaphysiken*, d.h. allerlei Versuche zur Metaphysik, in beträchtlicher Anzahl, nämlich so viele als es jemals Philosophen gegeben hat, von denen daher jede ein ganz anderes Lied singt, die also von Grund aus differieren und dissentieren. Demnach ließe sich wohl fragen nach dem Nexus zwischen der Aristotelischen, Epikurischen, Spinozischen, Leibnitzischen, Lockeschen, oder sonst einer bestimmt angegebenen Metaphysik, und der Ethik; aber nie und nimmermehr nach dem Nexus zwischen der *Metaphysik schlechthin* und der Ethik: weil diese Frage gar keinen bestimmten Sinn hätte, da sie das Verhältnis zwischen einer gegebenen und einer ganz unbestimmten, ja, vielleicht unmöglichen Sache fordert. Denn solange es keine als objektiv wahr anerkannte und unleugbare Metaphysik, also eine *Metaphysik schlechthin* gibt, wissen wir nicht einmal, ob eine solche überhaupt auch nur möglich ist, noch was sein wird und sein kann. Wollte man inzwischen urgieren, daß wir doch einen ganz allgemeinen, also freilich unbestimmten Begriff von der *Metaphysik überhaupt* hätten, in Hinsicht auf welchen nach dem Nexus überhaupt zwischen dieser Metaphysik in abstracto und der Ethik gefragt werden könnte; so ist das zuzugeben: jedoch würde die Antwort auf die in diesem Sinn genommene Frage so leicht und einfach sein, daß einen Preis auf dieselbe zu setzen lächerlich wäre. Sie könnte nämlich nichts weiter besagen, als daß eine wahre und vollkommene Metaphysik auch der Ethik ihre feste Stütze, ihre letzten Gründe darbieten müsse. Zudem findet man diesen Gedanken gleich im ersten Paragraphen meiner Abhandlung ausgeführt, wo ich unter den Schwierigkeiten der vorliegenden Frage besonders *die* nachweise, daß sie, ihrer Natur nach, die Begründung der Ethik durch irgendeine gegebene Metaphysik, von der man ausginge und auf die man sich stützen könnte, ausschließt.

Ich habe also im Obigen unwidersprechlich nachgewiesen, daß die Königlich Dänische Sozietät *das* wirklich gefragt hat, was sie gefragt zu haben leugnet; hingegen *das*, was sie gefragt zu haben behauptet, *nicht* gefragt hat, ja nicht einmal hat fragen können. Dieses Verfahren der Königlich Dänischen Sozietät wäre, nach dem von mir aufgestellten Moralprinzip, freilich nicht recht: allein da dieselbe mein Moralprinzip nicht gelten läßt; so wird sie wohl ein anderes haben, nach welchem es recht ist.

Was nun aber die Dänische Akademie *wirklich* gefragt hat, das habe ich genau beantwortet. Ich habe zuvörderst in einem *negativen* Teile dargetan, daß das Prinzip der Ethik nicht da liegt, wo man es, seit 60 Jahren, als sicher nachgewiesen annimmt. Sodann habe ich, im *positiven* Teile, die echte Quelle moralisch lobenswerter Handlungen aufgedeckt, und habe wirklich *bewiesen*, daß diese es sei, und keine andere es sein könne. Schließlich habe ich die Verbindung gezeigt, in welcher dieser ethische Realgrund mit – nicht *meiner* Metaphysik, wie das Urteil fälschlich angibt, auch nicht mit irgendeiner bestimmten Metaphysik – sondern mit einem allgemeinen Grundgedanken steht, der sehr vielen, vielleicht den meisten, ohne Zweifel den ältesten, nach meiner Meinung den wahrsten, metaphysischen Systemen gemeinsam ist. Diese metaphysische Darstellung habe ich nicht, wie das Urteil sagt, als einen Anhang, sondern als das letzte Kapitel der Abhandlung gegeben: es ist der Schlußstein des Ganzen, eine Betrachtung höherer Art, in die es ausläuft. Daß ich dabei gesagt habe, ich leistete hierin mehr als die Aufgabe eigentlich verlange, kommt eben daher, daß diese mit keinem Worte auf eine metaphysische Erklärung hindeutet, viel weniger, wie das Urteil behauptet, ganz eigentlich auf eine solche gerichtet wäre. Ob nun übrigens diese metaphysische Auseinandersetzung eine Zugabe, d.h. etwas darin ich mehr leiste als gefordert worden, sei, oder nicht, ist Nebensache, ja, gleichgültig: genug, daß sie dasteht. Daß aber das Urteil *dies* gegen mich geltend machen will, zeugt von seiner Verlegenheit: es greift nach allem, um nur etwas gegen meine Arbeit vorzubringen. Übrigens mußte, der Natur der Sache nach, jene metaphysische Betrachtung den Schluß der Abhandlung machen. Denn wäre sie vorangegangen; so hätte aus ihr das Prinzip der Ethik *synthetisch* abgeleitet werden müssen; was nur dann möglich gewesen wäre, wenn die Akademie gesagt hätte, aus welcher der vielen, so höchst verschiedenen Metaphysiken sie ein ethisches Prinzip abgeleitet zu sehn beliebe: die Wahrheit eines solchen aber wäre alsdann ganz von der dabei vorausgesetzten Metaphysik abhängig, also problematisch geblieben. Demnach machte die Natur der Frage eine *analytische* Begründung des moralischen Urprinzips, d.h. eine Begründung, die, ohne Voraussetzung irgendeiner Metaphysik, aus der Wirklichkeit der Dinge geschöpft wird, notwendig. Eben weil, in neuerer Zeit, dieser Weg als der allein sichere allgemein erkannt worden, hat Kant, wie auch schon die ihm vorhergegangenen englischen Moralisten, sich bemüht, das Moralprinzip, unabhängig von jeder metaphysischen Voraussetzung, auf analytischem Wege zu begründen. Davon wieder abzugehn, wäre ein offenbarer Rückschritt. Hätte diesen die Akademie dennoch verlangt; so mußte sie wenigstens dies auf das bestimmteste aussprechen: aber in ihrer Frage liegt nicht einmal eine Andeutung davon.

Da übrigens die Dänische Akademie über das Grundgebrechen meiner Arbeit großmütig geschwiegen hat, werde ich mich hüten es aufzudecken. Ich fürchte nur, dies wird uns nichts helfen; indem ich vorhersehe, daß die Naseweisheit des Lesers der Abhandlung dem faulen Fleck doch auf die Spur kommen wird. Allenfalls könnte es ihn irre führen, daß meine Norwegische Abhandlung mit demselben Grundgebrechen wenigstens ebensosehr behaftet ist. Die Königlich Norwegische Sozietät hat sich dadurch freilich nicht abhalten lassen, meine Arbeit zu krönen. Dieser Akademie anzugehören ist aber auch eine Ehre, deren Wert ich mit jedem Tage deutlicher einsehn und vollständiger ermessen lerne. Denn sie kennt, als Akademie, kein anderes Interesse, als das der Wahrheit, des Lichts, der Förderung menschlicher Einsicht und Erkenntnisse. Eine Akademie ist kein Glaubenstribunal. Wohl aber hat eine jede, ehe sie so hohe, ernste und bedenkliche Fragen, wie die beiden vorliegenden, als Preisfragen aufstellt, vorher bei sich selbst auszumachen und festzustellen, ob sie auch wirklich bereit ist, der Wahrheit, wie sie immer lauten möge (denn das kann sie nicht vorher wissen), öffentlich beizutreten. Denn hinterher, nachdem auf eine ernste Frage eine ernste Antwort eingegangen, ist es nicht mehr an der Zeit sie zurückzunehmen. Und wenn einmal der steinerne Gast geladen worden, da ist, bei dessen Eintritt, selbst Don Juan zu sehr ein Gentleman, als daß er seine Einladung verleugnen sollte. Diese Bedenklichkeit ist ohne Zweifel der Grund, weshalb die Akademien Europas sich in der Regel wohl hüten, Fragen solcher Art aufzustellen: wirklich sind die zwei vorliegenden die ersten, welche ich mich entsinne erlebt zu haben, weshalb eben, pour la rareté du fait, ich ihre Beantwortung unternahm. Denn obwohl mir seit geraumer Zeit klar geworden, daß ich die Philosophie zu ernstlich nehme, als daß ich ein Professor derselben hätte werden können; so habe ich doch nicht geglaubt, daß derselbe Fehler mir auch bei einer Akademie entgegenstehn könne.

Der zweite Tadel der Königlich Dänischen Sozietät lautet: scriptor neque ipsa disserendi forma nobis satisfecit. Dagegen ist nichts zu sagen: es ist das subjektive Urteil der Königlich Dänischen Societät*, zu dessen Erläuterung ich meine Arbeit veröffentliche und derselben das Urteil beifüge, damit es nicht verlorengehe, sondern aufbewahrt bleibe

* »Sie sagen: das muthet mich nicht an!
Und meinen, sie hätten's abgethan.«

Goethe

Zusatz zur zweiten Auflage

ἔστ' ἂν ὕδωρ τε ῥέῃ, καὶ δένδρεα μακρὰ τεθήλῃ,
ἠέλιός τ' ἀνιὼν φαίνῃ, λαμπρή τε σελήνη,
καὶ ποταμοὶ πλήθωσιν, ἀνακλύζῃ δὲ θάλασσα, —
ἀγγελέω παριοῦσι, Μίδας ὅτι τῇδε τέθαπται.*

(Dum fluit unda levis, sublimis nascitur arbor,
Dum sol exoriens et splendida luna relucet,
Dum fluvii labuntur, inundant littora fluctus,
Usque Midam viatori narro hic esse sepultum.)

Ich bemerke hiebei, daß ich hier die Abhandlung so gebe, wie ich sie eingesandt habe: d. h. ich habe nichts gestrichen, noch verändert: die wenigen, kurzen und nicht wesentlichen Zusätze aber, welche ich nach der Absendung beigeschrieben, bezeichne ich durch ein Kreuz am Anfang und Ende eines jeden derselben, um allen Ein- und Ausreden zuvorzukommen.**
Das Urteil fügt zu Obigem hinzu: neque reapse hoc fundamentum sufficere evicit. Dagegen berufe ich mich darauf, daß ich meine Begründung der Moral wirklich und ernstlich *bewiesen* habe, mit einer Strenge, welche der mathematischen nahe kommt. Dies ist in der *Moral* ohne Vorgang und nur dadurch möglich geworden, daß ich, tiefer als bisher geschehn, in die Natur des menschlichen Willens eindringend, die drei letzten Triebfedern desselben, aus denen alle seine Handlungen entspringen, zutage gebracht und bloßgelegt habe.

Im Urteil folgt aber noch gar: quin ipse contra esse confiteri coactus est. Wenn das heißen soll, ich selbst hätte meine Moralbegründung für ungenügend erklärt; so wird der Leser sehn, daß davon keine Spur zu finden und so etwas mir nicht eingefallen ist. Sollte aber vielleicht mit jener Phrase etwan gar darauf angespielt sein, daß ich, an einer Stelle, gesagt habe, die Verwerflichkeit der widernatürlichen Wollustsünden sei nicht aus demselben Prinzip

* Der letzte Vers war in der ersten Auflage weggelassen, unter der Voraussetzung, daß der Leser ihn ergänzen würde.

** Dies gilt nur von der ersten Auflage: in der gegenwärtigen sind die Kreuze weggelassen, weil sie etwas Störendes haben, zumal da jetzt zahlreiche neue Zusätze hinzugekommen sind. Daher muß, wer die Abhandlung genau in der Gestalt, in welcher sie der Akademie eingesandt worden, kennenlernen will, die erste Auflage zur Hand nehmen.

mit den Tugenden der Gerechtigkeit und Menschenliebe abzuleiten; – so hieße dies aus wenigem viel gemacht und wäre nur ein abermaliger Beweis, wie man zur Verwerfung meiner Arbeit nach allem gegriffen hat. Zum Schlusse und Abschiede erteilt mir sodann die Königlich Dänische Sozietät noch einen derben Verweis, wozu, selbst wenn dessen Inhalt gegründet wäre, ich ihre Berechtigung nicht einsehe. Ich werde ihr also darauf dienen. Er lautet: plures recentioris aetatis *summos philosophos* tam indecenter commemorari, ut iustam et gravem offensionem habeat. Diese summi philosophi sind nämlich – Fichte und Hegel! Denn über diese allein habe ich mich in starken und derben Ausdrücken, mithin so ausgesprochen, daß die von der Dänischen Akademie gebrauchte Phrase möglicherweise Anwendung finden könnte: ja, der darin ausgesprochene Tadel würde, an sich selbst, sogar gerecht sein, wenn diese Leute summi philosophi wären. Dies allein ist der Punkt, worauf es hier ankommt.

Was Fichten betrifft, so findet man in der Abhandlung nur das Urteil wiederholt und ausgeführt, was ich bereits vor 22 Jahren, in meinem Hauptwerke, über ihn abgegeben habe. So weit es hier zur Sprache kam, habe ich dasselbe durch einen Fichten eigens gewidmeten ausführlichen Paragraphen motiviert, aus welchem genugsam hervorgeht, wie weit er davon entfernt war, ein summus philosophus zu sein: dennoch habe ich ihn als einen »Talent-Mann« hoch über Hegeln gestellt. Über diesen allein habe ich, ohne Kommentar, mein unqualifiziertes Verdammungsurteil in den entschiedensten Ausdrücken ergehn lassen. Denn ihm geht, meiner Überzeugung nach, nicht nur alles Verdienst um die Philosophie ab; sondern er hat auf dieselbe, und dadurch auf die deutsche Literatur überhaupt, einen höchst verderblichen, recht eigentlich verdummenden, man könnte sagen pestilenzialischen Einfluß gehabt, welchem daher, bei jeder Gelegenheit, auf das nachdrücklichste entgegen zu wirken, die Pflicht jedes selbst zu denken und selbst zu urteilen Fähigen ist. Denn schweigen wir, wer soll dann sprechen? Nebst Fichten also ist es Hegel, auf den sich der am Schlusse des Urteils mir erteilte Verweis bezieht; ja, von ihm ist, da er am schlimmsten weggekommen, vornehmlich die Rede, wenn die Königlich Dänische Sozietät von recentioris aetatis summis philosophis spricht, gegen welche ich unanständigerweise es an schuldigem Respekt habe fehlen lassen. Sie erklärt also öffentlich, von eben dem Richterstuhl herab, von welchem sie Arbeiten wie meine mit unqualifiziertem Tadel verwirft, diesen Hegel für einen summus philosophus.

Wenn ein Bund zur Verherrlichung des Schlechten verschworener Journalschreiber, wenn besoldete Professoren der Hegelei, und schmachtende Privatdozenten, die es werden möchten, jenen sehr gewöhnlichen Kopf, aber ungewöhnlichen Scharlatan, als den größten Philosophen, den je die Welt besessen, unermüdlich und mit beispielloser Unverschämtheit, in alle vier Winde ausschreien; so ist das keiner ernstlichen Berücksichtigung wert, um so weniger, als die plumpe Absichtlichkeit dieses elenden Treibens nachgerade selbst dem wenig Geübten augenfällig werden muß. Wenn es aber so weit kommt, daß eine ausländische Akademie jenen Philosophaster als einen summus philosophus in Schutz nehmen will, ja, sich erlaubt, den Mann zu schmähen, der, redlich und unerschrocken, dem falschen, erschlichenen, gekauften und zusammengelogenen Ruhm mit *dem* Nachdruck sich entgegenstellt, der allein jenem frechen Anpreisen und Aufdringen des Falschen, Schlechten und Kopfverderbenden angemessen ist; so wird die Sache ernsthaft: denn ein so beglaubigtes Urteil könnte Unkundige zu großem und schädlichem Irrtum verleiten. Es muß daher *neutralisiert* werden: und dies muß, da ich nicht die Auktorität einer Akademie habe, durch Gründe und Belege geschehn. Solche also will ich jetzt so deutlich und faßlich darlegen, daß sie hoffentlich dienen werden, der Dänischen Akademie den Horazianischen Rat

Qualem commendes, etiam atque etiam adspice, ne mox Incutiant aliena tibi peccata pudorem,

für die Zukunft zu empfehlen.

Wenn ich nun zu diesem Zwecke sagte, die sogenannte Philosophie dieses Hegels sei eine kolossale Mystifikation, welche noch der Nachwelt das unerschöpfliche Thema des Spottes über unsere Zeit liefern wird, eine alle Geisteskräfte lähmende, alles wirkliche Denken erstickende und, mittelst des frevelhaftesten Mißbrauchs der Sprache, an dessen Stelle den hohlsten, sinnleersten, gedankenlosesten, mithin, wie der Erfolg bestätigt, verdummendesten Wortkram setzende Pseudophilosophie, welche, mit einem aus der Luft gegriffenen und absurden Einfall zum Kern, sowohl der Gründe als der Folgen entbehrt, d.h. durch nichts bewiesen wird, noch selbst irgend etwas beweist oder erklärt, dabei noch, der Originalität ermangelnd, eine bloße Parodie des scholastischen Realismus und zugleich des Spinozismus, welches Monstrum auch noch von der Kehrseite das Christentum vorstellen soll, also

*πρόσθε λέων, ὄπιθεν δὲ δράκων, μέσση δὲ χίμαιρα,*
(ora leonis erant, venter capra, cauda draconis),

so würde ich recht haben. Wenn ich ferner sagte, dieser summus philosophus der Dänischen Akademie habe Unsinn geschmiert wie kein Sterblicher je vor ihm, so daß, wer sein gepriesenstes Werk, die sogenannte »Phänomenologie des Geistes«*, lesen könne, ohne daß ihm dabei zumute würde, als wäre er im Tollhause, – hinein gehöre; so würde ich nicht minder recht haben. Allein da ließe ich der Dänischen Akademie den Ausweg, zu sagen, die hohen Lehren jener Weisheit wären niedrigen Intelligenzen, wie meiner, nicht erreichbar, und was mir Unsinn scheine, wäre bodenloser Tiefsinn. Da muß ich denn freilich nach einer festern Handhabe suchen, die nicht abgleiten kann, und den Gegner da in die Enge treiben, wo keine Hintertüre vorhanden ist. Demnach werde ich jetzt unwiderleglich beweisen, daß diesem summo philosopho der Dänischen Akademie sogar der gemeine Menschenverstand, so gemein er auch ist, abging. Daß man aber auch ohne diesen ein summus philosophus sein könne, ist eine Thesis, welche die Akademie nicht aufstellen wird. Jenen Mangel aber werde ich durch *drei* verschiedene Beispiele erhärten. Und diese werde ich entnehmen aus *dem* Buche, bei welchem er am allermeisten sich hätte besinnen, sich zusammennehmen und überlegen sollen, was er schrieb, nämlich aus seinem Studentenkompendio, betitelt »Enzyklopädie der philosophischen Wissenschaften«,

* Heißt eigentlich »System der Wissenschaft«, Bamberg 1807. In dieser Originalausgabe muß man es lesen, da es in den operibus omnibus von dem edierenden assecla etwas glatt geleckt sein soll.

welches Buch ein Hegelianer die Bibel der Hegelianer genannt hat.

Daselbst also, in der Abteilung »Physik«, § 293 (zweite Auflage, von 1827), handelt er vom spezifischen Gewichte, welches er spezifische Schwere nennt, und bestreitet die Annahme, daß dasselbe auf Verschiedenheit der Porosität beruhe, durch folgendes Argument: »Ein Beispiel vom *existierenden* Spezifizieren der Schwere ist die Erscheinung, daß ein auf seinem Unterstützungspunkte gleichgewichtig schwebender Eisenstab, wie er *magnetisiert* wird, sein Gleichgewicht verliert und sich an dem einen Pole jetzt schwerer zeigt als an dem andern. Hier wird der eine Teil so infiziert, daß er, ohne sein Volumen zu verändern, schwerer wird; die Materie, deren Masse nicht vermehrt worden, ist somit *spezifisch* schwerer geworden.« – Hier macht also der summus philosophus der Dänischen Akademie folgenden Schluß: »Wenn ein in seinem Schwerpunkt unterstützter Stab nachmals auf einer Seite schwerer wird; so senkt er sich nach dieser Seite: nun aber senkt ein Eisenstab, nachdem er magnetisiert worden, sich nach einer Seite: also ist er daselbst schwerer geworden.« Ein würdiges Analogon zu dem Schluß: »Alle Gänse haben zwei Beine, Du hast zwei Beine, also bist Du eine Gans.« Denn in kategorische Form gebracht, lautet der Hegel'sche Syllogismus: »Alles was auf einer Seite schwerer wird, senkt sich nach der Seite: dieser magnetisierte Stab senkt sich nach einer Seite: also ist er daselbst schwerer geworden.« Das ist die Syllogistik dieses summi philosophi und Reformators der Logik, dem man leider vergessen hat beizubringen, daß e meris affirmativis in secunda figura nihil sequitur. Im Ernst aber ist es die *angeborene* Logik, welche jedem gesunden und geraden Verstande dergleichen Schlüsse unmöglich macht, und deren Abwesenheit das Wort *Unverstand* bezeichnet. Wie sehr ein Lehrbuch, welches Argumentationen dieser Art enthält und vom Schwererwerden der Körper ohne Vermehrung ihrer Masse redet, geeignet ist, den geraden Verstand der jungen Leute schief und krumm zu biegen, bedarf keiner Auseinandersetzung. – Welches das Erste war.

Das zweite Beispiel vom Mangel des gemeinen Menschenverstandes in dem summo philosopho der Dänischen Akademie beurkundet der § 269 desselben Haupt- und Lehrwerks, in dem Satz: »Zunächst widerspricht die Gravitation unmittelbar dem Gesetze der Trägheit, denn vermöge jener strebt die Materie *aus sich selbst* zur andern hin.« – Wie?! nicht zu begreifen, daß es dem Gesetze der Trägheit so wenig zuwiderläuft, daß ein Körper von einem andern *angezogen*, als daß er von ihm *gestoßen* wird?! Im einen wie im andern Fall ist es ja der Hinzutritt einer äußern Ursache, welcher die bis dahin bestehende Ruhe oder Bewegung aufhebt oder verändert; und zwar so, daß, beim Anziehn wie beim Stoßen, Wirkung und Gegenwirkung einander gleich sind. – Und eine solche Albernheit so dummdreist hinzuschreiben! Und dies in ein Lehrbuch für Studenten, die dadurch an den ersten Grundbegriffen der Naturlehre, die keinem Gelehrten fremd bleiben dürfen, gänzlich und vielleicht auf immer irre gemacht werden. Freilich, je unverdienter der Ruhm, desto dreister macht er. – Dem, der denken kann (welches nicht der Fall unsers summi philosophi war, der bloß »den Gedanken« stets im Munde führte, wie die Wirtshäuser den Fürsten, der nie bei ihnen einkehrt, im Schilde), ist es nicht erklärlicher, daß ein Körper den andern fortstößt, als daß er ihn anzieht; da dem einen wie dem anderen unerklärte Naturkräfte, wie solche jede Kausalerklärung zur Voraussetzung hat, zum Grunde liegen. Will man daher sagen, daß ein Körper, der von einem andern, vermöge der Gravitation, angezogen wird, »aus sich selbst« zu ihm hinstrebt; so muß man auch sagen, daß der gestoßene Körper »aus sich selbst« vor dem stoßenden flieht, und wie im einen so im andern das Gesetz der Trägheit aufgehoben sehn. Das Gesetz der Trägheit fließt unmittelbar aus dem der Kausalität, ja, ist eigentlich nur dessen Kehrseite: »Jede Veränderung wird durch eine Ursache herbeigeführt«, sagt das Gesetz der Kausalität: »Wo keine Ursache hinzukommt, tritt keine Veränderung ein«, sagt das Gesetz der Trägheit. Daher würde eine Tatsache, die dem Gesetz der Trägheit widerspräche, geradezu auch dem der Kausalität, d.h. dem a priori Gewissen, widersprechen und uns eine Wirkung ohne Ursache zeigen: welches anzunehmen der Kern alles *Unverstandes* ist. – Welches das Zweite war.

Die dritte Probe der eben genannten angeborenen Eigenschaft

legt der summus philosophus der Dänischen Akademie im § 298 desselben Meisterwerkes ab, woselbst er, gegen die Erklärung der Elastizität durch Poren polemisierend, sagt: »Wenn zwar sonst in abstracto zugegeben wird, daß die Materie vergänglich, nicht absolut sei, so wird sich doch in der Anwendung dagegen gesträubt, – – – – – – –; so daß in der Tat die Materie als *absolut-selbständig, ewig*, angenommen wird. Dieser Irrtum wird durch den allgemeinen Irrtum des Verstandes eingeführt, daß usw.« – Welcher Dummkopf hat je zugegeben, daß *die Materie vergänglich* sei? Und welcher nennt das Gegenteil einen Irrtum? – Daß die Materie *beharrt*, d. h. daß sie nicht, gleich allem andern, entsteht und vergeht, sondern, unzerstörbar wie unentstanden, alle Zeit hindurch ist und bleibt, daher ihr Quantum weder vermehrt noch vermindert werden kann; dies ist eine Erkenntnis a priori, so fest und sicher wie irgendeine mathematische. Ein Entstehn oder Vergehn von Materie auch nur vorzustellen, ist uns schlechterdings unmöglich: weil die Form unsers Verstandes es nicht zuläßt. Dies leugnen, dies für einen Irrtum erklären, heißt daher allem Verstande geradezu entsagen. – Welches also das Dritte war. – Selbst das Prädikat *absolut* kann mit Fug und Recht der Materie beigelegt werden, indem es besagt, daß ihr Dasein ganz außerhalb des Gebietes der Kausalität liegt, und nicht mit eingeht in die endlose Kette von Ursachen und Wirkungen, als welche nur ihre Akzidenzien, Zustände, Formen betrifft und untereinander verbindet: auf diese, auf die *an* der Materie vorgehenden *Veränderungen* allein, erstreckt sich das Gesetz der Kausalität, mit seinem Entstehn und Vergehn, nicht auf die Materie. Ja, jenes Prädikat *absolut* hat an der Materie seinen alleinigen Beleg, dadurch es Realität erhält und zulässig ist, außerdem es ein Prädikat, für welches gar kein Subjekt zu finden, mithin ein aus der Luft gegriffener, durch nichts zu realisierender Begriff sein würde, nichts weiter als ein wohl aufgeblasener Spielball der Spaßphilosophen. – Beiläufig legt obiger Ausspruch dieses Hegels recht naiv an den Tag, welcher Altenweiber- und Rocken-Philosophie so ein sublimer, hyper-transszendenter, aerobatischer und bodenlos tiefer Philosoph eigentlich, in seinem Herzen, kindlich zugetan ist und welche Sätze er nie sich hat beigehn lassen in Frage zu ziehn.

Also der summus philosophus der Dänischen Akademie lehrt ausdrücklich: daß Körper ohne Vermehrung ihrer Masse schwerer werden können, und daß dies namentlich der Fall sei bei einem magnetisierten Eisenstabe; desgleichen, daß die Gravitation dem Gesetze der Trägheit widerspreche; endlich auch, daß die Materie vergänglich sei. Diese drei Beispiele werden wohl genügen, zu zeigen, was fein lang hervorguckt, sobald die dichte Hülle des aller Menschenvernunft Hohn sprechenden, unsinnigen Gallimathias, in welche gewickelt der summus philosophus einherzuschreiten und dem geistigen Pöbel zu imponieren pflegt, einmal eine Öffnung läßt. Man sagt: ex ungue leonem: aber ich muß, decenter oder indecenter, sagen: ex aure asinum. – Übrigens mag jetzt aus den drei hier vorgelegten speciminibus philosophiae Hegelianae der Gerechte und Unparteiische beurteilen, wer eigentlich indecenter commemoravit: der, welcher einen solchen Absurditätenlehrer ohne Umstände einen Scharlatan nannte, oder der, welcher ex cathedra academica dekretierte, er sei ein summus philosophus?

Noch habe ich hinzuzufügen, daß ich aus einer so reichen Auswahl von Absurditäten jeder Art, wie die Werke des summi philosophi darbieten, den drei eben präsentierten deshalb den Vorzug gegeben habe, weil bei ihrem Gegenstand es sich einerseits nicht handelt um schwierige, vielleicht unlösbare, philosophische Probleme, die demnach eine Verschiedenheit der Ansicht zulassen; und andererseits nicht um spezielle physikalische Wahrheiten, welche genauere empirische Kenntnisse voraussetzen; sondern es sich hier handelt um Einsichten a priori, h. h. um Probleme, die jeder durch bloßes Nachdenken lösen kann: daher eben ein verkehrtes Urteil in Dingen dieser Art ein entschiedenes und unleugbares Zeichen ganz ungewöhnlichen Unverstandes ist, das dreiste Aufstellen solcher Unsinnslehren aber in einem Lehrbuch für Studenten uns sehn läßt, welche Frechheit sich eines gemeinen Kopfes bemächtigt, wenn man ihn als einen großen Geist ausschreit. Daher dies zu tun ein Mittel ist, welches kein Zweck rechtfertigen kann. Mit den drei hier dargelegten speciminibus in physicis halte man zusammen die Stelle im § 98 desselben Meisterwerks, welche anhebt, »indem ferner der Repulsivkraft« – und sehe, mit welcher unendlichen Vornehmigkeit dieser Sünder herabblickt auf Newtons allgemeine Attraktion und Kants metaphysische Anfangsgründe der Naturwissenschaft. Wer Geduld hat, lese nun noch die §§ 40 bis 62, wo der summus philosophus eine verdrehte Darstellung der Kantischen Philosophie gibt und nun, unfähig die Größe der Verdienste Kants zu ermessen, auch von der Natur zu niedrig gestellt, um sich an der so unaussprechlich seltenen Erscheinung eines wahrhaft großen Geistes freuen zu können, statt dessen, von der Höhe selbstbewußter, unendlicher Überlegenheit vornehm herabblickt auf diesen großen, großen Mann, als auf einen, den er hundertmal übersieht und in dessen schwachen, schülerhaften Versuchen er, mit kalter Geringschätzung, halb ironisch, halb mitleidig, die Fehler und Mißgriffe, zur Belehrung seiner Schüler, nachweist. Auch § 254 gehört dahin. Diese Vornehmtuerei gegen echte Verdienste ist freilich ein bekannter Kunstgriff aller Scharlatane zu Fuß und zu Pferde, verfehlt jedoch, Schwachköpfen gegenüber, nicht leicht ihre Wirkung. Daher eben auch nächst der Unsinnsschmiererei die Vornehmtuerei der Hauptkniff auch dieses Scharlatans war, so daß er, bei jeder Gelegenheit, nicht bloß auf fremde Philosopheme, sondern auch auf jede Wissenschaft und ihre Methode, auf alles, was der menschliche Geist, im Laufe der Jahrhunderte, durch Scharfsinn, Mühe und Fleiß sich erworben hat, vornehm, fastidiös, schnöde und höhnisch herabblickt von der Höhe seines Wortgebäudes, und dadurch auch wirklich von der in seinem Abrakadabra verschlossenen Weisheit eine hohe Meinung beim deutschen Publiko erregt hat, als welches eben denkt:

> Sie sehen stolz und unzufrieden aus:
> Sie scheinen mir aus einem edlen Haus.

Urteilen aus eigenen Mitteln ist das Vorrecht weniger: die übrigen leitet Auktorität und Beispiel. Sie sehn mit fremden Augen und hören mit fremden Ohren. Daher ist es gar leicht, zu denken, wie jetzt alle Welt denkt; aber zu denken, wie alle Welt über dreißig Jahre denken wird, ist nicht jedermanns Sache. Wer nun also, an die Estime sur parole gewöhnt, die Verehrungswürdigkeit eines Schriftstellers auf *Kredit* angenommen hat, solche aber nachher auch bei andern geltend machen will, kann leicht in die Lage dessen geraten, der einen schlechten Wechsel diskontiert hat, welchen er, als er ihn honoriert zu sehn erwartet, mit bitterm Protest zurückerhält, und sich die Lehre geben muß, ein andermal die Firma des Ausstellers und die der Indossenten besser zu prüfen. Ich müßte meine aufrichtige Überzeugung verleugnen, wenn ich nicht annähme, daß auf den Ehrentitel eines summi philosophi, welchen die Dänische Akademie in bezug auf jenen Papier-, Zeit- und Kopf-Verderber gebraucht hat, das in Deutschland über denselben künstlich veranstaltete Lobgeschrei, nebst der großen Anzahl seiner Parteigänger überwiegenden Einfluß gehabt hat. Deshalb scheint es mir zweckmäßig, der Königlich Dänischen Sozietät die schöne Stelle in Erinnerung zu bringen, mit welcher ein wirklicher summus philosophus, Locke (dem es zur Ehre gereicht, von Fichten der schlechteste aller Philosophen genannt zu sein), das vorletzte Kapitel seines berühmten Meisterwerkes schließt, und die ich hier, zugunsten des deutschen Lesers, deutsch wiedergeben will:

»So groß auch der Lärm ist, der in der Welt über Irrtümer und Meinungen gemacht wird; so muß ich doch der Menschheit die Gerechtigkeit widerfahren lassen, zu sagen, daß nicht so viele, als man gewöhnlich annimmt, in Irrtümern und falschen Meinungen befangen sind. Nicht daß ich dächte, sie erkennten die Wahrheit; sondern weil sie hinsichtlich jener Lehren, mit welchen sie sich und andern so viel zu schaffen machen, in der Tat gar keine Meinungen und Gedanken haben. Denn wenn jemand den größten Teil aller Parteigänger der meisten Sekten auf der Welt ein wenig katechisierte; so würde er nicht finden, daß sie hinsichtlich der Dinge, für die sie so gewaltig eifern, irgendeine Meinung selbst hegten, und noch weniger würde er Ursache finden, zu glauben, daß sie eine solche infolge einer Prüfung der Gründe und eines Anscheins der Wahrheit angenommen hätten. Sondern sie sind entschlossen, der Partei, für welche Erziehung oder Interesse sie geworben haben, fest anzuhängen, und legen, gleich dem gemeinen Soldaten im Heere, ihren Mut und Eifer an den Tag, der Lenkung ihrer Führer gemäß, ohne die Sache, für welche sie streiten, jemals zu prüfen, oder selbst auch nur zu kennen. Wenn der Lebenswandel eines Menschen anzeigt, daß er auf die Religion keine ernstliche Rücksicht nimmt; warum sollen wir denn glauben, daß er über die Satzungen der Kirche sich den Kopf zerbrechen und sich anstrengen werde, die Gründe dieser oder jener Lehre zu prüfen? Ihm genügt es, daß er, seinen Lenkern gehorsam, Hand und Zunge stets bereit habe zur Unterstützung der gemeinsamen Sache, um dadurch sich denen zu bewähren, welche ihm Ansehn, Beförderung und Protektion, in der Gesellschaft, der er angehört, erteilen können. So werden Menschen Bekenner und Vorkämpfer von Meinungen, von welchen sie nie sich überzeugt, deren Proselyten sie nie geworden, ja, die niemals ihnen auch nur im Kopf herumgegangen sind. Obwohl man also nicht sagen kann, daß die Zahl der unwahrscheinlichen und irrigen Meinungen in der Welt kleiner sei, als sie vorliegt; so ist doch gewiß, daß denselben wenigere wirklich anhängen und sie fälschlich für Wahrheiten halten, als man sich vorzustellen pflegt.«

Wohl hat Locke recht: wer gute Löhnung gibt, findet jeder Zeit eine Armee, und sollte auch seine Sache die schlechteste auf der Welt sein. Durch tüchtige Subsidien kann man, so gut wie einen schlechten Prätendenten, auch einen schlechten Philosophen eine Weile obenauf erhalten. Jedoch hat Locke hier noch eine ganze Klasse der Anhänger irriger Meinungen und Verbreiter falschen Ruhmes unberücksichtigt gelassen, und zwar die, welche den rechten Troß, das Gros de l'armée derselben ausmacht: ich meine die Zahl derer, welche nicht prätendieren, z. B. Professoren der Hegelei zu werden, oder sonstige Pfründen zu genießen, sondern als reine Gimpel (gulls), im Gefühl der völligen Impotenz ihrer Urteilskraft, denen, die ihnen zu imponieren verstehn, nachschwätzen, wo sie Zulauf sehn, sich anschließen und mittrollen, und wo sie Lärm hören, mitschreien. Um nun die von Locke erteilte Erklärung eines zu allen Zeiten sich wiederholenden Phänomens auch von dieser Seite zu ergänzen, will ich eine Stelle aus meinem spanischen Favoritautor mitteilen, welche, da sie durchaus belustigend ist und eine Probe aus einem vortrefflichen, in Deutschland so gut wie unbekannten Buche gibt, dem Leser jedenfalls willkommen sein wird. Besonders aber soll diese Stelle vielen jungen und alten Gecken in Deutschland zum Spiegel dienen, welche, im stillen aber tiefen Bewußtsein ihres geistigen Unvermögens, den Schalken das Lob des Hegels nachsingen und in den nichtssagenden oder gar nonsensikalischen Aussprüchen dieses philosophischen Scharlatans wundertiefe Weisheit zu finden affektieren. Exempla sunt odiosa: daher ich ihnen, nur in abstracto genommen, die Lektion widme, daß man durch nichts sich so tief intellektuell herabsetzt, wie durch das Bewundern und Preisen des Schlechten. Denn Helvetius sagt mit Recht: le degré d'esprit nécessaire pour nous plaire, est une mesure assez exacte du degré d'esprit que nous avons. Viel eher ist das Verkennen des Guten auf eine Weile zu entschuldigen: denn das Vortrefflichste in jeder Gattung tritt, vermöge seiner Ursprünglichkeit, so neu und fremd an uns heran, daß, um es auf den ersten Blick zu erkennen, nicht nur Verstand, sondern auch große Bildung in der Gattung desselben erfordert wird: daher es, in der Regel, eine späte und um so spätere Anerkennung findet, als es höherer Gattung ist, und die wirklichen Erleuchter der Menschheit das Schicksal der Fixsterne teilen, deren Licht viele Jahre braucht, ehe es bis zum Gesichtskreise der Menschen herabgelangt. Hingegen Verehrung des Schlechten, Falschen, Geistlosen, oder gar Absurden, ja, Unsinnigen, läßt keine Entschuldigung zu; sondern man beweist dadurch unwiderruflich, daß man ein Tropf ist und folglich es bis ans Ende seiner Tage bleiben wird: denn Verstand wird nicht erlernt. – Andererseits aber bin ich, indem ich, auf erhaltene Provokation, die Hegelei, diese Pest der deutschen Literatur, einmal nach Verdienst behandele, des Dankes der Redlichen und Einsichtigen, die es noch geben mag, gewiß. Denn sie werden ganz der Meinung sein, welche Voltaire und Goethe, in auffallender Übereinstimmung, so ausdrücken: »La faveur prodiguée aux mauvais ouvrages est aussi contraire aux progrès de l'esprit que le déchainement contre lesbons.« (Lettre à la Duchesse du Maine. »Der eigentliche Obskurantismus ist nicht, daß man die Ausbreitung des Wahren, Klaren, Nützlichen hindert, sondern daß man das Falsche in Cours bringt.« (Nachlaß, Bd. 9, S. 54.) Welche Zeit aber hätte ein so planmäßiges und gewaltsames in Cours bringen des ganz Schlechten erlebt, wie diese letzten zwanzig Jahre in Deutschland? Welche andere hätte eine ähnliche Apotheose des

Unsinns und Aberwitzes aufzuweisen? Für welche andere scheint Schillers Vers

> Ich sah des Ruhmes heil'ge Kränze
> Auf der gemeinen Stirn entweiht,

so prophetisch bestimmt gewesen? Daher eben ist die spanische Rhapsodie, welche ich, zum heitern Schluß dieser Vorrede, mitteilen will, so wundervoll zeitgemäß, daß der Verdacht entstehn könnte, sie sei 1840 und nicht 1640 abgefaßt: dieserhalb diene zur Nachricht, daß ich sie treu übersetze aus dem Criticon de Baltazar Gracian, P. III, Crisi 4, p. 285, des ersten Bandes der ersten Antwerpener Quartausgabe der Obras de Lorenzo Gracian, von 1702.

»– – – Der Führer und Entzifferer unserer beiden Reisenden* fand aber unter allen die Seiler allein zu loben: weil sie in umgekehrter Richtung aller Übrigen gehn. –

Als sie nun angelangt waren, wurde ihre Aufmerksamkeit durch das Gehör erregt. Nachdem sie sich nach allen Seiten umgesehn, erblickten sie, auf einer gemeinen Bretterbühne, einen tüchtigen Schwadronör, umringt von einem großen Mühlrade Volks, welches hier eben gemahlen und bearbeitet wurde. Er hielt sie als seine Gefangenen fest, bei den Ohren angekettet; wiewohl nicht mit der goldenen Kette des Thebaners**, sondern mit einem eisernen Zaum. Dieser Kerl also bot, mit gewaltigem Maulwerk, welches dazu unerläßlich ist, Wunderdinge zur Schau aus. ›Nunmehro, meine Herren‹, sagte er, ›will ich Ihnen ein geflügeltes Wunder, welches dabei ein Wunder an Verstand ist, vorzeigen. Es freut mich, daß ich mit Personen von Einsicht, mit ganzen Leuten zu tun habe: jedoch muß ich bemerken, daß wenn etwan jemand unter Ihnen eben nicht mit einem ganz außerordentlichen Verstande begabt sein sollte, er sich jetzt nur gleich entfernen

* Sie sind Kritilo, der Vater, und Andrenio, der Sohn. Der Entzifferer ist der Desengaño, d.h. die Enttäuschung: er ist der zweite Sohn der Wahrheit, deren Erstgeborener der Haß ist: veritas odium parit.

** Er meint den Herkules, von welchem er P. II, cr. 2, p. 133 (wie auch in der Agudeza y arte, Disc. 19; und gleichfalls im Discreto, p. 398) sagt, daß von seiner Zunge Kettchen ausgegangen wären, welche die Übrigen an den Ohren gefesselt hielten. Er verwechselt ihn jedoch (durch ein Emblem des Ulciatus verleitet) mit dem Merkur, welcher, als Gott der Beredsamkeit, so abgebildet wurde.

kann, da die hohen und subtilen Dinge, welche nunmehr vorkommen werden, ihm nicht verständlich sein können. Also aufgepaßt, meine Herren von Einsicht und Verstand! Es wird nunmehro der Adler des Jupiters auftreten, welcher redet und argumentiert, wie es sich für einen solchen schickt, scherzt wie ein Zoylus und stichelt wie ein Aristarch. Kein Wort wird aus seinem Munde gehn, welches nicht ein Mysterium in sich schlösse, nicht einen witzigen Gedanken, mit hundert Anspielungen auf hundert Dinge enthielte. Alles was er sagt, werden Sentenzen von der erhabensten Tiefe* sein.‹ – ›Das wird‹, sagte Kritilo, ›ohne Zweifel irgendein Reicher oder Mächtiger sein: denn wäre er arm, würde alles, was er sagte, nichts taugen. Mit einer silbernen Stimme singt sich's gut, und mit einem goldenen Schnabel redet sich's noch schöner.‹ – ›Wohlan!‹ fuhr der Scharlatan fort, ›mögen sich nunmehr die Herren empfehlen, welche nicht selbst Adler an Verstand sind: denn für sie ist hier jetzt nichts zu holen.‹ – Was ist das? Keiner geht fort? Keiner rührt sich? – Die Sache war, daß keiner sich zu der Einsicht, daß er ohne Einsicht sei, bekannte, vielmehr alle sich für sehr einsichtig hielten, ihren Verstand ungemein ästimierten und eine hohe Meinung von sich hegten. Jetzt zog er an einem groben Zaum, und es erschien – das dümmste der Tiere: denn auch es nur zu nennen ist beleidigend. ›Hier sehn Sie‹, schrie der Betrüger, ›einen Adler, einen Adler an allen glänzenden Eigenschaften, am Denken und am Reden. Daß sich nur keiner beigehn lasse, das Gegenteil zu sagen: denn da würde er seinem Verstande schlechte Ehre machen.‹ – ›Beim Himmel‹, rief einer, ›ich sehe seine Flügel: o, wie großartig sie sind!‹ – ›Und ich‹, sagte ein anderer, ›kann die Federn darauf zählen: ach, wie sie so fein sind!‹ – ›Ihr seht es wohl nicht?‹ sprach einer zu seinem Nachbarn. ›Ich nicht?!‹ schrie dieser, ›ei, und wie deutlich!‹ Aber ein redlicher und verständiger Mann sagte zu seinem Nachbarn: ›So wahr ich ein ehrlicher Mann bin, ich sehe nicht, daß da ein Adler sei, noch daß er Federn habe, wohl aber vier lahme Beine und einen ganz respektablen Zagel (Schwanz).‹ – ›St! St?‹ erwiderte ein Freund, ›sagt das nicht, Ihr richtet Euch zugrunde: sie werden meinen, Ihr

* Ausdruck Hegels in der Hegelzeitung, vulgo Jahrbücher der wissenschaftlichen Literatur, 1827, Nr. 7. Das Original hat bloß: profundidades y sentencias.

wäret ein großer et cetera. Ihr höret ja was wir andern sagen und tun: also folgt dem Strom.‹ – ›Ich schwöre bei allen Heiligen‹, sagte ein anderer ebenfalls ehrlicher Mann, ›daß das nicht nur kein Adler ist, sondern sogar sein Antipode: ich sage, es ist ein großer et cetera.‹ – ›Schweig doch, schweig!‹ sagte, ihn mit dem Ellenbogen stoßend, sein Freund, ›willst du von allen ausgelacht werden? Du darfst nicht anders sagen, als daß es ein Adler sei, dächtest du auch ganz das Gegenteil: so machen wir's ja alle.‹ – ›Bemerken Sie nicht‹, schrie der Scharlatan, ›die Feinheiten, welche er vorbringt? Wer die nicht faßte und fühlte, müßte von allem Genie entblößt sein.‹ Auf der Stelle sprang ein Baccalaureus hervor ausrufend: ›Wie herrlich! Welche große Gedanken! Das Vortrefflichste der Welt! Welche Sentenzen! Laßt sie mich aufschreiben! Es wäre ewig schade, wenn auch nur ein Jota davon verlorenginge: (und nach seinem Hinscheiden werde ich meine Hefte edieren.)‹* – In diesem Augenblick erhob das Wundertier jenen seinen ohrzerreißenden Gesang, der eine ganze Ratsversammlung aus der Fassung bringen kann, und begleitete ihn mit einem solchen Strom von Ungebührlichkeiten, daß alle verdutzt dastanden, einander ansehend. ›Aufgeschaut, aufgeschaut, meine gescheuten** Leute‹, rief eilig der verschmitzte Betrüger, ›aufgeschaut und auf den Fußspitzen gestanden! Das nenne ich reden! Gibt es einen zweiten Apollo wie diesen? Was dünkt euch von der Zartheit seiner Gedanken, von der Beredsamkeit seiner Sprache? Gibt es auf der Welt einen größern Verstand?‹ – Die Umstehenden blickten einander an: aber keiner wagte zu mucksen, noch zu äußern, was er dachte und was eben die Wahrheit war, um nur nicht für einen Dummkopf gehalten zu werden: vielmehr brachen alle mit *einer* Stimme in Lob und Beifall aus. ›Ach, dieser Schnabel‹, rief eine lächerliche Schwätzerin, ›reißt mich ganz hin: den ganzen Tag könnte ich ihm zuhören.‹ – ›Und mich soll der Teufel holen‹, sprach fein leise ein Gescheuter, ›wenn es nicht ein Esel

* Lectio spuria, uncis inclusa.

** Man soll schreiben »Gescheut« und nicht »Gescheit«: der Etymologie des Worts liegt der Gedanke zum Grunde, welchen Chamfort sehr artig so ausdrückt: l'écriture a dit que le commencement de la sagesse était la crainte de Dieu; moi, je crois que c'est la crainle des hommes.

ist und aller Orten bleibt: werde mich jedoch hüten, dergleichen zu sagen.‹ – ›Bei meiner Treue‹, sagte ein anderer, ›das war ja keine Rede, sondern ein Eselgeschrei: aber wehe dem, der so etwas sagen wollte! Das geht jetzt so in der Welt: der Maulwurf gilt für einen Luchs, der Frosch für einen Kanarienvogel, die Henne für einen Löwen, die Grille für einen Stieglitz, der Esel für einen Adler. Was ist denn mir am Gegenteil gelegen? Meine Gedanken habe ich für mich, rede dabei wie alle, und laßt uns leben! Das ist's, worauf es ankommt.‹

Kritilo war aufs äußerste gebracht, solche Gemeinheit von der einen und solche Verschmitztheit von der anderen Seite sehn zu müssen. ›Kann die Narrheit sich so der Köpfe bemeistern?‹ dachte er. Aber der Spitzbube von Aufschneider lachte unter dem Schatten seiner großen Nase über alle, und sprach, wie in der Komödie bei Seite, triumphierend zu sich selbst: ›*Habe* ich sie dir alle zum besten? Könnte eine Kupplerin mehr leisten?‹ und von neuem gab er ihnen hundert Abgeschmacktheiten zu verdauen, wobei er abermals rief: ›Daß nur keiner sage, es sei nicht so: sonst stempelt er sich zum Dummkopf.‹ Dadurch stieg nun jener niederträchtige Beifall immer höher: auch Andrenio machte es schon wie alle. – Aber Kritilo, der es nicht länger aushalten konnte, wollte platzen. Er wandte sich zu seinem verstummten Entzifferer mit den Worten: ›Wie lange soll dieser Mensch unsere Geduld mißbrauchen, und wie lange willst du schweigen? Geht doch die Unverschämtheit und Gemeinheit über alle Grenzen!‹ – Worauf jener: ›Habe nur Geduld, bis die Zeit es aussagt: die wird schon, wie sie immer tut, die Wahrheit nachholen. Warte nur, daß das Ungetüm uns das Schwanzteil zukehre, und dann wirst du eben die, welche es jetzt bewundern, es verwünschen hören.‹ Und genau so fiel es aus, als der Betrüger seinen Diphthong von Adler und Esel (so erlogen jener, wie richtig dieser) wieder hineinzog. Im selben Augenblick fing einer und der andere an, mit der Sprache herauszurücken: ›Bei meiner Treue‹, sagte der eine, ›das war ja kein Genie, sondern ein Esel.‹ – ›Was für Narren wir gewesen sind!‹ rief ein anderer: und so machten sie sich gegenseitig Mut, bis es hieß: ›Hat man je eine ähnliche Betrügerei gesehn? Er hat wahrhaftig nicht ein einziges Wort gesprochen, woran etwas gewesen wäre, und wir klatschten ihm Beifall. Kurzum, es war ein Esel, und wir verdienen gesaumsattelt zu werden.‹

Aber eben jetzt trat von neuem der Scharlatan hervor, ein anderes und größeres Wunder verheißend: ›Nunmehro‹, sagte er, ›werde ich Ihnen wirklich nichts Geringeres vorführen, als einen weltberühmten Riesen, neben welchem Enceladus und Typhoeus sich gar nicht sehn lassen dürften. Ich muß jedoch zugleich erwähnen, daß, wer ihm ‚Riese!' zurufen wird, dadurch sein Glück macht: denn dem wird er zu großen Ehren verhelfen, wird Reichtümer auf ihn häufen, tausende, ja zehntausende von Piastern Einkünfte, dazu Würde, Amt und Stelle. Hingegen wehe dem, der keinen Riesen in ihm erkennt: nicht nur wird er keine Gnadenbezeugung erreichen, sondern ihn werden Blitz und Strafe erreichen. Aufgeschaut, die ganze Welt! Nun kommt er, nun zeigt er sich, o wie er emporragt!‹ – Eine Gardine ging auf und es erschien ein Männchen, welches, auf einen Hebe-Kran gestellt, nicht mehr sichtbar gewesen wäre, groß wie vom Ellenbogen bis zur Hand, ein Nichts, ein Pygmäe in jeder Hinsicht, im Wesen und Tun. ›Nun, was macht ihr? Warum schreiet ihr nicht? Warum applaudiert ihr nicht? Erhebet Eure Stimme, Redner! Singet, Dichter! Schreibt, Genies! Euer Chorus sei: der berühmte, der außerordentliche, der große Mann!‹ – Alle standen erstarrt und fragten einander mit den Augen: ›Was hat *der* von einem Riesen? Welchen Zug eines Helden seht ihr an ihm?‹ – Aber schon fing der Haufen der Schmeichler lauter und immer lauter zu schreien an: ›Ja, ja! der Riese, der Riese! der erste Mann der Welt! Welch ein großer Fürst war jener! Welch ein tapfrer Marschall dieser! Welch ein trefflicher Minister der und der!‹ Sogleich regnete es Dublonen über sie. Da schrieben die Autoren! schon nicht mehr Geschichte, sondern Panegyriken. Die Dichter, sogar Pedro Mateo* selbst, nagten an den Nägeln, um zu Brode zu gelangen. Und niemand war da, der es gewagt hätte, das Gegenteil zu sagen. Vielmehr schrien alle um die Wette: ›Der Riese! der große, der allergrößte Riese!‹ Denn jeder hoffte ein Amt, eine Pfründe. Im stillen und innerlich sagten sie freilich: ›Wie tapfer ich lüge! Er ist noch im-

* Er hat Heinrich IV. besungen: siehe Criticon, P. III, Cris. 12, p. 376.

mer nicht gewachsen, sondern bleibt ein Zwerg. Aber was soll ich machen? Geht ihr hin und sagt, was ihr denkt: dann seht zu, was euch das einbringen wird. Hingegen wie *ich* es mache, habe ich Bekleidung und Essen und Trinken, und kann glänzen und werde ein großer Mann. Mag er daher sein, was er will: er soll, der ganzen Welt zum Trotz, ein Riese sein.‹ – Andrenio fing an, dem Strome zu folgen und schrie auch: ›Der Riese, der Riese, der ungeheure Riese!‹ Und augenblicklich regnete es Geschenke und Dublonen über ihn: da rief er aus: ›Das, das ist Lebensweisheit!‹ Aber Kritilo stand da, und wollte außer sich geraten: ›Ich berste, wenn ich nicht rede‹, sagte er. ›Rede nicht‹, sprach der Entzifferer, ›und renne nicht in dein Verderben. Warte nur, daß dieser Riese uns den Rücken kehre, und du wirst sehn wie es geht.‹ So traf es ein: denn sobald jener seine Riesenrolle ausgespielt hatte und nun sich zurückzog in die Leichentüchergarderobe, da hoben alle an: ›Welche Pinsel sind wir doch gewesen! das war ja kein Riese, sondern ein Pygmäe, an dem nichts, und der zu nichts war‹, und fragten sich untereinander, wie es nur möglich gewesen. Kritilo aber sprach: ›Welch ein Unterschied ist es doch, ob man von einem bei seinem Leben oder nach dem Tode redet. Wie ändert die Abwesenheit die Sprache: wie groß ist doch die Entfernung zwischen über unsern Köpfen und unter unsern Füßen!‹

Allein die Betrügereien jenes modernen Sinon waren noch nicht zu Ende. Jetzt warf er sich auf die andere Seite und holte ausgezeichnete Männer, wahre Riesen hervor, die er für Zwerge ausgab, für Leute, die nichts taugten, nichts wären, ja, weniger als nichts: wozu denn alle Ja sagten, und wofür jene gelten mußten, ohne daß die Leute von Urteil und Kritik zu mucksen gewagt hätten. Ja, er führte den Phönix vor, und sagte, es wäre ein Käfer. Alle sprachen richtig Ja, das wäre er: und dafür mußte er nun gelten.« –

So weit Gracian, und so viel von dem summo philosopho, vor welchem die Dänische Akademie ganz ehrlich meint Respekt fordern zu dürfen: wodurch sie mich in den Fall gesetzt hat, für die mir erteilte Lektion ihr mit einer Gegenlektion zu dienen.

Noch habe ich zu bemerken, daß das Publikum gegenwärtige zwei Preisschriften ein halbes Jahr früher erhalten haben würde, wenn ich mich nicht fest darauf verlassen hätte, daß die Königlich Dänische Sozietät, wie es Recht ist und alle Akademien tun, in demselben Blatte, darin sie ihre Preisfragen für das Ausland publiziert (hier die Halle'sche Litteraturzeitung) auch die Entscheidung derselben bekannt machen würde. Das tut sie aber nicht, sondern man muß die Entscheidung aus Kopenhagen einholen, welches um so schwieriger ist, als nicht einmal der Zeitpunkt derselben in der Preisfrage angegeben wird. Diesen Weg habe ich daher sechs Monate zu spät eingeschlagen.*

Frankfurt a. M., im September 1840.

* Sie hat ihr Urteil jedoch nachträglich publiziert, d. h. nach dem Erscheinen gegenwärtiger Ethik und dieser Rüge. Nämlich im Intelligenzblatt der Halle'schen Litteraturzeitung, November 1840, N. 59, wie auch in der Jena'schen Litteraturzeitung desselben Monats, hat sie dasselbe abdrucken lassen, – also im November publiziert, was im Januar entschieden worden.

## VORREDE ZUR ZWEITEN AUFLAGE

Beide Preisschriften haben in dieser zweiten Auflage ziemlich beträchtliche Zusätze erhalten, welche meistens nicht lang, aber an vielen Stellen eingefügt sind und zum gründlichen Verständnis des Ganzen beitragen werden. Nach der Seitenzahl kann man sie nicht abschätzen; wegen des größern Fomats gegenwärtiger Auflage. Überdies würden sie noch zahlreicher sein, wenn nicht die Ungewißheit, ob ich diese zweite Auflage erleben würde, mich in der Zwischenzeit genötigt hätte, die hieher gehörigen Gedanken, sukzessiv, wo ich es eben konnte, einstweilen niederzulegen, nämlich teils im zweiten Bande meines Hauptwerkes, Kap. 47, und teils in »Parerga und Paralipomena«, Bd. 2, Kap. 8. –

Die von der Dänischen Akademie verworfene und bloß mit einem öffentlichen Verweis belohnte Abhandlung über das Fundament der Moral erscheint also hier nach zwanzig Jahren in zweiter Auflage. Über das Urteil der Akademie habe ich die nötige Auseinandersetzung schon in der ersten Vorrede gegeben, und daselbst vor allen Dingen nachgewiesen, daß in demselben die Akademie leugnet gefragt zu haben was sie gefragt hat, hingegen gefragt zu haben behauptet was sie durchaus nicht gefragt hat: und zwar habe ich dieses (S. 527–531) so klar, ausführlich und gründlich dargetan, daß kein Rabulist auf der Welt sie davon weiß brennen kann. Was es nun aber hiemit auf sich habe, brauche ich nicht erst zu sagen. Über das Verfahren der Akademie im ganzen habe ich jetzt, nach zwanzigjähriger Zeit zur kühlsten Überlegung, noch Folgendes hinzuzufügen.

Wenn der Zweck der Akademien wäre, die Wahrheit möglichst zu unterdrücken, Geist und Talent nach Kräften zu ersticken und den Ruhm der Windbeutel und Scharlatane tapfer aufrecht zu erhalten; so hätte diesmal unsere Dänische Akademie demselben vortrefflich entsprochen. Weil ich nun aber mit dem von mir verlangten Respekt vor Windbeuteln und Scharlatanen, welche von feilen Lobsängern und betörten Gimpeln für große Denker ausgeschrien sind, ihr nicht dienen kann; so will ich, statt dessen, den

Herren von der Dänischen Akademie einen nützlichen Rat erteilen. Wenn die Herren Preisfragen in die Welt ergehn lassen, müssen sie vorher sich eine Portion Urteilskraft anschaffen, wenigstens so viel man fürs Haus braucht, gerade nur um nötigenfalls doch Hafer von Spreu unterscheiden zu können. Denn außerdem, wenn es da in secunda Petri* gar zu schlecht bestellt ist, kann man garstig anlaufen. Nämlich auf Midas-Urteil folgt Midas-Schicksal, und bleibt nicht aus. Nichts kann davor schützen; keine gravitätische Gesichter und vornehme Mienen können helfen. Auch kommt es zutage. Wie dicke Perücken man auch aufsetzen mag – es fehlt doch nicht an indiskreten Barbieren, an indiskretem Schilfrohr, ja, heutzutage nimmt man sich nicht die Mühe, dazu erst ein Loch in die Erde zu bohren. – Zu diesem allen kommt nun aber noch die kindliche Zuversicht, mir einen öffentlichen Verweis zu erteilen und ihn in deutschen Literaturzeitungen abdrukken zu lassen, darüber, daß ich nicht so pinselhaft gewesen bin, mir imponieren zu lassen durch den von demütigen Ministerkreaturen angestimmten und vom hirnlosen literarischen Pöbel lange fortgesetzten Lobgesang, um daraufhin bloße Gaukler, die nie die Wahrheit, sondern stets nur ihre eigene Sache gesucht haben, mit der Dänischen Akademie für Summi philosophi zu halten. Ist es denn diesen Akademikern gar nicht eingefallen, sich erst zu fragen, ob sie auch nur einen Schatten von Berechtigung hätten, mir über meine Ansichten öffentliche Verweise zu erteilen? Sind sie so gänzlich von allen Göttern verlassen, daß ihnen dies nicht in den Sinn kam? – Jetzt kommen die Folgen: die Nemesis ist da: schon rauscht das Schilfrohr! Ich bin, dem vieljährigen, vereinten Widerstande sämtlicher Philosophieprofessoren zum Trotz, endlich durchgedrungen, und über die Summi philosophi unserer Akademiker gehn dem gelehrten Publiko die Augen immer weiter auf: wenn sie auch noch von armseligen Philosophieprofessoren, die sich längst mit ihnen kompromittiert haben und zudem ihrer als Stoff zu Vorlesungen bedürfen, noch ein Weilchen, mit schwachen Kräften, aufrecht erhalten werden; so sind sie doch gar sehr in der öffentlichen Ästimation gesunken,

* Dialectices Petri Rami pars secunda, quae est »de iudicio«.

und besonders geht Hegel mit starken Schritten der Verachtung entgegen, die seiner bei der Nachwelt wartet. Die Meinung über ihn hat sich, seit zwanzig Jahren, dem Ausgang, mit welchem die in der ersten Vorrede mitgeteilte Allegorie Gracians schließt, schon auf drei Viertel des Weges genähert, und wird ihn, in einigen Jahren, ganz erreicht haben, um völlig mit dem Urteil zusammenzutreffen, welches, vor zwanzig Jahren, der Dänischen Akademie tam justam et gravem offensionem gegeben hat. Daher will ich, als Gegengeschenk für ihren Verweis, der Dänischen Akademie ein Goethe'sches Gedicht, in ihr Album, verehren:

»Das Schlechte kannst du immer loben:
Du hast dafür sogleich den Lohn!
In deinem Pfuhle schwimmst du oben
Und *bist der Pfuscher Schutzpatron.*

Das Gute schelten? Magst's probieren!
Es geht, wenn du dich frech erkühnst:
Doch treten, wenn's die Menschen spüren,
Sie dich in Quark, wie du's verdienst.«

Daß unsere deutschen Philosophieprofessoren den Inhalt der vorliegenden ethischen Preisschriften keiner Berücksichtigung, geschweige Beherzigung, wert gehalten haben, ist schon von mir, in der Abhandlung über den Satz vom Grunde, S. 47–49 der zweiten Auflage, gebührend anerkannt worden, und versteht sich überdies von selbst. Wie sollten doch hohe Geister dieser Gattung auf *das* achten, was Leutchen, wie ich, sagen! Leutchen, auf die sie, in ihren Schriften, höchstens im Vorübergehn und von oben herab einen Blick der Geringschätzung und des Tadels werfen. Nein, was ich vorbringe, ficht sie nicht an: sie bleiben bei ihrer Willensfreiheit und ihrem Sittengesetz; sollten auch die Gründe dagegen so zahlreich sein wie die Brombeeren. Denn jene gehören zu den obligaten Artikeln, und sie wissen, wozu sie da sind: in majorem Dei gloriam sind sie da und verdienen sämtlich Mitglieder der Königlich Dänischen Akademie zu werden.

Frankfurt a. M., im August 1860.

Die von der Königl. Sozietät aufgestellte Frage, nebst vorangeschickter Einleitung, lautet:

Quum primitiva moralitatis idea, sive de summa lege morali principalis notio, sua quadam propria eaque minime logica necessitate, tum in ea disciplina appareat, cui propositum est cognitionem *τοῦ ἠθικοῦ* explicare, tum in vita, partim in conscientiae judicio de nostris actionibus, partim in censura morali de actionibus aliorum hominum; quumque complures, quae ab illa idea inseparabiles sunt, eamque tanquam originem respiciunt, notiones principales ad *το ἠθικον* spectantes, velut officii notio et imputationis, eadem necessitate eodemque ambitu vim suam exserant, – et tamen inter eos cursus viasque, quas nostrae aetatis meditatio philosophica persequitur, magni momenti esse videatur, hoc argumentum ad disputationem revocare, – cupit Societas, ut accurate haec quaestio perpendatur et pertractetur:

*Philosophiae moralis fons et fundamentum* utrum in idea moralitatis, quae immediate conscientia contineatur, et ceteris notionibus fundamentalibus, quae ex illa prodeant, explicandis *quaerenda sunt*, an in alio cognoscendi principio?

*Verdeutscht:*

Da die ursprüngliche Idee der Moralität, oder der Hauptbegriff vom obersten Moralgesetze, mit einer ihr eigentümlichen, jedoch keineswegs logischen Notwendigkeit, sowohl in derjenigen Wissenschaft hervortritt, deren Zweck ist, die Erkenntnis des Sittlichen darzulegen, als auch im wirklichen Leben, woselbst sie sich teils im Urteil des Gewissens über unsere eigenen Handlungen, teils in unserer moralischen Beurteilung der Handlungen anderer zeigt; und da ferner mehrere, von jener Idee unzertrennliche und aus ihr entsprungene moralische Hauptbegriffe, wie z. B. der Begriff der Pflicht und der der Zurechnung, mit gleicher Notwendigkeit und in gleichem Umfang sich geltend machen; – und da es doch bei den Wegen, welche die philosophische Forschung unserer Zeit verfolgt, sehr wichtig scheint, diesen Gegenstand wieder zur Untersuchung zu bringen; – so wünscht die Sozietät, daß folgende Frage sorgfältig überlegt und abgehandelt werde:

Ist *die Quelle und Grundlage der Moral zu suchen* in einer unmittelbar im Bewußtsein (oder Gewissen) liegenden Idee der Moralität und in der Analyse der übrigen, aus dieser entspringenden, moralischen Grundbegriffe, oder aber in einem andern Erkenntnisgrunde?

# I.
# EINLEITUNG

## § 1
## *Über das Problem*

Eine von der Königlich Holländischen Sozietät zu Harlem 1810 aufgestellte und von J. C. F. Meister erledigte Preisfrage: »Warum die Philosophen in den ersten Grundsätzen der Moral so sehr abweichen, aber in den Folgerungen und den Pflichten, die sie aus ihren Grundsätzen ableiten, übereinstimmen?« – war eine gar leichte Aufgabe, im Vergleich mit der vorliegenden. Denn:

1) Die gegenwärtige Frage der Königlichen Sozietät ist auf nichts Geringeres gerichtet, als auf das objektiv wahre Fundament der Moral und folglich auch der Moralität. Eine Akademie ist es, welche die Frage aufwirft: sie will, als solche, keine auf praktische Zwecke gerichtete Ermahnung zur Rechtlichkeit und Tugend, gestützt auf Gründe, deren Scheinbarkeit man hervorhebt und deren Schwäche man verschleiert, wie dies bei Vorträgen für das Volk geschieht: sondern, da sie als Akademie nur theoretische und nicht praktische Zwecke kennt, will sie die rein philosophische, d.h. von allen positiven Satzungen, allen unbewiesenen Voraussetzungen und sonach von allen metaphysischen, oder auch mythischen Hypostasen unabhängige, objektive, unverschleierte und nackte Darlegung des letzten Grundes zu allem moralischen Wohlverhalten. – Dies aber ist ein Problem, dessen überschwengliche Schwierigkeit dadurch bezeugt wird, daß nicht nur die Philosophen aller Zeiten und Länder sich daran die Zähne stumpf gebissen haben, sondern sogar alle Götter des Orients und Okzidents demselben ihr Dasein verdanken. Wird es daher bei dieser Gelegenheit gelöst; so wird fürwahr die Königliche Sozietät ihr Gold nicht übel angelegt haben.

2) Überdies unterliegt die theoretische Untersuchung des Fundaments der Moral dem ganz eigenen Nachteil, daß sie leicht

für ein Unterwühlen desselben, welches den Sturz des Gebäudes selbst nach sich ziehn könnte, gehalten wird. Denn das praktische Interesse liegt hier dem theoretischen so nahe, daß sein wohlgemeinter Eifer schwer zurückzuhalten ist von unzeitiger Einmischung. Nicht jeder vermag das rein theoretische, allem Interesse, selbst dem moralisch-praktischen, entfremdete Forschen nach objektiver Wahrheit deutlich zu unterscheiden vom frevelhaften Angriff auf geheiligte Herzensüberzeugung. Daher muß, wer hier Hand ans Werk legt, zu seiner Ermutigung, sich allezeit gegenwärtig erhalten, daß vom Tun und Treiben der Menschen, wie vom Gewühl und Lärm des Marktes, nichts weiter abliegt, als das in tiefe Stille zurückgezogene Heiligtum der Akademie, wohin kein Laut von außen dringen darf, und wo keine andere Götter ein Standbild haben, als ganz allein die hehre, nackte Wahrheit.

Die Konklusion aus diesen beiden Prämissen ist, daß mir eine völlige Parrhesia, nebst dem Recht alles zu bezweifeln, gestattet sein muß; und daß, wenn ich, selbst so, nur irgend etwas in dieser Sache *wirklich* leiste, – es viel geleistet sein wird.

Aber noch andere Schwierigkeiten stehn mir entgegen. Es kommt hinzu, daß die Königliche Sozietät das Fundament der Ethik allein für sich, abgesondert, in einer kurzen Monographie dargelegt, folglich außer seinem Zusammenhange mit dem gesamten System irgendeiner Philosophie, d.h. der eigentlichen Metaphysik, verlangt. Dies muß die Leistung nicht nur erschweren, sondern sogar notwendig unvollkommen machen. Schon Christian Wolff sagt: »Tenebrae in philosophia practica non dispelluntur, nisi luce metaphysica affulgente« (Phil. pract., P. II, § 28), und Kant: »Die Metaphysik muß vorangehn, und ohne sie kann es überall keine Moralphilosophie geben.« (Grundlegung zur Metaphysik der Sitten. Vorrede.) Denn, wie jede Religion auf Erden, indem sie Moralität vorschreibt, solche nicht auf sich beruhen läßt, sondern ihr eine Stütze gibt an der Dogmatik, deren Hauptzweck gerade dies ist; so muß in der Philosophie das ethische Fundament, welches es auch sei, selbst wieder seinen Anhaltspunkt und seine Stütze haben an irgendeiner Metaphysik, d.h. an der gegebenen Erklärung der Welt und des Daseins überhaupt; indem der letzte und wahre Aufschluß über das innere

Wesen des Ganzen der Dinge notwendig eng zusammenhangen muß mit dem über die ethische Bedeutung des menschlichen Handelns, und jedenfalls dasjenige, was als Fundament der Moralität aufgestellt wird, wenn es nicht ein bloßer abstrakter Satz, der, ohne Anhalt in der realen Welt, frei in der Luft schwebt, sein darf, irgendeine, entweder in der objektiven Welt, oder im menschlichen Bewußtsein gelegene Tatsache sein muß, die, als solche, selbst wieder nur Phänomen sein kann und folglich, wie alle Phänomene der Welt, einer ferneren Erklärung bedarf, welche dann von der Metaphysik gefordert wird. Überhaupt ist die Philosophie so sehr ein zusammenhängendes Ganzes, daß es unmöglich ist, irgendeinen Teil derselben erschöpfend darzulegen, ohne alles übrige mitzugeben. Daher sagt Plato ganz richtig: *Ψυχης οὐν φυσιν ἀξιως λογου κατανοησαι οἰει δυνατον εἰναι, ἀνευ της του ὁλου φυσεως* (Animae vero naturam absque totius natura sufficienter cognosci posse existimas? – Phaedr., p. 371, Bip.) Metaphysik der Natur, Metaphysik der Sitten und Metaphysik des Schönen setzen sich wechselseitig voraus und vollenden erst in ihrem Zusammenhang die Erklärung des Wesens der Dinge und des Daseins überhaupt. Daher, wer *eine* von diesen dreien bis auf ihren letzten Grund durchgeführt hätte, zugleich die andern in seine Erklärung mit hineingezogen haben müßte; gleichwie, wer von irgend *einem* Dinge in der Welt ein erschöpfendes, bis auf den letzten Grund klares Verständnis hätte, auch die ganze übrige Welt vollkommen verstanden haben würde.

Von einer gegebenen und als wahr angenommenen Metaphysik aus, würde man auf *synthetischem* Wege zum Fundament der Ethik gelangen; wodurch dieses selbst von unten aufgebaut sein würde, folglich die Ethik fest gestützt aufträte. Hingegen bei der durch die Aufgabe notwendig gemachten Sonderung der Ethik von aller Metaphysik, bleibt nichts übrig, als das *analytische* Verfahren, welches von Tatsachen, entweder der äußern Erfahrung, oder des Bewußtseins ausgeht. Diese letztern kann es zwar auf ihre letzte Wurzel im Gemüte des Menschen zurückführen, welche dann aber als Grundfaktum, als Urphänomen, stehnbleiben muß, ohne weiter auf irgend etwas zurückgeführt zu werden; wodurch denn die ganze Erklärung eine bloß *psychologische* bleibt. Höchstens kann noch akzessorisch ihr Zusammenhang mit irgendeiner allgemeinen metaphysischen Grundansicht angedeutet werden. Hingegen würde jenes Grundfaktum, jenes ethische Urphänomen, selbst wieder begründet werden können, wenn man, die Metaphysik zuerst abhandelnd, aus ihr, synthetisch verfahrend, die Ethik ableiten dürfte. Dies hieße aber ein vollständiges System der Philosophie aufstellen; wodurch die Grenze der gestellten Frage weit überschritten würde. Ich bin also genötigt, die Frage innerhalb der Grenzen zu beantworten, welche sie, durch ihre Vereinzelung, selbst gezogen hat.

Und nun endlich noch wird das Fundament, auf welches ich die Ethik zu stellen beabsichtige, sehr schmal ausfallen: wodurch von dem vielen, was an den Handlungen der Menschen legal, billigungs- und lobenswert ist, nur der kleinere Teil als aus rein moralischen Bewegungsgründen entsprungen sich ergeben, der größere Teil aber anderartigen Motiven anheimfallen wird. Dies befriedigt weniger und fällt nicht so glänzend in die Augen, wie etwan ein kategorischer Imperativ, der stets zu Befehl steht, um selbst wieder zu befehlen, was getan und was gelassen werden soll; anderer, materieller Moralbegründungen gar zu geschweigen. Da bleibt mir nichts übrig, als an den Spruch des Koheleth (4, 6) zu erinnern: »Es ist besser eine Hand voll mit Ruhe, denn beide Fäuste voll mit Mühe und Eitelkeit.« Des Echten, Probehaltigen und Unzerstörbaren ist in aller Erkenntnis stets wenig; wie die Erzstufe wenige Unzen Gold in einem Zentner Stein verlarvt enthält. Aber ob man nun wirklich mit mir den *sichern* Besitz dem *großen*, das wenige Gold, welches im Tiegel zurückbleibt, der ausgedehnten Masse, die herangeschleppt wurde, vorziehn, – oder ob man vielmehr mich beschuldigen werde, der Moral ihr Fundament mehr entzogen als gegeben zu haben, sofern ich nachweise, daß die legalen und lobenswerten Handlungen der Menschen oft gar keinen und meistens nur einen *kleinen* Teil rein moralischen Gehalts besitzen, im übrigen aber auf Motiven beruhen, deren Wirksamkeit zuletzt auf den Egoismus des Handelnden zurückzuführen ist; – dies alles muß ich dahingestellt sein lassen, nicht ohne Besorgnis, ja, mit Resignation; da ich schon längst dem Ritter von Zimmermann beistimme, wenn er sagt: »Denke im Herzen, bis in den Tod, nichts sei in der Welt so selten, wie ein guter Richter.« (Über die Einsamkeit, T. I, Cap. 3, S. 93.) Ja, ich sehe schon im Geiste meine Darstellung, welche für alles echte, freiwillige Rechttun, für alle Menschenliebe, allen Edelmut, wo sie je gefunden sein mögen, nur eine so schmale Basis aufzuweisen hat, neben denen der Kompetitoren, welche breite, jeder beliebigen Last gewachsene und dabei jedem Zweifler, mit einem drohenden Seitenblick auf seine eigene Moralität, ins Gewissen zu schiebende Fundamente der Moral zuversichtlich hinstellen, – so arm und kleinlaut dastehn, wie vor dem König Lear die Kordelia, mit der wortarmen Versicherung ihrer pflichtmäßigen Gesinnung, neben den überschwenglichen Beteuerungen ihrer beredteren Schwestern. – Da bedarf es wohl einer Herzstärkung durch einen gelehrten Waidspruch, wie: magna est vis veritatis, et praevalebit, – der doch den, der gelebt und geleistet hat, nicht sehr mehr ermutigt. Inzwischen will ich es einmal mit der Wahrheit wagen: denn was *mir* begegnet, wird ihr *mit* begegnet sein.

## § 2
### *Allgemeiner Rückblick*

Dem Volke wird die Moral durch die Theologie begründet, als ausgesprochener Wille Gottes. Die Philosophen hingegen, mit wenigen Ausnahmen, sehn wir sorgfältig bemüht, diese Art der Begründung ganz auszuschließen, ja, um nur sie zu vermeiden, lieber zu sophistischen Gründen ihre Zuflucht nehmen. Woher dieser Gegensatz? Gewiß läßt sich keine wirksamere Begründung der Moral denken, als die theologische: denn wer würde so vermessen sein, sich dem Willen des Allmächtigen und Allwissenden zu widersetzen? Gewiß niemand; wenn nur derselbe auf eine ganz authentische, keinem Zweifel Raum gestattende, sozusagen offizielle Weise verkündigt wäre. Aber diese Bedingung ist es, die sich nicht erfüllen läßt. Vielmehr sucht man, umgekehrt, das als Wille Gottes verkündigte Gesetz dadurch als solches zu beglaubigen, daß man dessen Übereinstimmung mit unsern anderweitigen, also natürlichen, moralischen Einsichten nachweist, appelliert mithin an diese als das Unmittelbarere und Gewissere. Hiezu kommt noch die Erkenntnis, daß ein bloß durch angedrohte Strafe und verheißene Belohnung zu Wege gebrachtes moralisches Handeln, mehr dem Scheine, als der Wahrheit nach ein solches sein würde; weil es ja im Grunde auf Egoismus beruhte, und was dabei in letzter Instanz den Ausschlag gäbe, die größere oder geringere Leichtigkeit wäre, mit der einer vor dem andern aus unzureichenden Gründen glaubte. Seitdem nun aber gar Kant die bis dahin für fest geltenden Fundamente der *spekulativen Theologie* zerstört hat, und dann diese, welche bisher die Trägerin der Ethik gewesen war, jetzt, umgekehrt, auf die Ethik stützen wollte, um ihr so eine, wenn auch nur ideelle Existenz zu verschaffen; da ist weniger, als jemals, an eine Begründung der Ethik durch die Theologie zu denken, indem man nun nicht mehr weiß, welche von beiden die Last und welche die Stütze sein soll, und am Ende in einen circulus vitiosus geriete.

Eben durch den Einfluß der *Kantischen Philosophie*, sodann durch die gleichzeitige Einwirkung der beispiellosen Fortschritte sämtlicher Naturwissenschaften, in Hinsicht auf welche jedes frühere Zeitalter gegen unseres als das der Kindheit erscheint, und endlich durch die Bekanntschaft mit der Sanskritliteratur, mit dem Brahmanismus und Buddhaismus, diesen ältesten und am weitesten verbreiteten, also der Zeit und dem Raume nach vornehmsten Religionen der Menschheit, welche ja auch die heimatliche Urreligion unsers eigenen, bekanntlich asiatischen Stammes sind, der jetzt, in seiner fremden Heimat, wieder eine späte Kunde von ihnen erhält; – durch alles dieses, sage ich, haben im Laufe der letzten funfzig Jahre die philosophischen Grundüberzeugungen der Gelehrten Europas eine Umwandlung erlitten, welche vielleicht mancher sich nur zögernd eingesteht, die aber doch nicht abzuleugnen ist. In Folge derselben sind auch die alten Stützen der *Ethik* morsch geworden: doch ist die Zuversicht geblieben, daß diese selbst nie sinken kann; woraus die Überzeugung hervorgeht, daß es für sie noch andere Stützen, als die bisherigen, geben müsse, welche den vorgeschrittenen Einsichten des Zeitalters angemessen wären. Ohne Zweifel ist es die Erkenntnis dieses mehr und mehr fühlbar werdenden Bedürfnisses, welche die Königliche Sozietät zu der vorliegenden, bedeutsamen Preisfrage veranlaßt hat. –

Zu allen Zeiten ist viele und gute Moral gepredigt worden; aber die Begründung derselben hat stets im Argen gelegen. Im ganzen ist bei dieser das Bestreben sichtbar, irgendeine objektive Wahrheit zu finden, aus welcher die ethischen Vorschriften sich logisch ableiten ließen: man hat dieselbe in der Natur der Dinge, oder in der des Menschen gesucht; aber vergebens. Immer ergab sich, daß der Wille des Menschen nur auf sein eigenes Wohlsein, dessen Summe man unter dem Begriff *Glückseligkeit* denkt, gerichtet sei; welches Streben ihn auf einen ganz andern Weg leitet, als den die Moral ihm vorzeichnen möchte. Nun versuchte man die Glückseligkeit bald als *identisch* mit der Tugend, bald aber als eine *Folge* und Wirkung derselben darzustellen: Beides ist allezeit mißlungen; obwohl man die Sophismen dabei nicht gespart hat. Man versuchte es sodann mit rein objektiven, abstrakten, bald a posteriori, bald a priori gefundenen Sätzen, aus denen das ethische Wohlverhalten sich allenfalls folgern ließe: aber diesen gebrach es an einem Anhaltspunkt in der Natur des Menschen, vermöge dessen sie die Macht gehabt hätten, seinem egoistischen Hange entgegen, seine Bestrebungen zu leiten. Alles dieses durch Aufzählung und Kritik aller bisherigen Grundlagen der Moral hier zu erhärten, scheint mir überflüssig; nicht nur weil ich die Meinung des Augustinus teile non est pro magno habendum quid homines senserint, sed quae sit rei veritas; sondern auch weil es hieße γλαυκας εἰς Ἀθηνας κομιζειν, indem der Königlichen Sozietät die früheren Versuche die Ethik zu begründen, genugsam bekannt sind, und sie durch die Preisfrage selbst zu erkennen gibt, daß sie auch von der Unzulänglichkeit derselben überzeugt ist. Der weniger gelehrte Leser findet eine zwar nicht vollständige, aber doch in der Hauptsache genügende Zusammenstellung der bisherigen Versuche in Garves »Übersicht der vornehmsten Prinzipien der Sittenlehre«, ferner in Stäudlins »Geschichte der Moralphilosophie« und ähnlichen Büchern. – Niederschlagend ist freilich die Betrachtung, daß es der Ethik, dieser das Leben unmittelbar betreffenden Wissenschaft, nicht besser gegangen ist, als der abstrusen Metaphysik, und sie, seit Sokrates sie gründete, stets betrieben, doch noch ihren ersten Grundsatz sucht. Aber dagegen ist auch in der Ethik weit mehr, als in irgendeiner andern Wissenschaft, das Wesentliche in den ersten Grundsätzen enthalten; indem die Ableitungen hier so leicht sind, daß sie sich von selbst machen. Denn zu *schließen* sind alle, zu *urteilen* wenige fähig. Daher eben sind lange Lehrbücher und Vorträge der Moral so überflüssig, wie langweilig. Daß ich inzwischen alle die früheren Grundlagen der Ethik als bekannt voraussetzen darf, ist mir eine Erleichterung. Denn wer überblickt, wie sowohl die Philosophen des Altertums, als die der neuern Zeit (dem Mittelalter genügte der Kirchenglaube) zu den verschiedensten, mitunter wunderlichsten Argumenten gegriffen haben, um für die so allgemein anerkannten Forderungen der Moral ein nachweisbares Fundament zu liefern, und dies dennoch mit offenbar schlechtem Erfolg; der wird die Schwierigkeit des Problems ermessen und danach meine Leistung beurteilen. Und wer gesehn hat, wie alle bisher eingeschlagenen Wege nicht zum Ziele führten, wird williger mit mir einen davon sehr verschiedenen betreten, den man bisher entweder nicht gesehn hat, oder aber verächtlich liegen ließ; vielleicht weil er der natürlichste war.* In der Tat wird meine Lösung des Problems manchen an das Ei des Kolumbus erinnern.

Ganz allein dem *neuesten* Versuche die Ethik zu begründen, dem Kantischen, werde ich eine kritische Untersuchung und zwar eine desto ausführlichere widmen; teils weil die große Moralreform Kants dieser Wissenschaft eine Grundlage gab, die wirkliche Vorzüge vor den früheren hatte; teils weil sie noch immer das letzte Bedeutende ist, das in der Ethik geschehn; daher Kants Begründung derselben noch heutzutage in allgemeiner Geltung steht und durchgängig gelehrt wird, wenn auch durch einige Änderungen in der Darstellung und den Ausdrücken anders aufge-

* Io dir non vi saprei per qual sventura,
O piuttosto per qual fatalità,
Da noi credito ottien più l'impostura,
Che la semplice e nuda verità. –
Casti.

(Ich weiß es nicht zu sagen, durch welchen Unfall, oder vielmehr durch welches Mißgeschick, bei uns der Trug leichter Glauben findet, als die einfache und nackte Wahrheit.)

putzt. Sie ist die Ethik der letzten sechzig Jahre, welche weggeräumt werden muß, ehe wir einen andern Weg einschlagen. Hiezu kommt, daß die Prüfung derselben mir Anlaß geben wird, die meisten ethischen Grundbegriffe zu untersuchen und zu erörtern, um das Ergebnis hievon später voraussetzen zu können. Besonders aber wird, weil die Gegensätze sich erläutern, die Kritik der Kantischen Moralbegründung die beste Vorbereitung und Anleitung, ja, der gerade Weg zu der meinigen sein, als welche, in den wesentlichsten Punkten der Kantischen diametral entgegengesetzt ist. Dieserwegen würde es das verkehrteste Beginnen sein, wenn man die jetzt folgende Kritik überspringen wollte, um gleich an den positiven Teil meiner Darstellung zu gehn, als welcher dann nur halb verständlich sein würde.

Überhaupt ist es jetzt wirklich an der Zeit, daß die Ethik einmal ernstlich ins Verhör genommen werde. Seit mehr als einem halben Jahrhundert liegt sie auf dem bequemen Ruhepolster, welches Kant ihr untergebreitet hatte: dem kategorischen Imperativ der praktischen Vernunft. In unsern Tagen jedoch wird dieser meistens unter dem weniger prunkenden, aber glatteren und kurrenteren Titel »das Sittengesetz« eingeführt, unter welchem er, nach einer leichten Verbeugung vor Vernunft und Erfahrung, unbesehn durchschlüpft: ist er aber einmal im Hause, dann wird des Befehlens und Kommandierens kein Ende; ohne daß er je weiter Rede stände. – Daß Kant, als der Erfinder der Sache, und nachdem er gröbere Irrtümer dadurch verdrängt hatte, sich dabei beruhigte, war recht und notwendig. Aber nun sehn zu müssen, wie auf dem von ihm gelegten und seitdem immer breiter getretenen Ruhepolster jetzt sogar die Esel sich wälzen, – das ist hart: ich meine die täglichen Kompendienschreiber, die, mit der gelassenen Zuversicht des Unverstandes, vermeinen, die Ethik begründet zu haben, wenn sie nur sich auf jenes unserer *Vernunft* angeblich einwohnende *»Sittengesetz«* berufen, und dann getrost jenes weitschweifige und konfuse Phrasengewebe darauf setzen, mit dem sie die klärsten und einfachsten Verhältnisse des Lebens unverständlich zu machen verstehn; – ohne bei solchem Unternehmen jemals sich ernstlich gefragt zu haben, ob denn auch wirklich so ein *»Sittengesetz«*, als bequemer Kodex der Moral, in unserm Kopf, Brust oder Herzen geschrieben stehe. Daher bekenne ich das besondere Vergnügen, mit dem ich jetzt daran gehe, der Moral das breite Ruhepolster wegzuziehn, und spreche unverhohlen mein Vorhaben aus, die praktische Vernunft und den kategorischen Imperativ Kants als völlig unberechtigte, grundlose und erdichtete Annahmen nachzuweisen, darzutun, daß auch Kants Ethik eines soliden Fundaments ermangelt, und somit die Moral wieder ihrer alten, gänzlichen Ratlosigkeit zu überantworten, in welcher sie dastehn muß, ehe ich darangehe, das wahre, in unserm Wesen gegründete und ungezweifelt wirksame, moralische Prinzip der menschlichen Natur darzulegen. Denn da dieses kein so breites Fundament darbietet, wie jenes Ruhepolster; so werden die, welche die Sache bequemer gewohnt sind, ihren alten Ruheplatz nicht eher verlassen, als bis sie die tiefe Höhlung des Bodens, auf dem er steht, deutlich wahrgenommen haben.

# II.
# KRITIK DES VON KANT DER ETHIK GEGEBENEN FUNDAMENTS

## § 3
## *Übersicht*

Kant hat in derEthik das große Verdienst, sie von allem *Eudämonismus* gereinigt zu haben. Die Ethik der Alten war Eudämonik; die der Neueren meistens Heilslehre. Die Alten wollten Tugend und Glückseligkeit als identisch nachweisen: aber diese waren wie zwei Figuren, die sich nie decken, wie man sie auch legen mag. Die Neueren wollten nicht nach dem *Satze der Identität*, sondern nach dem *des Grundes* beide in Verbindung setzen, also die Glückseligkeit zur Folge der Tugend machen; wobei sie aber entweder eine andere, als die möglicherweise erkennbare Welt, oder Sophismen zu Hülfe nehmen mußten. Unter den Alten macht Plato allein eine Ausnahme: seine Ethik ist nicht eudämonistisch; dafür aber wird sie mystisch. Hingegen ist sogar die Ethik der Kyniker und Stoiker nur ein Eudämonismus besonderer Art; welches zu beweisen es mir nicht an Gründen und Belegen, wohl aber, bei meinem jetzigen Vorhaben, an Raum gebricht.* – Bei den Alten und Neueren also, Plato allein ausgenommen, war die Tugend nur Mittel zum Zweck. Freilich, wenn man es streng nehmen wollte; so hätte auch Kant den Eudämonismus mehr scheinbar, als wirklich aus der Ethik verbannt. Denn er läßt zwischen Tugend und Glückseligkeit doch noch eine geheime Verbindung übrig, in seiner Lehre vom höchsten Gut, wo sie in einem entlegenen und dunkeln Kapitel zusammenkommen, während öffentlich die Tugend gegen die Glückseligkeit ganz fremd tut. Davon abgesehn, tritt bei Kant das ethische Prinzip als ein von der Erfahrung und ihrer Belehrung ganz unabhängiges, ein transzendentales, oder

* Die ausführliche Darlegung findet man in der »Welt als Wille und Vorstellung«, Bd. 1, § 16, S. 103ff., und Bd. 2, Kap. 16, S. 166ff., der dritten Auflage.

metaphysisches auf. Er erkennt an, daß die menschliche Handlungsweise eine Bedeutung habe, die über alle Möglichkeit der Erfahrung hinausgeht und eben deshalb die eigentliche Brücke zu dem ist, was er die intelligible Welt, mundus noumenon, die Welt der Dinge an sich nennt.

Den Ruhm, welchen die Kantische Ethik erlangt hat, verdankt sie, neben ihren soeben berührten Vorzügen, der moralischen Reinigkeit und Erhabenheit ihrer Resultate. An diese hielten sich die meisten, ohne sich sonderlich mit der Begründung derselben zu befassen, als welche sehr komplex, abstrakt und in einer überaus künstlichen Form dargestellt ist, auf welche Kant seinen ganzen Scharfsinn und Kombinationsgabe verwenden mußte, um ihr ein haltbares Ansehn zu geben. Glücklicherweise hat er der Darstellung des *Fundaments* seiner Ethik, abgesondert von dieser selbst, ein eigenes Werk gewidmet, die *»Grundlegung zur Metaphysik der Sitten«*, deren Thema also genau dasselbe ist mit dem Gegenstande unserer Preisfrage. Denn er sagt daselbst, S. XIII der Vorrede: »Gegenwärtige *Grundlegung* ist nichts mehr, als die Aufsuchung und Festsetzung des obersten Prinzips der Moralität, welche allein ein, in seiner Absicht, ganzes und von aller andern sittlichen Untersuchung abzusonderndes Geschäft ausmacht.« Wir finden in diesem Buche die Grundlage, also das Wesentliche seiner Ethik streng systematisch, bündig und scharf dargestellt, wie sonst in keinem andern. Außerdem hat dasselbe noch den bedeutenden Vorzug, das älteste seiner moralischen Werke, nur vier Jahre jünger als die Kritik der reinen Vernunft, und mithin aus der Zeit zu sein, wo, obwohl er schon 61 Jahre zählte, der nachteilige Einfluß des Alters auf seinen Geist doch noch nicht merklich war. Dieser ist hingegen schon deutlich zu spüren in der *Kritik der praktischen Vernunft*, welche 1788, also ein Jahr später fällt, als die unglückliche Umarbeitung der Kritik der reinen Vernunft in der *zweiten Auflage*, durch welche er dieses sein unsterbliches Hauptwerk offenbar verdorben hat; worüber wir in der Vorrede zur neuen von Rosenkranz besorgten Ausgabe eine Auseinandersetzung erhalten haben, der ich, nach eigener Prüfung der Sache, nicht anders als beistimmen kann.* *Die Kritik der praktischen Ver-*

* Sie rührt von mir selbst her; aber hier spreche ich inkognito.

*nunft* enthält im wesentlichen dasselbe, was die oben erwähnte *»Grundlegung«*; nur daß diese es in konziser und strengerer Form gibt, jene hingegen mit großer Breite der Ausführung und durch Abschweifungen unterbrochen, auch, zur Erhöhung des Eindrucks, durch einige moralische Deklamationen unterstützt. Kant hatte, als er dies schrieb, endlich und spät, seinen wohlverdienten Ruhm erlangt: dadurch einer grenzenlosen Aufmerksamkeit gewiß, ließ er der Redseligkeit des Alters schon mehr Spielraum. Als der *Kritik der praktischen Vernunft* hingegen eigentümlich ist anzuführen erstlich die über alles Lob erhabene und gewiß früher abgefaßte Darstellung des Verhältnisses zwischen Freiheit und Notwendigkeit (S. 169–179 der vierten Auflage, und S. 224–231 bei Rosenkranz), welche indessen gänzlich mit *der* übereinstimmt, die er in der Kritik der *reinen* Vernunft (S. 560–586; R., S. 438ff.) gibt; und zweitens die Moraltheologie, welche man mehr und mehr für das erkennen wird, was Kant eigentlich damit gewollt hat. Endlich in den *»Metaphysischen Anfangsgründen der Tugendlehre«*, diesem Seitenstück zu seiner deplorablen »Rechtslehre« und abgefaßt im Jahre 1797, ist der Einfluß der Altersschwäche überwiegend. Aus allen diesen Gründen nehme ich in gegenwärtiger Kritik die zuerst genannte *»Grundlegung zur Metaphysik der Sitten«* zu meinem Leitfaden, und auf diese beziehn sich alle ohne weitern Beisatz von mir angeführten Seitenzahlen; welches ich zu merken bitte. Die beiden andern Werke aber werde ich nur akzessorisch und sekundär in Betracht nehmen. Dem Verständnis gegenwärtiger, die Kantische Ethik im tiefsten Grunde unterwühlenden Kritik wird es überaus förderlich sein, wenn der Leser jene *»Grundlegung«* Kants, auf die sie sich zunächst bezieht, zumal da diese nur 128 und XIV Seiten (bei Rosenkranz in allem nur 100 Seiten) füllt, zuvor mit Aufmerksamkeit nochmals durchlesen will, um sich den Inhalt derselben wieder ganz zu vergegenwärtigen. Ich zitiere sie nach der dritten Auflage von 1792, und füge die Seitenzahl der neuen Gesamtausgabe von Rosenkranz mit vorgesetztem R. hinzu.

## § 4
### *Von der imperativen Form der Kantischen Ethik*

Kants πρωτον ψευδος liegt in seinem Begriff von der Ethik selbst, den wir am deutlichsten ausgesprochen finden S. 62 (R., S. 54): »In einer praktischen Philosophie ist es nicht darum zu tun, Gründe anzugeben von dem was geschieht, sondern Gesetze von dem was *geschehn soll, ob es gleich niemals geschieht.*« – Dies ist schon eine entschiedene Petitio principii. Wer sagt euch, daß es Gesetze gibt, denen unser Handeln sich unterwerfen *soll*? Wer sagt euch, daß *geschehn soll, was nie geschieht*? – Was berechtigt euch, dies vorweg anzunehmen und demnächst eine Ethik in legislatorisch-imperativer Form, als die allein mögliche, uns sofort aufzudringen? Ich sage, im Gegensatz zu Kant, daß der Ethiker, wie der Philosoph überhaupt, sich begnügen muß mit der Erklärung und Deutung des Gegebenen, also des wirklich Seienden oder Geschehenden, um zu einem *Verständnis* desselben zu gelangen, und daß er hieran vollauf zu tun hat, viel mehr, als bis heute, nach abgelaufenen Jahrtausenden, getan ist. Obiger Kantischen petitio principii gemäß wird gleich in der, durchaus zur Sache gehörenden, Vorrede, *vor* aller Untersuchung angenommen, daß es rein *moralische Gesetze* gebe; welche Annahme nachher stehn bleibt und die tiefste Grundlage des ganzen Systems ist. Wir wollen aber doch zuvor den Begriff eines *Gesetzes* untersuchen. Die eigentliche und ursprüngliche Bedeutung desselben beschränkt sich auf das bürgerliche *Gesetz*, lex, νομος, eine menschliche Einrichtung, auf menschlicher Willkür beruhend. Eine zweite, abgeleitete, tropische, metaphorische Bedeutung hat der Begriff *Gesetz* in seiner Anwendung auf die Natur, deren teils a priori erkannte, teils ihr empirisch abgemerkte, sich stets gleichbleibende Verfahrungsweisen wir, metaphorisch, Naturgesetze nennen. Nur ein sehr kleiner Teil dieser Naturgesetze ist es, der sich a priori einsehn läßt und das ausmacht, was Kant scharfsinnig und vortrefflich ausgesondert und unter dem Namen *Metaphysik der Natur* zusammengestellt hat. Für den *menschlichen Willen* gibt es allerdings auch ein *Gesetz*, sofern der Mensch zur Natur gehört, und zwar ein streng nachweisbares, ein unverbrüchliches, ausnahmsloses, felsenfeststehendes, welches nicht, wie der kategorische Imperativ, vel quasi, sondern *wirklich* Notwendigkeit mit sich führt: es ist das *Gesetz der Motivation*, eine Form des Kausalitätsgesetzes, nämlich die durch das Erkennen vermittelte Kausalität. Dies ist das einzige nachweisbare Gesetz für den menschlichen Willen, dem dieser *als solcher* unterworfen ist. Es besagt, daß jede Handlung nur infolge eines zureichenden Motivs eintreten kann. Es ist, wie das Gesetz der Kausalität überhaupt, ein Naturgesetz. Hingegen *moralische* Gesetze, unabhängig von menschlicher Satzung, Staatseinrichtung, oder Religionslehre, dürfen ohne Beweis nicht als vorhanden angenommen werden: Kant begeht also durch diese Vorausnahme eine Petitio principii. Sie erscheint um so dreister, als er sogleich, S. VI der Vorrede, hinzufügt, daß ein moralisches Gesetz *»absolute Notwendigkeit«* bei sich führen soll. Eine solche aber hat überall zum Merkmal die Unausbleiblichkeit des Erfolgs: wie kann nun von absoluter Notwendigkeit die Rede sein bei diesen angeblichen moralischen Gesetzen; als ein Beispiel von welchen er »du *sollst* (sic) nicht lügen« anführt; da sie bekanntlich und wie er selbst eingesteht, meistens, ja, in der Regel, erfolglos bleiben? Um in der wissenschaftlichen Ethik, außer dem Gesetze der Motivation, noch andere, ursprüngliche und von aller Menschensatzung unabhängige Gesetze für den Willen anzunehmen, hat man sie ihrer ganzen Existenz nach zu beweisen und abzuleiten; wenn man darauf bedacht ist, in der Ethik die Redlichkeit nicht bloß anzuempfehlen, sondern auch zu üben. Bis jener Beweis geführt worden, erkenne ich für die Einführung des Begriffes *Gesetz, Vorschrift, Soll* in die Ethik keinen andern Ursprung an, als einen der Philosophie fremden, den Mosaischen Dekalog. Diesen Ursprung verrät sogar naiv, auch im obigen, dem ersten von Kant aufgestellten Beispiel eines moralischen Gesetzes, die Orthographie »du *sollst*«. Ein Begriff, der keinen andern, als solchen Ursprung aufzuweisen hat, darf aber nicht so ohne weiteres sich in die philosophische Ethik drängen, sondern wird hinausgewiesen, bis er durch rechtmäßigen Beweis beglaubigt und eingeführt ist. Bei Kant haben wir an ihm die erste Petitio principii, und sie ist groß.

Wie nun, mittelst derselben, Kant, in der Vorrede, den Begriff des *Moralgesetzes* ohne weiteres als gegeben und unbezweifelt vorhanden genommen hatte; ebenso macht er es S. 8 (R., S. 16) mit dem jenem eng verwandten Begriff der *Pflicht*, welcher, ohne weitere Prüfung zu bestehn, als in die Ethik gehörig hineingelassen wird. Allein ich bin genötigt, hier abermals Protest einzulegen. Dieser Begriff, samt seinen Anverwandten, also dem des *Gesetzes*, *Gebotes*, *Sollens* u. dergl. hat, in diesem unbedingten Sinn genommen, seinen Ursprung in der theologischen Moral, und bleibt in der philosophischen so lange ein Fremdling, bis er eine gültige Beglaubigung aus dem Wesen der menschlichen Natur, oder dem der objektiven Welt beigebracht hat. Bis dahin erkenne ich für ihn und seine Anverwandten keinen andern Ursprung als den Dekalog. Überhaupt hat, in den christlichen Jahrhunderten, die philosophische Ethik ihre Form unbewußt von der theologischen genommen: da nun diese wesentlich eine *gebietende* ist: so ist auch die philosophische in der Form von Vorschrift und Pflichtenlehre aufgetreten, in aller Unschuld und ohne zu ahnden, daß hiezu erst eine anderweitige Befugnis nötig sei; vielmehr vermeinend, dies sei eben ihre eigene und natürliche Gestalt. So unleugbar und von allen Völkern, Zeiten und Glaubenslehren, auch von allen Philosophen (mit Ausnahme der eigentlichen Materialisten) anerkannt, die metaphysische, d. h. über dieses erscheinende Dasein hinaus sich erstreckende und die Ewigkeit berührende ethische Bedeutsamkeit des menschlichen Handelns ist; so wenig ist es dieser wesentlich, in der Form des Gebietens und Gehorchens, des Gesetzes und der Pflicht aufgefaßt zu werden. Getrennt von den theologischen Voraussetzungen, aus denen sie hervorgegangen, verlieren überdem diese Begriffe eigentlich alle Bedeutung, und wenn man, wie Kant, jene dadurch zu ersetzen vermeint, daß man von *absolutem* Sollen und *unbedingter* Pflicht redet; so speist man den Leser mit Worten ab, ja, gibt ihm eigentlich eine Contradictio in adjecto zu verdauen. Jedes *Soll* hat allen Sinn und Bedeutung schlechterdings nur in Beziehung auf angedrohte Strafe, oder verheißene Belohnung. Daher sagt auch, lange ehe an Kant gedacht wurde, schon Locke: For since it would be utterly in vain, to suppose a rule set to the free actions of man, without annexing to it some enforcement of good and evil to determine his will; we must, whereever we suppose a law, suppose also some reward or punishment annexed to that law. (On Understanding, Bk. II, c. 33, § 6.)* Jedes Sollen ist also notwendig durch Strafe, oder Belohnung bedingt, mithin, in Kants Sprache zu reden, wesentlich und unausweichbar *hypothetisch* und niemals, wie er behauptet, *kategorisch*. Werden aber jene Bedingungen weggedacht, so bleibt der Begriff des Sollens sinnleer: daher *absolutes Sollen* allerdings eine Contradictio in adjecto ist. Eine gebietende Stimme, sie mag nun von innen, oder von außen kommen, ist es schlechterdings unmöglich, sich anders, als drohend, oder versprechend zu denken: dann aber wird der Gehorsam gegen sie zwar, nach Umständen, klug oder dumm, jedoch stets eigennützig, mithin ohne moralischen Wert sein. Die völlige Undenkbarkeit und Widersinnigkeit dieses der Ethik Kants zum Grunde liegenden Begriffs eines *unbedingten Sollens* tritt in seinem System selbst später, nämlich in der Kritik der praktischen Vernunft, hervor; wie ein verlarvtes Gift im Organismus nicht bleiben kann, sondern endlich hervorbrechen und sich Luft machen muß. Nämlich jenes so *unbedingte Soll* postuliert sich hinterher doch eine Bedingung, und sogar mehr als eine, nämlich eine Belohnung, dazu die Unsterblichkeit des zu Belohnenden und einen Belohner. Das ist freilich notwendig, wenn man einmal Pflicht und Soll zum Grundbegriff der Ethik gemacht hat; da diese Begriffe wesentlich relativ sind und alle Bedeutung nur haben durch angedrohte Strafe, oder verheißene Belohnung. Dieser Lohn, der für die Tugend, welche also nur scheinbar unentgeltlich arbeitete, hinterdrein postuliert wird, tritt aber anständig verschleiert auf, unter dem Namen des *höchsten Guts*, welches die Vereinigung der Tugend und Glückseligkeit ist. Dieses ist aber im Grunde nichts anderes, als die auf Glückseligkeit ausgehende, folglich auf Eigennutz gestützte Moral, oder Eudämonismus, welche Kant als heteronomisch feierlich zur

* »Denn da es durchaus vergeblich sein würde, eine den freien Handlungen des Menschen gezogene Richtschnur anzunehmen, ohne derselben etwas anzuhängen, was ihr Nachdruck erteilte, indem es mittelst Wohl und Wehe seinen Willen bestimmte; so müssen wir überall, wo wir *ein Gesetz* annehmen, auch irgend eine diesem Gesetz anhängende Belohnung, oder Strafe annehmen.« (Über den Verstand, Bd. II, c. 33, § 6.)

Haupttüre seines Systems hinausgeworfen hatte, und die sich nun unter dem Namen *höchstes Gut* zur Hintertüre wieder hereinschleicht. So rächt sich die einen Widerspruch verbergende Annahme des *unbedingten, absoluten Sollens*. Das *bedingte* Sollen andererseits kann freilich kein ethischer Grundbegriff sein, weil alles, was mit Hinsicht auf Lohn oder Strafe geschieht, notwendig egoistisches Tun und als solches ohne rein moralischen Wert ist. – Aus allem diesem wird ersichtlich, daß es einer großartigern und unbefangenern Auffassung der Ethik bedarf, wenn es ernst damit ist, die sich über die Erscheinung hinaus erstreckende, ewige Bedeutsamkeit des menschlichen Handelns wirklich ergründen zu wollen.

Wie alles *Sollen* schlechterdings an eine Bedingung gebunden ist, so auch alle *Pflicht*. Denn beide Begriffe sind sich sehr nahe verwandt und beinahe identisch. Der einzige Unterschied zwischen ihnen möchte sein, daß *Sollen überhaupt* auch auf bloßem Zwange beruhen kann, *Pflicht* hingegen Verpflichtung, d.h. Übernahme der Pflicht, voraussetzt: eine solche hat statt zwischen Herrn und Diener, Vorgesetztem und Untergebenen, Regierung und Untertanen. Eben weil keiner eine Pflicht unentgeltlich übernimmt, gibt jede Pflicht auch ein Recht. Der Sklave hat keine Pflicht, weil er kein Recht hat; aber es gibt ein *Soll* für ihn, welches auf bloßem Zwange beruht. Im folgenden Teile werde ich die alleinige Bedeutung, welche der Begriff *Pflicht* in der Ethik hat, aufstellen.

Die Fassung der Ethik in einer *imperativen* Form, als *Pflichtenlehre*, und das Denken des moralischen Wertes oder Unwertes menschlicher Handlungen als Erfüllung oder Verletzung von *Pflichten*, stammt, mitsamt dem *Sollen*, unleugbar nur aus der theologischen Moral und demnächst aus dem Dekalog. Demgemäß beruht sie wesentlich auf der Voraussetzung der Abhängigkeit des Menschen von einem andern, ihm gebietenden und Belohnung oder Strafe ankündigenden Willen, und ist davon nicht zu trennen. So ausgemacht die Voraussetzung eines solchen in der Theologie ist; so wenig darf sie stillschweigend und ohne weiteres in die philosophische Moral gezogen werden. Dann aber darf man auch nicht vorweg annehmen, daß in dieser *die imperative Form*, das

Aufstellen von Geboten, Gesetzen und Pflichten, sich von selbst verstehe und ihr wesentlich sei; wobei es ein schlechter Notbehelf ist, die solchen Begriffen, ihrer Natur nach, wesentlich anhängende äußere Bedingung durch das Wort »absolut« oder »kategorisch« zu ersetzen, als wodurch, wie gesagt, eine Contradictio in adjecto entsteht.

Nachdem nun aber Kant diese *imperative Form* der Ethik, stillschweigend und unbesehns, von der theologischen Moral entlehnt hatte, deren Voraussetzungen, also die Theologie, derselben eigentlich zum Grunde liegen und in der Tat als das, wodurch allein sie Bedeutung und Sinn hat, unzertrennlich von ihr, ja, implicite darin enthalten sind; da hatte er nachher leichtes Spiel, am Ende seiner Darstellung, aus seiner Moral wieder eine Theologie zu entwickeln, die bekannte Moraltheologie. Denn da brauchte er nur die Begriffe, welche implicite durch das *Soll* gesetzt, seiner Moral versteckt zum Grunde lagen, ausdrücklich hervorzuholen und jetzt sie explicite als Postulate der praktischen Vernunft aufzustellen. So erschien denn, zur großen Erbauung der Welt, eine Theologie, die bloß auf Moral gestützt, ja, aus dieser hervorgegangen war. Das kam aber daher, daß diese Moral selbst auf versteckten theologischen Voraussetzungen beruht. Ich beabsichtige kein spöttisches Gleichnis: aber in der Form hat die Sache Analogie mit der Überraschung, die ein Künstler in der natürlichen Magie uns bereitet, indem er eine Sache uns da finden läßt, wohin er sie zuvor weislich praktiziert hatte. – In abstracto ausgesprochen ist Kants Verfahren dieses, daß er zum Resultat machte, was das Prinzip oder die Voraussetzung hätte sein müssen (die Theologie), und zur Voraussetzung nahm, was als Resultat hätte abgeleitet werden sollen (das Gebot). Nachdem er nun aber so das Ding auf den Kopf gestellt hatte, erkannte es niemand, ja er selbst nicht, für das was es war, nämlich die alte, wohlbekannte theologische Moral. Die Ausführung dieses Kunststücks werden wir in dem sechsten und siebenten Paragraphen betrachten.

Allerdings war schon vor Kant die Fassung der Moral in der imperativen Form und als Pflichtenlehre auch in der Philosophie in häufigem Gebrauch: nur gründete man dann auch die Moral selbst auf den Willen eines schon anderweitig bewiesenen Gottes, und blieb konsequent. Sobald man aber, wie Kant, eine hievon unabhängige Begründung unternahm und die Ethik ohne metaphysische Voraussetzungen feststellen wollte, war man auch nicht mehr berechtigt, jene imperative Form, jenes »du sollst« und »es ist deine Pflicht« ohne anderweitige Ableitung zum Grunde zu legen.

## § 5

### *Von der Annahme der Pflichten gegen uns selbst, insbesondere*

Kant ließ aber diese ihm so sehr willkommene Form der Pflichtenlehre auch in der Ausführung insofern unangetastet, als er, wie seine Vorgänger, neben den Pflichten gegen andere, auch Pflichten gegen uns selbst aufstellte. Da ich diese Annahme geradezu verwerfe; so will ich hier, wo der Zusammenhang es am besten verträgt, meine Erklärung darüber episodisch einschalten.

Pflichten gegen uns selbst müssen, wie alle Pflichten, entweder Rechts- oder Liebespflichten sein. *Rechtspflichten* gegen uns selbst sind unmöglich, wegen des selbst-evidenten Grundsatzes volenti non fit injuria: da nämlich das, was ich tue, allemal das ist, was ich will; so geschieht mir von mir selbst auch stets nur was ich will, folglich nie Unrecht. Was aber die *Liebespflichten* gegen uns selbst betrifft, so findet hier die Moral ihre Arbeit bereits getan und kommt zu spät. Die Unmöglichkeit der Verletzung der Pflicht der Selbstliebe wird schon vom obersten Gebot der christlichen Moral vorausgesetzt: »Liebe deinen Nächsten wie dich selbst«; wonach die Liebe, die jeder zu sich selbst hegt, als das Maximum und die Bedingung jeder andern Liebe vorweg angenommen, keineswegs aber hinzugesetzt wird: »Liebe dich selbst wie deinen Nächsten«; als wobei jeder fühlen würde, daß es zu wenig gefordert sei: auch würde dieses die einzige Pflicht sein, bei der ein Opus supererogationis an der Tagesordnung wäre. Selbst Kant sagt, in den »Metaphysischen Anfangsgründen zur Tugendlehre«, S. 13 (R., S. 230): »Was jeder unvermeidlich schon von selbst will, das gehört nicht unter den Begriff der Pflicht.« Dieser Begriff von Pflichten gegen uns selbst hat sich indessen noch immer in Ansehn erhalten und steht allgemein in besonderer Grunst; worüber man sich nicht zu wundern hat. Aber eine belustigende Wirkung tut er in Fällen, wo die Leute anfangen, um ihre Person besorgt zu werden, und nun ganz ernsthaft von der Pflicht der Selbsterhaltung reden; während man genugsam merkt, daß die Furcht ihnen schon Beine machen wird und es keines Pflichtgebots bedarf, um nachzuschieben.

Was man gewöhnlich als Pflichten gegen uns selbst aufstellt, ist zuvörderst ein in Vorurteilen stark befangenes und aus den seichtesten Gründen geführtes Räsonnement gegen den *Selbstmord*. Dem Menschen allein, der nicht, wie das Tier, bloß den *körperlichen*, auf die Gegenwart beschränkten, sondern auch den ungleich größeren, von Zukunft und Vergangenheit borgenden, *geistigen* Leiden preisgegeben ist, hat die Natur, als Kompensation, das Vorrecht verliehn, sein Leben, auch ehe sie selbst ihm ein Ziel setzt, beliebig enden zu können und demnach nicht wie das Tier, notwendig so lange er *kann*, sondern auch nur so lange er *will* zu leben. Ob er nun, aus ethischen Gründen, dieses Vorrechts sich wieder zu begeben habe, ist eine schwierige Frage, die wenigstens nicht durch die gebräuchlichen, seichten Argumente entschieden werden kann. Auch die Gründe gegen den Selbstmord, welche Kant, S. 53 (R., S. 48) und S. 67 (R., S. 57) anzuführen nicht verschmäht, kann ich gewissenhafterweise nicht anders betiteln, als Armseligkeiten, die nicht einmal eine Antwort verdienen. Man muß lachen, wenn man denkt, daß dergleichen Reflexionen dem Kato, der Kleopatra, dem Koccejus Nerva (Tac. Ann., VI, 26), oder der Arria des Pätus (Plin. Ep., III, 16) den Dolch hätten aus den Händen winden sollen. Wenn es wirklich echte moralische Motive gegen den Selbstmord gibt, so liegen diese jedenfalls sehr tief und sind nicht mit dem Senkblei der gewöhnlichen Ethik zu erreichen; sondern gehören einer höhern Betrachtungsweise an, als sogar dem Standpunkt gegenwärtiger Abhandlung angemessen ist.*

Was nun noch außerdem unter der Rubrik von Selbstpflichten vorgetragen zu werden pflegt, sind teils Klugheitsregeln, teils

* Es sind asketische Gründe: man findet sie im vierten Buche meines Hauptwerks, Bd. I, § 69.

diätetische Vorschriften, welche alle beide nicht in die eigentliche Moral gehören. Endlich noch zieht man hieher das Verbot widernatürlicher Wollust, also der Onanie, Päderastie und Bestialität. Von diesen nun ist erstlich die Onanie hauptsächlich ein Laster der Kindheit, und sie zu bekämpfen ist viel mehr Sache der Diätetik, als der Ethik; daher eben auch die Bücher gegen sie von Medizinern (wie Tissot u.a.) verfaßt sind, nicht von Moralisten. Wenn, nachdem Diätetik und Hygiene das ihrige in dieser Sache getan und mit unabweisbaren Gründen sie niedergeschmettert haben, jetzt noch die Moral sie in die Hand nehmen will, findet sie so sehr schon getane Arbeit, daß ihr wenig übrigbleibt. – Die Bestialität nun wieder ist ein völlig abnormales, sehr selten vorkommendes Vergehn, also wirklich etwas Exzeptionelles, und dabei in so hohem Grade empörend und der menschlichen Natur entgegen, daß es selbst mehr, als irgend welche Vernunftgründe vermöchten, gegen sich selbst spricht und abschreckt. Übrigens ist es, als Degradation der menschlichen Natur, ganz eigentlich ein Vergehn gegen die Spezies als solche und in abstracto; nicht gegen menschliche Individuen. – Von den drei in Rede stehenden Geschlechtsvergehn fällt demnach bloß die Päderastie der Ethik anheim, und wird daselbst ungezwungen ihre Stelle finden, bei Abhandlung der Gerechtigkeit: diese nämlich wird durch sie verletzt, und kann hiegegen das volenti non fit injuria nicht geltend gemacht werden: denn das Unrecht besteht in der Verführung des jüngern und unerfahrenen Teils, welcher physisch und moralisch dadurch verdorben wird.

## § 6
## *Vom* Fundament *der Kantischen Ethik*

An die im § 4 als petitio principii nachgewiesene *imperative Form* der Ethik knüpft sich unmittelbar eine Lieblingsvorstellung Kants, die zwar zu entschuldigen, aber nicht anzunehmen ist. – Wir sehn bisweilen einen Arzt, der ein Mittel mit glänzendem Erfolge angewandt hat, dasselbe fortan in fast allen Krankheiten geben: ihm vergleiche ich Kanten. Er hat, durch die Scheidung des a priori von dem a posteriori in der menschlichen Erkenntnis, die glänzendeste und folgenreichste Entdeckung gemacht, deren die Metaphysik sich rühmen kann. Was Wunder, daß er nun diese Methode und Sonderung überall anzuwenden sucht? Auch die *Ethik* soll daher aus einem reinen, d. h. a priori erkennbaren und aus einem empirischen Teile bestehn. Letztern weist er, als für die *Begründung* der Ethik unzulässig, ab. Erstern aber herauszufinden und gesondert darzustellen, ist sein Vorhaben in der »Grundlegung der Metaphysik der Sitten«, welche demgemäß eine Wissenschaft rein a priori sein soll, in dem Sinne, wie die von ihm aufgestellten »Metaphysischen Anfangsgründe der Naturwissenschaft«. Sonach soll nun jenes, ohne Berechtigung und ohne Ableitung oder Beweis, als vorhanden zum voraus angenommene *moralische Gesetz* noch dazu ein a priori erkennbares, von aller *innern* wie *äußern Erfahrung* unabhängiges, *»lediglich auf Begriffen der reinen Vernunft beruhendes*, es soll ein *synthetischer Satz* a priori sein« (Kritik der praktischen Vernunft, S. 56 der vierten Auflage; – R., S. 142): hiemit hängt genau zusammen, daß dasselbe bloß *formal* sein muß, wie alles a priori Erkannte, mithin bloß auf die *Form*, nicht auf den *Inhalt* der Handlungen sich beziehn muß. – Man denke, was das sagen will! – Er fügt (S. VI der Vorrede zur Grundlegung; – R., S. 5) ausdrücklich hinzu, daß es »nicht in der Natur des Menschen (dem Subjektiven), noch in den Umständen in der Welt (dem Objektiven) gesucht werden dürfe« und (eben daselbst S. VII; R. S. 6), daß *»nicht das mindeste dabei entlehnt werden dürfe aus der Kenntnis des Menschen, d. i. der Anthropologie«*. Er wiederholt noch (S. 59; – R., S. 52), »daß man sich ja nicht in den Sinn kommen lassen dürfe, die Realität seines Moralprinzips aus der besondern Beschaffenheit der menschlichen Natur ableiten zu wollen«; desgleichen (S. 60; – R., S. 52): daß »Alles, was aus einer besondern Naturanlage der Menschheit, aus gewissen Gefühlen und Hange, ja sogar, wo möglich, aus einer besondern Richtung, die der menschlichen Natur eigen wäre und nicht notwendig für den Willen *jedes vernünftigen Wesens* gelten müßte, abgeleitet wird«, keine Grundlage für das moralische Gesetz abgeben könne. Dies bezeugt unwidersprechlich, daß er das angebliche Moralgesetz *nicht als eine Tatsache des Bewußtseins*, ein empirisch Nachweisbares, aufstellt; wofür die Philosophaster neuerer Zeit, samt und sonders, es ausgeben möchten. – Wie alle innere, so weist er noch entschiedener alle äußere Erfahrung ab, indem er jede empirische Grundlage der Moral verwirft. Er gründet also, welches ich wohl zu merken bitte, sein Moralprinzip nicht auf irgendeine nachweisbare *Tatsache des Bewußtseins*, etwan eine innere Anlage; – so wenig wie auf irgendein objektives Verhältnis der Dinge in der Außenwelt. Nein! Das wäre eine empirische Grundlage. Sondern *reine Begriffe a priori*, d.h. Begriffe, die noch gar keinen Inhalt, aus der äußern oder innern Erfahrung haben, also pure Schale ohne Kern sind, sollen die Grundlage der Moral sein. Man erwäge, wieviel das sagen will: das menschliche Bewußtsein sowohl, als die ganze Außenwelt, samt aller Erfahrung und Tatsachen in ihnen, ist unter unsern Füßen weggezogen. Wir haben nichts, worauf wir stehn. Woran aber sollen wir uns halten? An ein paar ganz abstrakter, noch völlig stoffloser Begriffe, die ebenfalls gänzlich in der Luft schweben. Aus diesen, ja, eigentlich aus der bloßen Form ihrer Verbindung zu Urteilen, soll ein *Gesetz* hervorgehn, welches mit sogenannter *absoluter Notwendigkeit* gelten und die Kraft haben soll, dem Drange der Begierden, dem Sturm der Leidenschaft, der Riesengröße des Egoismus Zaum und Gebiß anzulegen. Das wollen wir denn doch sehn.

Mit diesem vorgefaßten Begriff von der unumgänglich nötigen *Apriorität* und Reinheit von allem Empirischen für die Grundlage der Moral ist eine zweite Lieblingsvorstellung Kants eng verknüpft: nämlich, das aufzustellende Moralprinzip, da es ein *synthetischer Satz a priori, von bloß formellem Inhalt*, mithin ganz Sache der *reinen Vernunft* sein muß, soll als solches auch nicht für *Menschen allein*, sondern *für alle möglichen vernünftigen Wesen* und »allein darum«, also nebenbei und per accidens, auch für die Menschen gelten. Denn dafür ist es auf *reine* Vernunft (die nichts, als sich selbst und den Satz vom Widerspruch kennt) und nicht auf irgendein Gefühl basiert. Diese *reine Vernunft* wird also hier nicht als eine Erkenntniskraft des *Menschen*, was sie doch allein ist, genommen; sondern *als etwas für sich Bestehendes hypostasiert*, ohne alle Befugnis und zu perniziosestem Beispiel und Vorgang; welches zu belegen unsere jetzige erbärmliche philosophische Zeitperiode dienen kann. Inzwischen ist diese Aufstellung der Moral nicht für Menschen als Menschen, sondern für *alle vernünftige Wesen* als solche, Kanten eine so angelegene Hauptsache und Lieblingsvorstellung, daß er nicht müde wird, sie bei jeder Gelegenheit zu wiederholen. Ich sage dagegen, daß man nie zur Aufstellung eines Genus befugt ist, welches uns nur in einer einzigen Spezies gegeben ist, in dessen Begriff man daher schlechterdings nichts bringen könnte, als was man dieser *einen* Spezies entnommen hätte, daher was man vom Genus aussagte, doch immer nur von der *einen* Spezies zu verstehn sein würde; während, indem man, um das Genus zu bilden, unbefugt weggedacht hätte, was dieser Spezies zukommt, man vielleicht gerade die Bedingung der Möglichkeit der übriggelassenen und als Genus hypostasierten Eigenschaften aufgehoben hätte. Wie wir die *Intelligenz überhaupt* schlechterdings nur als eine Eigenschaft animalischer Wesen kennen und deshalb nimmermehr berechtigt sind, sie als außerdem und unabhängig von der animalischen Natur existierend zu denken; so kennen wir die *Vernunft* allein als Eigenschaft des menschlichen Geschlechts und sind schlechterdings nicht befugt, sie als außer diesem existierend zu denken und ein Genus »Vernünftige Wesen« aufzustellen, welches von seiner alleinigen Spezies »Mensch« verschieden wäre, noch weniger aber, für solche imaginäre *vernünftige Wesen in abstracto* Gesetze aufzustellen. Von vernünftigen Wesen außer dem Menschen zu reden, ist nicht anders, als wenn man von *schweren Wesen* außer den Körpern reden wollte. Man kann sich des Verdachts nicht erwehren, daß Kant dabei ein wenig an die lieben Engelein gedacht, oder doch auf deren Beistand in der Überzeugung des Lesers gezählt habe. Jedenfalls liegt darin eine stille Voraussetzung der anima rationalis, welche, von der anima sensitiva und anima vegetativa ganz verschieden, nach dem Tode übrigbliebe und dann nichts weiter wäre, als eben rationalis. Aber dieser völlig transszendenten Hypostase hat er doch selbst, in der Kritik der reinen Vernunft, ausdrücklich und ausführlich ein Ende gemacht. Inzwischen sieht man in der Kantischen Ethik, zumal in der Kritik der praktischen Vernunft, stets im Hintergrunde den Gedanken schweben, daß das innere und ewige Wesen des Menschen in der *Vernunft* bestände. Ich muß hier, wo die

Sache nur beiläufig zur Sprache kommt, es bei der bloßen Assertion des Gegenteils bewenden lassen, daß nämlich die Vernunft, wie das Erkenntnisvermögen überhaupt, ein Sekundäres, ein der Erscheinung Angehöriges, ja durch den Organismus Bedingtes, hingegen der eigentliche Kern, das allein Metaphysische und daher Unzerstörbare im Menschen *sein Wille* ist.

Indem also Kant die Methode, welche er mit so vielem Glück in der theoretischen Philosophie angewandt hatte, auf die praktische übertragen und demnach auch hier die reine Erkenntnis a priori von der empirischen a posteriori trennen wollte, nahm er an, daß, wie wir die Gesetze des Raums, der Zeit und der Kausalität a priori erkennen; so auch, oder doch auf analoge Weise, die moralische Richtschnur für unser Tun vor aller Erfahrung uns gegeben sei und sich äußere als kategorischer Imperativ, als absolutes Soll. Aber wie himmelweit ist der *Unterschied* zwischen jenen theoretischen Erkenntnissen a priori, welche darauf beruhen, daß sie die bloßen Formen, d.h. Funktionen, unsers Intellekts ausdrücken, mittelst deren allein wir eine objektive Welt aufzufassen fähig sind, in denen diese sich also darstellen *muß*, daher eben für dieselbe jene Formen absolut gesetzgebend sind, so daß alle Erfahrung jedesmal ihnen genau entsprechen *muß*, wie alles, was ich durch ein blaues Glas sehe, sich blau darstellen *muß*, – und jenem angeblichen Moralgesetz a priori, dem die Erfahrung bei jedem Schritte Hohn spricht, ja, nach Kanten selbst, es zweifelhaft läßt, ob sie sich auch nur ein einziges Mal wirklich nach demselben gerichtet habe. Welche ganz disparate Dinge werden hier unter den Begriff der *Apriorität* zusammengestellt! Zudem übersah Kant, daß, seiner eigenen Lehre zufolge, in der theoretischen Philosophie, gerade die *Apriorität* der erwähnten, von der Erfahrung unabhängigen Erkenntnisse sie auf die bloße *Erscheinung*, d.h. die Vorstellung der Welt in unserem Kopfe, beschränkt und ihnen alle Gültigkeit hinsichtlich auf das *Wesen an sich* der Dinge, d.h. das unabhängig von unserer Auffassung Vorhandene, völlig benimmt. Diesem entsprechend müßte, auch in der praktischen Philosophie, sein angebliches Moralgesetz, wenn es a priori in unserem Kopfe entsteht, gleichfalls nur eine Form der *Erscheinung* sein und das Wesen an sich der Dinge unberührt lassen. Allein diese Konsequenz würde im größten Widerspruche sowohl mit der Sache selbst, als mit Kants Ansichten derselben stehn; da er durchgängig (z. B. Kritik der praktischen Vernunft, S. 175; – R., S. 228) gerade *das Moralische in uns* als in der engsten Verbindung mit dem wahren *Wesen an sich* der Dinge, ja, als unmittelbar dieses treffend, darstellt; auch in der Kritik der reinen Vernunft, überall wo das geheimnisvolle *Ding an sich* irgend deutlicher hervortritt, es sich zu erkennen gibt als *das Moralische* in uns, *als Wille.* – Aber darüber hat er sich hinweggesetzt.

Ich habe § 4 gezeigt, daß Kant die *imperative Form* der Ethik, also den Begriff des Sollens, des Gesetzes und der Pflicht, ohne weiteres aus der theologischen Moral herübergenommen, während er das, was diesen Begriffen dort allein Kraft und Bedeutung verleiht, doch zurücklassen mußte. Um nun aber doch jene Begriffe zu begründen, geht er so weit, zu verlangen, daß der *Begriff der Pflicht* selbst auch der *Grund der Erfüllung* dieser, also *das Verpflichtende* sei. Eine Handlung, sagt er (S. 11; – R., S. 18), habe erst dann echten moralischen Wert, wann sie lediglich aus *Pflicht*, und bloß um der *Pflicht* willen geschehe, ohne irgendeine Neigung zu ihr. Der Wert des Charakters hebe erst da an, wenn jemand, ohne Sympathie des Herzens, kalt und gleichgültig gegen die Leiden anderer, und *nicht eigentlich zum Menschenfreunde geboren*, doch bloß der leidigen *Pflicht* halber Wohltaten erzeigte. Diese, das echte moralische Gefühl empörende Behauptung, diese, der christlichen Sittenlehre, welche die Liebe über alles setzt und ohne sie nichts gelten läßt (1. Korinther, 13,3), gerade entgegengesetzte Apotheose der Lieblosigkeit, diesen taktlosen, moralischen Pedantismus hat Schiller in zwei treffenden Epigrammen persifliert, überschrieben »Gewissensskrupel und Entscheidung«. Die nächste Veranlassung zu diesen scheinen einige ganz hieher gehörige Stellen der Kritik der praktischen Vernunft gegeben zu haben, so z. B. S. 150; – R., S. 211: »Die Gesinnung, die dem Menschen, das moralische Gesetz zu befolgen, obliegt, ist, es aus *Pflicht*, nicht aus *freiwilliger Zuneigung* und auch allenfalls *unbefohlener*, von selbst gern unternommener Bestrebung zu befolgen.« – *Befohlen* muß es sein! Welche Sklavenmoral! Und eben daselbst S. 213; – R., S. 257, wo es heißt: »daß Gefühle des Mitleids und der weichherzigen Teilnahme wohldenkenden Personen selbst lästig wären, weil sie ihre überlegten Maximen in Verwirrung brächten und daher den Wunsch bewirkten, ihrer entledigt und allein der gesetzgebenden Vernunft unterworfen zu sein«. Ich behaupte zuversichtlich, daß was dem obigen (S. 11; – R., S. 18, geschilderten), lieblosen, gegen fremde Leiden gleichgültigen Wohltäter die Hand öffnet (wenn er nicht Nebenabsichten hat), nimmermehr etwas anderes sein kann, als sklavische *Deisidämonie*, gleichviel ob er seinen Fetisch »kategorischen Imperativ« betitelt oder Fitzlipuzli.* Was anderes könnte denn ein hartes Herz bewegen, als nur die Furcht?

Obigen Ansichten entsprechend soll, nach S. 13; – R., S. 19, der moralische Wert einer Handlung durchaus nicht in der *Absicht* liegen, in der sie geschah, sondern in der Maxime, die man befolgte. Wogegen ich zu bedenken gebe, daß die *Absicht allein* über moralischen Wert, oder Unwert einer Tat entscheidet, weshalb dieselbe Tat, je nach ihrer Absicht, verwerflich, oder lobenswert sein kann. Daher auch, so oft unter Menschen eine Handlung von irgend moralischem Belange diskutiert wird, jeder nach der *Absicht* forscht und nach dieser allein die Handlung beurteilt; wie auch andererseits mit der *Absicht* allein jeder sich rechtfertigt, wenn er seine Handlung mißdeutet sieht, oder sich entschuldigt, wenn sie einen nachteiligen Erfolg gehabt.

Seite 14; – R., S. 20, erhalten wir endlich die Definition des Grundbegriffes der ganzen Kantischen Ethik, der *Pflicht:* sie sei *»die Notwendigkeit einer Handlung, aus Achtung vor dem Gesetz«*. – Aber was *notwendig* ist, das geschieht und ist unausbleiblich; hingegen die Handlungen aus reiner Pflicht bleiben nicht nur meistens aus; sondern sogar gesteht Kant selbst, S. 25; – R., S. 28, daß man von der Gesinnung, aus reiner Pflicht zu handeln, *gar keine sichere Beispiele* habe; – und S. 26; – R., S. 29, »es sei schlechterdings unmöglich, durch Erfahrung *einen einzigen Fall* mit Gewißheit auszumachen, wo eine pflichtmäßige Handlung lediglich auf der Vorstellung der Pflicht beruht habe«, und ebenso S. 28; – R., S. 30, und S. 49; – R., S. 50. In welchem Sinn kann denn einer solchen

* Richtiger Huitzilopochtli, Mexikanische Gottheit.

Handlung *Notwendigkeit* beigelegt werden? Da es billig ist, einen Autor stets auf das günstigste auszulegen, wollen wir sagen, daß seine Meinung dahin geht, eine pflichtmäßige Handlung sei *objektiv* notwendig, aber *subjektiv* zufällig. Allein gerade das ist nicht so leicht gedacht, wie gesagt: wo ist denn das *Objekt* dieser *objektiven* Notwendigkeit, deren Erfolg in der objektiven Realität meistens und vielleicht immer ausbleibt? Bei aller Billigkeit der Auslegung kann ich doch nicht umhin zu sagen, daß der Ausdruck der Definition *»Notwendigkeit einer Handlung«* nichts anderes ist, als eine künstlich versteckte, sehr gezwungene Umschreibung des Wortes *Soll.* Diese Absicht wird uns noch deutlicher, wenn wir bemerken, daß in derselben Definition das Wort *Achtung* gebraucht ist, wo *Gehorsam* gemeint war. Nämlich in der Anmerkung, S. 16; – R., S. 21, heißt es: »*Achtung* bedeutet bloß die Unterordnung meines Willens unter einem Gesetz. Die unmittelbare Bestimmung durchs Gesetz und das Bewußtsein derselben heißt *Achtung.*« – In welcher Sprache? Was hier angegeben ist, heißt auf Deutsch *Gehorsam.* Da aber das Wort *Achtung* nicht ohne Grund so unpassend an die Stelle des Wortes *Gehorsam* gesetzt sein kann; so muß es wohl irgendeiner Absicht dienen, und diese ist offenbar keine andere, als die Abstammung der imperativen Form und des Pflichtbegriffs aus der *theologischen* Moral zu verschleiern; wie wir vorhin sahen, daß der Ausdruck *Notwendigkeit einer Handlung*, der so sehr gezwungen und ungeschickt die Stelle des *Soll* vertritt, nur deshalb gewählt war, weil das *Soll* gerade die Sprache des *Dekalogs* ist. Obige Definition: »Pflicht ist die Notwendigkeit einer Handlung aus Achtung vor dem Gesetz«, würde also in ungezwungener und unverdeckter Sprache, d. h. ohne Maske, lauten: *»Pflicht* bedeutet eine Handlung, die aus *Gehorsam* gegen ein Gesetz geschehn *soll.*« – Dies ist »des Pudels Kern«.

Nun aber das *Gesetz*, dieser letzte Grundstein der Kantischen Ethik! *Was ist sein Inhalt? Und wo steht es geschrieben?* Dies ist die Hauptfrage. Ich bemerke zunächst, daß es *zwei* Fragen sind: Die eine geht auf das *Prinzip*, die andere auf das *Fundament* der Ethik, zwei ganz verschiedene Dinge, obwohl sie meistens und bisweilen wohl absichtlich vermischt werden.

Das *Prinzip* oder der oberste *Grundsatz* einer Ethik ist der kürzeste und bündigste Ausdruck für die Handlungsweise, die sie vorschreibt, oder, wenn sie keine imperative Form hätte, die Handlungsweise, welcher sie eigentlichen moralischen Wert zuerkennt. Es ist mithin ihre, durch *einen* Satz ausgedrückte Anweisung zur Tugend überhaupt, also das ὅ, τι der Tugend. – Das *Fundament* einer Ethik hingegen ist das διότι der Tugend, der *Grund* jener Verpflichtung oder Anempfehlung oder Belobung, er mag nun in der Natur des Menschen, oder in äußeren Weltverhältnissen, oder worin sonst gesucht werden. Wie in *allen* Wissenschaften sollte man auch in der *Ethik* das ὅ, τι vom διότι deutlich unterscheiden. Die meisten Ethiker verwischen hingegen geflissentlich diesen Unterschied: wahrscheinlich weil das ὅ, τι so leicht, das διότι hingegen so entsetzlich schwer anzugeben ist; daher man gern die Armut auf der *einen* Seite durch den Reichtum auf der *andern* zu kompensieren und, mittelst Zusammenfassung beider in *einen* Satz, eine glückliche Vermählung der Πενια mit dem Πορος zustande zu bringen sucht. Meistens geschieht dies dadurch, daß man das jedem wohlbekannte, ὅ, τι nicht in seiner Einfachheit ausspricht, sondern es in eine künstliche Formel zwängt, aus der es erst als Konklusion gegebener Prämissen geschlossen werden muß; wobei dann dem Leser zu Mute wird, als hätte er nicht bloß die Sache, sondern auch den Grund der Sache erfahren. Hievon kann man sich an den meisten allbekannten Moralprinzipien leicht überzeugen. Da nun aber ich, im folgenden Teil, dergleichen Kunststücke nicht auch vorhabe, sondern ehrlich zu verfahren und nicht das *Prinzip* der Ethik zugleich als ihr *Fundament* geltend zu machen, vielmehr beide ganz deutlich zu sondern gedenke; so will ich jenes ὅ, τι, also das *Prinzip*, den *Grundsatz*, über dessen Inhalt alle Ethiker eigentlich einig sind, in so verschiedene Formen sie ihn auch kleiden, gleich hier auf *den* Ausdruck zurückführen, den ich für den allereinfachsten und reinsten halte: Neminem laede; imo omnes, quantum potes, juva. Dies ist eigentlich der Satz, welchen zu *begründen* alle Sittenlehrer sich abmühen, das gemeinsame Resultat ihrer so verschiedenartigen Deduktionen: es ist das ὅ, τι, zu welchem das διότι noch immer gesucht wird, die Folge, zu der man den Grund verlangt, folglich selbst erst das Datum, zu welchem das Quaesitum das Problem jeder Ethik, wie auch der vorliegenden Preisfrage ist. Die Lösung dieses Problems wird das eigentliche *Fundament* der Ethik liefern, welches man, wie den Stein der Weisen, seit Jahrtausenden sucht. Daß aber das Datum, das *ὅ, τι,* das Prinzip, wirklich seinen reinsten Ausdruck an obiger Formel hat, ist daraus ersichtlich, daß diese zu jedem andern Moralprinzip sich als Konklusion zu den Prämissen, also als das, wohin man eigentlich will, verhält; so daß jedes andere Moralprinzip als eine Umschreibung, ein indirekter oder verblümter Ausdruck, jenes einfachen Satzes anzusehn ist. Dies gilt z. B. selbst von dem für einfach gehaltenen, trivialen Grundsatz: Quod tibi fieri non vis, alteri ne feceris*, dessen Mangel, daß er bloß die Rechts- und nicht die Tugendpflichten ausdrückt, durch eine Wiederholung ohne non und ne leicht abzuhelfen ist. Denn auch er will alsdann eigentlich sagen: Neminem laede, imo omnes, quantum potes, juva; führt aber auf einem Umweg dahin, und gewinnt dadurch das Ansehn, als hätte er auch den Realgrund, das *διότι* jener Vorschrift gegeben; was doch nicht der Fall ist, da daraus, daß ich nicht will, daß mir etwas geschehe, keineswegs folgt, daß ich es andern nicht tun solle. Dasselbe gilt von jedem bisher aufgestellten *Prinzip* oder obersten *Grundsatz* der Moral.

Wenn wir jetzt zurückkehren zu unserer obigen Frage: wie lautet denn das *Gesetz*, in dessen Befolgung, nach Kant, die *Pflicht* besteht; und worauf ist es gegründet? – so werden wir finden, daß auch Kant das *Prinzip* der Moral mit dem *Fundament* derselben auf eine sehr künstliche Weise eng verknüpft hat. Ich erinnere nunmehr an die schon anfangs in Erwägung genommene Forderung Kants, daß das Moralprinzip rein a priori und rein formal, ja, ein synthetischer Satz a priori sein soll, und daher keinen materialen Inhalt haben und auf gar nichts Empirischem, d. h. weder auf etwas Objektivem in der Außenwelt, noch auf etwas Subjektivem im Bewußtsein, dergleichen irgendein Gefühl, Neigung, Trieb wäre, beruhen darf. Kant war sich der Schwierigkeit dieser Aufgabe deutlich bewußt; da er S. 60; – R., S. 53, sagt: »Hier sehn wir nun die Philosophie in der Tat auf einen mißlichen Standpunkt gestellt, der fest sein soll, unerachtet er weder im Himmel

* Hugo Grotius führt ihn auf Kaiser Severus zurück.

noch auf Erden an etwas hängt, oder woran gestützt wird.« Um so mehr müssen wir mit Spannung der Lösung der Aufgabe, die er sich selbst gestellt hat, entgegen sehn und begierig erwarten, wie nun etwas aus nichts werden, d.h. aus rein apriorischen Begriffen, ohne allen empirischen und materialen Inhalt, die Gesetze des materialen, menschlichen Handelns konkreszieren sollen; – ein Prozeß, als dessen Symbol wir jenen chemischen betrachten können, vermöge dessen aus drei unsichtbaren Gasen (Azot, Hydrogen, Chlor), also im scheinbar leeren Raum, vor unsern Augen fester Salmiak entsteht. – Ich will aber den Prozeß, durch welchen Kant diese schwierige Aufgabe löst, deutlicher, als er selbst gewollt oder gekonnt hat, darlegen. Dies möchte um so nötiger sein, als derselbe selten recht verstanden zu sein scheint. Denn fast alle Kantianer sind in den Irrtum geraten, daß Kant den kategorischen Imperativ unmittelbar als eine Tatsache des Bewußtseins aufstelle: dann wäre er aber *anthropologisch*, durch *Erfahrung*, wenngleich innere, also *empirisch* begründet; welches der Ansicht Kants schnurstracks entgegen läuft und von ihm wiederholentlich abgewiesen wird. Daher sagt er S. 48; – R., S. 44: »es sei nicht empirisch auszumachen, ob es überall irgendeinen solchen kategorischen Imperativ gebe«; wie auch S. 49; – R., S. 45: »die Möglichkeit des kategorischen Imperativs sei ganz a priori zu untersuchen; da uns hier nicht der Vorteil zustatten komme, daß dessen Wirklichkeit in der Erfahrung gegeben sei«. Aber schon sein erster Schüler, Reinhold, ist in jenem Irrtum befangen, da er in seinen »Beiträgen zur Übersicht der Philosophie am Anfange des 19. Jahrhunderts«, Heft 2, S. 21, sagt: »Kant nimmt das Moralgesetz als ein unmittelbar gewisses Faktum, als ursprüngliche Tatsache des moralischen Bewußtseins an.« Hätte aber Kant den kategorischen Imperativ als Tatsache des Bewußtseins, mithin empirisch begründen wollen; so würde er nicht ermangelt haben, ihn wenigstens als solche nachzuweisen. Aber nirgends findet sich dergleichen. Meines Wissens geschieht das erste Auftreten des kategorischen Imperativs in der Kritik der reinen Vernunft (S. 802 der ersten und S. 830 der fünften Auflage), wo derselbe unangemeldet und mit dem vorhergegangenen Satze nur durch ein völlig unberechtigtes *»Daher«* zusammenhängend, ganz ex nunc auftritt. Förmlich eingeführt wird er zuerst in der hier von uns in besondere Betrachtung genommenen »Grundlage zur Metaphysik der Sitten«, und zwar ganz auf *apriorischem* Wege, durch eine Deduktion aus Begriffen. Hingegen eine im fünften Heft der eben genannten, für die kritische Philosophie so wichtigen Zeitschrift Reinholds befindliche »Formula concordiae des Kritizismus« stellt S. 122 sogar folgenden Satz auf: »Wir unterscheiden das moralische Selbstbewußtsein von der *Erfahrung*, mit welcher dasselbe, als eine ursprüngliche Tatsache, über welche kein Wissen hinausgehen kann, im menschlichen Bewußtsein verbunden ist, und wir verstehn unter jenem Selbstbewußtsein das *unmittelbare Bewußtsein der Pflicht*, d. h. der *Notwendigkeit*, die von Lust und Unlust unabhängige Gesetzmäßigkeit des Willens zur Triebfeder und Richtschnur der Willenshandlungen anzunehmen.« – Da hätten wir freilich »einen erklecklichen Satz, ja, und der auch was setzt.« (Schiller) Aber im Ernst: zu welcher unverschämten petitio principii sehn wir hier Kants Moralgesetz angewachsen! Wenn *das* wahr wäre, so hätte freilich die Ethik ein Fundament von unvergleichlicher Solidität, und es bedürfte keiner Preisfragen, um zum Aufsuchen desselben zu ermuntern. Dann wäre aber auch das größte Wunder, daß man eine solche Tatsache des Bewußtseins so spät entdeckt hätte; während man Jahrtausende hindurch eifrig und mühsam nach einer Grundlage für die Moral suchte. Wodurch aber Kant selbst zu dem gerügten Irrtum Anlaß gegeben, werde ich weiter unten beibringen. Dennoch könnte man sich über das unangefochtene Herrschen eines solchen Grundirrtums unter den Kantianern wundern: aber haben sie, während sie zahllose Bücher über Kants Philosophie schrieben, doch nicht einmal die Verunstaltung bemerkt, welche die Kritik der reinen Vernunft in der zweiten Auflage erfuhr und vermöge der sie ein inkohärentes, sich selber widersprechendes Buch wurde; was erst jetzt an den Tag gekommen, und, wie mir dünkt, ganz richtig auseinandergesetzt ist in Rosenkranzens Vorrede zum zweiten Band der Gesamtausgabe der Kantischen Werke. Man muß bedenken, daß vielen Gelehrten das unablässige Lehren vom Katheder und in Schriften zum gründlichen Lernen nur wenig Zeit läßt. Das docendo disco ist nicht unbedingt wahr, vielmehr möchte man bisweilen es parodieren: semper docendo nihil disco; und sogar ist nicht ganz ohne Grund, was Diderot dem Neffen Rameaus in den Mund legt: »Und diese Lehrer, glaubt ihr denn, daß sie die Wissenschaften verstehn werden, worin sie Unterricht geben? Possen, lieber Herr, Possen. Besäßen sie die Kenntnisse hinlänglich, um sie zu lehren, so lehrten sie sie nicht.« – »Und warum?« – »Sie hätten ihr Leben verwendet, sie zu studieren.« (Goethes Übersetzung, S. 104.) – Auch Lichtenberg sagt: »Ich habe das schon mehr bemerkt, die Leute von Profession wissen oft das Beste nicht.« Was aber (zur Kantischen Moral zurückzukehren) das Publikum betrifft; so setzen die meisten, wenn nur das Resultat zu ihren moralischen Gefühlen stimmt, sofort voraus, es werde mit der Ableitung desselben schon seine Richtigkeit haben, und werden sich mit dieser, wenn sie schwierig aussieht, nicht tief einlassen; sondern sich hierin auf die Leute »vom Fach« verlassen.

*Kants Begründung seines Moralgesetzes* ist also keineswegs die empirische Nachweisung desselben als einer Tatsache des Bewußtseins, noch eine Appellation an das moralische Gefühl, noch eine petitio principii unter dem vornehmen modernen Namen eines »absoluten Postulats«; sondern es ist ein sehr subtiler Gedankenprozeß, welchen er uns zweimal, S. 17 und 51; – R., S. 22 und 46, vorführt, und von dem folgendes die verdeutlichte Darstellung ist.

Da Kant, indem er alle empirische Triebfedern des Willens verschmähete, alles Objektive und alles Subjektive, darauf ein Gesetz für denselben zu gründen wäre, als empirisch, zum voraus weggenommen hat; so bleibt ihm zum *Stoff* dieses *Gesetzes* nichts übrig, als dessen eigene *Form*. Diese nun ist eben nur die *Gesetzmäßigkeit*. *Die Gesetzmäßigkeit* aber besteht im Gelten für alle, also in der *Allgemeingültigkeit*. Diese demnach wird zum *Stoff*. Folglich ist der Inhalt des Gesetzes nichts anderes, als seine *Allgemeingültigkeit* selbst. Demzufolge wird es lauten: »Handle nur nach der Maxime, von der du zugleich wollen kannst, daß sie allgemeines Gesetz für alle vernünftige Wesen werde.« – Dieses also ist die so allgemein verkannte, eigentliche *Begründung des Moralprinzips Kants*, mithin das *Fundament* seiner ganzen Ethik. – Man vergleiche noch Kritik der praktischen Vernunft, S. 61; – R., S. 147, das Ende der Anmerkung 1. – Dem großen Scharfsinn, womit Kant das Kunststück ausgeführt hat, zolle ich meine aufrichtige Bewunderung, fahre aber in meiner ernsten Prüfung nach dem Maßstabe der Wahrheit fort. Ich bemerke nur noch, zum Behuf nachheriger Wiederaufnahme, daß die *Vernunft*, indem und insofern sie das eben dargelegte spezielle Räsonnement vollzieht, den Namen der *praktischen Vernunft* erhält. Der kategorische Imperativ der praktischen Vernunft ist aber das aus dem dargelegten Gedankenprozeß sich als Resultat ergebende Gesetz: also ist die praktische Vernunft keineswegs, wie die meisten, und auch schon Fichte, es ansahen, ein nicht weiter zurückzuführendes besonderes Vermögen, eine qualitas occulta, eine Art Moralitäts-Instinkt, dem moral sense des Hutcheson ähnlich; sondern ist (wie auch Kant in der Vorrede, S. XII; – R., S. 8, und oft genug außerdem sagt) eins und dasselbe mit der *theoretischen Vernunft*, ist nämlich diese selbst, sofern sie den dargelegten Gedankenprozeß vollzieht. Fichte nämlich nennt den kategorischen Imperativ Kants ein *absolutes Postulat* (Grundlage der gesamten Wissenschaftslehre, Tübingen 1802, S. 240, Anmerkung). Dies ist der moderne, beschönigende Ausdruck für petitio principii, und so auch hat er selbst den kategorischen Imperativ durchgängig genommen, ist also im oben gerügten Irrtum mitbegriffen.

Der Einwand nun, welchem jene von Kant der Moral gegebene Grundlage zunächst und unmittelbar unterliegt, ist, daß dieser Ursprung eines Moralgesetzes in uns darum unmöglich ist, weil er voraussetzt, daß der Mensch ganz von selbst auf den Einfall käme, sich nach einem *Gesetz* für seinen Willen, dem dieser sich zu unterwerfen und zu fügen hätte, umzusehn und zu erkundigen. Dies aber kann ihm unmöglich von selbst in den Sinn kommen, sondern höchstens nur, nachdem schon eine andere, positiv wirksame, reale und als solche sich von selbst ankündigende, ungerufen auf ihn einwirkende, ja eindringende, moralische Triebfeder den ersten Anstoß und Anlaß dazu gegeben hätte. So etwas aber würde der Annahme Kants widerstreiten, welcher zufolge der obige Gedankenprozeß *selbst* der Ursprung aller moralischen Begriffe, das punctum saliens der Moralität sein soll. So lange nun also jenes *nicht* der Fall ist, indem es, ex hypothesi, keine andere moralische Triebfeder, als den dargelegten Gedankenprozeß gibt; so lange bleibt die Richtschnur des menschlichen Handelns allein der Egoismus, am Leitfaden des Gesetzes der Motivation, d.h. die jedesmaligen, ganz empirischen und egoistischen Motive bestimmen, in jedem einzelnen Fall, das Handeln des Menschen, allein und ungestört; da unter dieser Voraussetzung keine Aufforderung für ihn und gar kein Grund vorhanden ist, weswegen es ihm einfallen sollte, nach einem Gesetz zu fragen, welches sein Wollen beschränkte und dem er dieses zu unterwerfen hätte, geschweige nach einem solchen zu forschen und zu grübeln, wodurch es allererst möglich würde, daß er auf den sonderbaren Gedankengang der obigen Reflexion geriete. Hiebei ist es einerlei, welchen Grad der Deutlichkeit man dem Kantischen Reflexionsprozesse geben will, ob man ihn etwan herabstimmen möchte zu einer nur dunkel gefühlten Überlegung. Denn keine Änderung hierin ficht die Grundwahrheiten an, daß aus Nichts nichts wird, und daß eine Wirkung eine Ursache verlangt. Die moralische Triebfeder muß schlechterdings, wie jedes den Willen bewegende Motiv, eine sich von selbst ankündigende, deshalb positiv wirkende, folglich *reale* sein: und da für den Menschen nur das Empirische, oder doch als möglicherweise empirisch vorhanden Vorausgesetzte, Realität hat; so muß die moralische Triebfeder in der Tat eine *empirische* sein und als solche ungerufen sich ankündigen, an uns kommen, ohne auf unser Fragen danach zu warten, von selbst auf uns eindringen, und dies mit solcher Gewalt, daß sie die entgegenstehenden, riesenstarken, egoistischen Motive wenigstens möglicherweise überwinden kann. Denn die Moral hat es mit dem *wirklichen* Handeln des Menschen und nicht mit apriorischem Kartenhäuserbau zu tun, an dessen Ergebnisse sich im Ernste und Drange des Lebens kein Mensch kehren würde, deren Wirkung daher, dem Sturm der Leidenschaften gegenüber, so viel sein würde, wie die einer Klistierspritze bei einer Feuersbrunst. Ich habe schon oben erwähnt, daß Kant es als ein großes Verdienst seines Moralgesetzes betrachtet, daß es bloß auf abstrakte, reine Begriffe a priori, folglich auf *reine Vernunft* gegründet ist; als wodurch es nicht bloß für Menschen, sondern für alle vernünftige Wesen als solche gültig sei. Wir müssen um so mehr bedauern, daß reine, abstrakte

Begriffe a priori, ohne realen Gehalt und ohne alle irgendwie empirische Grundlage, wenigstens *Menschen* nie in Bewegung setzen können: von andern vernünftigen Wesen kann ich nicht mitreden. Daher ist der zweite Fehler der Kantischen Grundlage der Moralität Mangel an realem Gehalt. Dieser ist bisher nicht bemerkt worden, weil das oben deutlich dargelegte eigentliche *Fundament* der Kantischen Moral wahrscheinlich den allerwenigsten von denen, die es zelebriert und propagiert haben, von Grund aus deutlich gewesen ist. Der zweite Fehler also ist gänzlicher Mangel an Realität und dadurch an möglicher Wirksamkeit. Es schwebt in der Luft, als ein Spinnengewebe der subtilsten, inhaltsleersten Begriffe, ist auf nichts basiert, kann daher nichts tragen und nichts bewegen. Und dennoch hat Kant demselben eine Last von unendlicher Schwere aufgebürdet, nämlich die Voraussetzung der Freiheit des Willens. Trotz seiner wiederholt ausgesprochenen Überzeugung, daß Freiheit in den Handlungen des Menschen schlechterdings nicht statthaben kann, daß sie theoretisch nicht einmal ihrer Möglichkeit nach eingesehn werden kann (Kritik der praktischen Vernunft, S. 168; – R., S. 223), daß, wenn genaue Kenntnis des Charakters eines Menschen und aller auf ihn einwirkenden Motive gegeben wäre, das Handeln desselben sich so sicher und genau wie eine Mondfinsternis würde ausrechnen lassen (eben daselbst, S. 177; – R., S. 230), wird dennoch, bloß auf den Kredit jenes so in der Luft schwebenden Fundaments der Moral, die *Freiheit*, wenn auch nur idealiter und als ein Postulat, angenommen, durch den berühmten Schluß: »Du kannst: denn Du sollst.« Aber wenn man einmal deutlich erkannt hat, daß eine Sache nicht *ist* und nicht *sein kann*, was hilft da alles Postulieren? Da wäre vielmehr das, worauf das Postulat sich gründet, zu verwerfen, weil es eine unmögliche Voraussetzung ist, nach der Regel a non posse ad non esse valet consequentia, und mittelst eines apagogischen Beweises, der also hier den kategorischen Imperativ umstieße. Stattdessen aber wird hier eine falsche Lehre auf die andere gebauet.

Der Unzulänglichkeit eines allein aus einem paar ganz abstrakter und inhaltsleerer Begriffe bestehenden Fundaments der Moral muß Kant selbst im Stillen sich bewußt gewesen sein. Denn in der

Kritik der praktischen Vernunft, wo er, wie gesagt, überhaupt schon weniger strenge und methodisch zu Werke geht, auch durch seinen nunmehr errungenen Ruhm kühner geworden ist, verändert ganz allmählich das Fundament der Ethik seine Natur, vergißt beinah, daß es ein bloßes Gewebe abstrakter Begriffskombinationen ist, und scheint substantieller werden zu wollen. So z.B. ist daselbst S. 81; – R., S. 163, »das moralische Gesetz *gleichsam ein Faktum der reinen Vernunft*«. Was soll man bei diesem seltsamen Ausdruck sich denken? Das Faktische wird sonst überall dem aus reiner Vernunft Erkennbaren entgegengesetzt. – Imgleichen ist eben daselbst, S. 83; – R., S. 164, die Rede von »einer den Willen *unmittelbar* bestimmenden Vernunft« usf. – Dabei nun sei man eingedenk, daß er jede anthropologische Begründung, jede Nachweisung des kategorischen Imperativs als einer Tatsache des Bewußtseins in der *Grundlegung* ausdrücklich und wiederholt ablehnt, weil sie *empirisch* sein würde. – Jedoch durch solche beiläufige Äußerungen dreist gemacht, gingen die Nachfolger Kants sehr viel weiter auf jenem Wege fort. Fichte (System der Sittenlehre, S. 49) warnt geradezu, »daß man sich nicht verleiten lasse, das Bewußtsein, daß wir Pflichten haben, weiter zu erklären und aus Gründen außer ihm ableiten zu wollen, weil dies der Würde und Absolutheit des Gesetzes Eintrag tue«. Schöne Exküse! – Und dann eben daselbst S. 66 sagt er, »das Prinzip der Sittlichkeit sei ein Gedanke, der sich auf die *intellektuelle Anschauung* der absoluten Tätigkeit der Intelligenz gründe und der unmittelbare Begriff der reinen Intelligenz von sich selbst sei«. Hinter welche Floskeln doch so ein Windbeutel seine Ratlosigkeit versteckt! – Wer sich überzeugen will, wie gänzlich die Kantianer Kants ursprüngliche Begründung und Ableitung des Moralgesetzes allmählich vergaßen oder ignorierten, sehe einen sehr lesenswerten Aufsatz nach, in Reinholds Beiträgen zur Übersicht der Philosophie im Anfang des 19. Jahrhunderts, Heft 2, 1801. Daselbst S. 105 und 106 wird behauptet, »daß in der Kantischen Philosophie die Autonomie (welche eins ist mit dem kategorischen Imperativ) eine Tatsache des Bewußtseins und auf nichts weiter zurückzuführen sei, indem sie sich durch ein unmittelbares Bewußtsein ankündige«. – Dann wäre sie anthropologisch, mithin empirisch begründet, was Kants ausdrücklichen und wiederholten Erklärungen zuwiderläuft. – Dennoch wird eben daselbst S. 108 gesagt: »Sowohl in der praktischen Philosophie des Kritizismus, als auch in der gesamten gereinigten oder höhern Transzendentalphilosophie ist die Autonomie das durch sich selbst Begründete und Begründende, und keiner weitern Begründung Fähige und Bedürftige, das schlechthin Ursprüngliche, durch sich selbst Wahre und Gewisse, das Urwahre, das prius κατ' ἐξοχην, das absolute Prinzip. – Wer daher von dieser Autonomie einen Grund außer ihr selber vermutet, fordert oder sucht, von dem muß die Kantische Schule glauben, daß es ihm entweder an moralischem Bewußtsein fehle*, oder daß er dasselbe in der Spekulation durch falsche Grundbegriffe verkenne. Die Fichte-Schellingische Schule erklärt ihn mit derjenigen Geistlosigkeit behaftet, welche zum Philosophieren unfähig macht und den Charakter des unheiligen Pöbels und trägen Viehes, oder, wie Schelling sich schonender ausdrückt, des profanum vulgus und ignavum pecus ausmacht.« Wie es um die Wahrheit einer Lehre stehn müsse, die man mit solchen Trümpfen zu ertrotzen sucht, fühlt jeder. Inzwischen müssen wir doch aus dem Respekt, den diese einflößten, die wahrhaft kindliche Gläubigkeit erklären, mit der die Kantianer den kategorischen Imperativ annahmen und fortan als ausgemachte Sache behandelten. Denn da hier das Bestreiten einer theoretischen Behauptung leicht verwechselt werden konnte mit moralischer Ruchlosigkeit; so ließ jeder, wenn er auch von dem kategorischen Imperativ in seinem eigenen Bewußtsein nicht viel gewahr wurde, doch lieber hievon nichts laut werden, weil er im Stillen glaubte, daß bei andern derselbe wohl stärkere Entwickelung haben und deutlicher hervortreten würde. Denn das Innere seines Gewissens kehrt keiner gern nach außen.

Mehr und mehr also erscheint in der Kantischen Schule die praktische Vernunft mit ihrem kategorischen Imperativ als eine hyperphysische Tatsache, als ein delphischer Tempel im menschlichen Gemüt, aus dessen finsterem Heiligtum Orakel-

* Dacht' ich's doch! Wissen sie nichts Vernünftiges mehr zu erwidern,
Schieben sie's einem geschwind in das Gewissen hinein.

*Schiller*

sprüche, zwar leider nicht was geschehen *wird*, aber doch was geschehen *soll*, untrüglich verkündigen. Diese einmal angenommene, oder vielmehr erschlichene und ertrotzte *Unmittelbarkeit der praktischen Vernunft* wurde späterhin leider auch auf die *theoretische* übertragen; zumal da *Kant selbst* oft gesagt hatte, daß beide doch nur eine und dieselbe Vernunft seien (z.B. Vorrede, S. XII; – R., S. 8). Denn nachdem einmal zugestanden war, daß es in Hinsicht auf das *Praktische* eine ex tripode diktierende Vernunft gebe, so lag der Schritt sehr nahe, ihrer Schwester, ja, eigentlich sogar Konsubstanzialin, der *theoretischen Vernunft*, denselben Vorzug einzuräumen, und sie für ebenso reichsunmittelbar wie jene zu erklären, wovon der Vorteil so unermeßlich wie augenfällig war. Nun strömten alle Philosophaster und Phantasten, den Atheistendenunzianten F. H. Jacobi an der Spitze, nach diesem ihnen unerwartet aufgegangenen Pförtlein hin, um ihre Sächelchen zu Markte zu bringen, oder um von den alten Erbstücken, welche Kants Lehre zu zermalmen drohte, wenigstens das Liebste zu retten. – Wie im Leben des einzelnen *ein* Fehltritt der Jugend oft den ganzen Lebenslauf verdirbt, so hatte jene einzige von Kant gemachte falsche Annahme einer mit völlig transzendenten Kreditiven ausgestatteten und, wie die höchsten Appellationshöfe, »ohne Gründe« entscheidenden, praktischen Vernunft zur Folge, daß aus der strengen, nüchternen kritischen Philosophie die ihr heterogensten Lehren entsprangen, die Lehren von einer das *»Übersinnliche«* erst bloß leise *»ahndenden«*, dann schon deutlich *»vernehmenden«*, endlich gar leibhaftig *»intellektual anschauenden«* Vernunft, für deren »absolute«, d.h. ex tripode gegebene, Aussprüche und Offenbarungen jetzt jeder Phantast seine Träumereien ausgeben konnte. Dies neue Privilegium ist redlich benutzt worden. Hier also liegt der Ursprung jener unmittelbar nach Kants Lehre auftretenden philosophischen Methode, die im Mystifizieren, Imponieren, Täuschen, Sand in die Augen streuen und Windbeuteln besteht, deren Zeitraum die Geschichte der Philosophie einst unter dem Titel »Periode der Unredlichkeit« anführen wird. Denn der *Charakter der Redlichkeit*, des gemeinschaftlichen Forschens mit dem Leser, welchen die Schriften aller früheren Philosophen tragen, ist hier verschwunden: nicht belehren, sondern betören will der Philosophaster dieser Zeit seinen Leser: davon zeugt jede Seite. Als Heroen dieser Periode glänzen Fichte und Schelling, zuletzt aber auch der selbst ihrer ganz unwürdige und sehr viel tiefer als diese Talent-Männer stehende, plumpe, geistlose Scharlatan Hegel. Den Chorus machten allerlei Philosophieprofessoren, welche, mit ernsthafter Miene, vom Unendlichen, vom Absoluten und vielen andern Dingen, von denen sie schlechterdings nichts wissen konnten, ihrem Publiko vorerzählten.

Als Stufe zu jenem *Prophetentum der Vernunft* mußte sogar der armselige Witz dienen, daß, weil das Wort *Vernunft* von *Vernehmen* kommt, dasselbe besage, daß die Vernunft ein Vermögen sei, jenes sogenannte »Übersinnliche« (*νεφελοκοκκυγια*, Wolkenkuckucksheim) zu *vernehmen*. Der Einfall fand ungemessenen Beifall, wurde in Deutschland 30 Jahre hindurch, mit unsäglichem Genügen, unablässig wiederholt, ja, zum Grundstein philosophischer Lehrgebäude gemacht; – während es am Tage liegt, daß freilich *Vernunft* von *Vernehmen* kommt, aber nur weil sie dem Menschen den Vorzug vor dem Tiere gibt, nicht bloß zu *hören*, sondern auch zu *vernehmen*, jedoch nicht was in Wolkenkuckucksheim vorgeht, sondern was *ein* vernünftiger Mensch dem andern sagt: das wird von diesen *vernommen*, und die Fähigkeit dazu heißt *Vernunft*. So haben alle Völker, alle Zeiten, alle Sprachen den Begriff der Vernunft gefaßt, nämlich als das Vermögen allgemeiner, abstrakter, nicht anschaulicher Vorstellungen, genannt *Begriffe*, welche bezeichnet und fixiert werden durch Worte: dies Vermögen allein ist es, welches der Mensch vor dem Tiere wirklich voraus hat. Denn diese abstrakten Vorstellungen, Begriffe, d. h. *Inbegriffe* vieler Einzeldinge, bedingen *die Sprache*, mittelst ihrer das eigentliche *Denken*, mittelst dieses das Bewußtsein nicht bloß der Gegenwart, welches auch die Tiere haben, sondern der Vergangenheit und der Zukunft als solcher, und hiedurch wieder die deutliche Erinnerung, die Besonnenheit, die Vorsorge, die Absicht, das planvolle Zusammenwirken vieler, den Staat, die Gewerbe, Künste, Wissenschaften, Religionen und Philosophien, kurz, alles das, was das Leben des Menschen von dem des Tieres so auffallend unterscheidet. Für das Tier gibt es bloß *anschauliche* Vorstellungen und daher auch nur anschauliche Motive: die Abhängigkeit seiner

Willensakte von den Motiven ist deshalb augenfällig. Beim Menschen hat diese nicht weniger statt, und auch ihn bewegen (unter Voraussetzung seines individuellen Charakters) die Motive mit strengster Notwendigkeit: allein diese sind meistens nicht *anschauliche*, sondern *abstrakte* Vorstellungen, d.h. Begriffe, Gedanken, die jedoch das Resultat früherer Anschauungen, also der Einwirkungen von außen auf ihn sind. Dies aber gibt ihm eine *relative* Freiheit, nämlich im Vergleich mit dem Tiere. Denn ihn bestimmt nicht, wie das Tier, die *anschauliche*, gegenwärtige Umgebung, sondern seine aus früheren Erfahrungen abgezogenen, oder durch Belehrung überkommenen Gedanken. Daher liegt das Motiv, welches auch ihn notwendig bewegt, dem Zuschauer nicht zugleich mit der Tat vor Augen; sondern er trägt es in seinem Kopfe herum. Dies gibt nicht nur seinem Tun und Treiben im ganzen, sondern schon allen seinen Bewegungen einen von denen des Tieres augenfällig verschiedenen Charakter: er wird gleichsam von feineren, nicht sichtbaren, Fäden gezogen: daher tragen alle seine Bewegungen das Gepräge des Vorsätzlichen und Absichtlichen, welches ihnen einen Anschein von Unabhängigkeit gibt, der sie augenfällig von denen des Tieres unterscheidet. Alle diese großen Verschiedenheiten hängen aber ganz und gar ab von der Fähigkeit *abstrakter Vorstellungen, Begriffe*. Diese Fähigkeit daher ist das Wesentliche *der Vernunft*, d.h. des den Menschen auszeichnenden Vermögens, genannt *το λογιμον, το λογιστικον*, ratio, la ragione, il discorso, raison, reason, discourse of reason. – Frägt man mich aber, was zum Unterschiede davon der *Verstand*, *νους*, intellectus, entendement, understanding, sei; so sage ich: er ist dasjenige Erkenntnisvermögen, welches auch die Tiere haben, nur in verschiedenem Grade, und wir im höchsten, nämlich das unmittelbare, aller Erfahrung vorhergängige Bewußtsein des *Kausalitätsgesetzes*, als welches die Form des Verstandes selbst ausmacht und worin sein ganzes Wesen besteht. Von ihm hängt zuvörderst die Anschauung der Außenwelt ab: denn die Sinne für sich allein sind bloß der *Empfindung* fähig, die noch lange keine *Anschauung* ist, sondern allererst deren Material: *νοῦς ὁρᾷ καὶ νοῦς ακούει, τ᾽ἄλλα κωφὰ καὶ τυφλα* (mens videt, mens audit, cetera surda et coeca). Die *Anschauung* entsteht dadurch, daß wir die Empfindung der Sinnesorgane unmittelbar beziehn auf deren *Ursache*, die sich, eben durch diesen Akt der Intelligenz, als *äußeres Objekt* in unserer Anschauungsform *Raum* darstellt. Dies eben beweist, daß das Kausalitätsgesetz uns a priori bewußt ist und nicht aus der Erfahrung stammt, indem diese selbst, da sie die Anschauung vorausetzt, erst durch dasselbe möglich wird. In der *Vollkommenheit* dieser ganz unmittelbaren Auffassung der *Kausalitätsverhältnisse* besteht alle Überlegenheit des Verstandes, alle Klugheit, Sagazität, Penetration, Scharfsinn: denn jene liegt aller Kenntnis des *Zusammenhanges* der Dinge, im weitesten Sinn des Worts, zum Grunde. Ihre Schärfe und Richtigkeit macht den einen *verständiger*, klüger, schlauer als den andern. *Vernünftig* hingegen hat man zu allen Zeiten *den* Menschen genannt, der sich nicht durch die *anschaulichen* Eindrücke, sondern durch *Gedanken und Begriffe* leiten läßt, und daher stets überlegt, konsequent und besonnen zu Werke geht. Ein solches Handeln heißt überall ein *vernünftiges Handeln*. Keineswegs aber impliziert dieses Rechtschaffenheit und Menschenliebe. Vielmehr kann man höchst vernünftig, also überlegt, besonnen, konsequent, planvoll und methodisch zu Werke gehn, dabei aber doch die eigennützigsten, ungerechtesten, sogar ruchlosesten Maximen befolgen. Daher ist es *vor* Kant keinem Menschen je eingefallen, das gerechte, tugendhafte und edle Handeln mit dem *vernünftigen* Handeln zu identifizieren: sondern man hat beide vollkommen unterschieden und auseinander gehalten. Das eine beruht auf der *Art der Motivation*, das andere auf der *Verschiedenheit der Grundmaximen*. Bloß nach Kant, da die Tugend aus reiner Vernunft entspringen sollte, ist Tugendhaft und Vernünftig eines und dasselbe; dem Sprachgebrauch aller Völker, der nicht zufällig, sondern das Werk der allgemeinen menschlichen und daher übereinstimmenden Erkenntnis ist, zum Trotz. Vernünftig und Lasterhaft lassen sich sehr wohl vereinigen, ja, erst durch ihre Vereinigung sind große, weitgreifende Verbrechen möglich. Ebenso besteht Unvernünftig und Edelmütig sehr wohl zusammen: z. B. wenn ich heute dem Dürftigen gebe, was ich selbst morgen noch dringender, als er, bedürfen werde; wenn ich mich hinreißen lasse, einem Notleidenden die Summe zu schenken, auf die mein Gläubiger wartet; und so in sehr vielen Fällen.

Aber, wie gesagt, diese Erhebung der Vernunft zur Quelle aller Tugend, beruhend auf der Behauptung, daß sie als *praktische Vernunft* unbedingte Imperative, rein a priori, orakularisch von sich gebe, und zusammengefaßt mit der in der Kritik der reinen Vernunft aufgestellten falschen Erklärung der *theoretischen Vernunft*, daß sie ein wesentlich auf das zu drei angeblichen Ideen sich gestaltende *Unbedingte* (dessen Unmöglichkeit zugleich der Verstand a priori erkenne) gerichtetes Vermögen sei, führte, als exemplar vitiis imitabile, die Fasel-Philosophen, Jacobi an der Spitze, auf jene das *»Übersinnliche«* unmittelbar *vernehmende Vernunft* und auf die absurde Behauptung, die Vernunft sei ein wesentlich auf Dinge jenseit aller Erfahrung, also auf *Metaphysik* angelegtes Vermögen und erkenne unmittelbar und intuitiv die letzten Gründe aller Dinge und alles Daseins, das Übersinnliche, das Absolute, die Gottheit u.dergl.m. – Solche Behauptungen hätte längst, wenn man seine Vernunft, statt sie zu vergöttern, hätte brauchen wollen, die einfache Bemerkung sich entgegenstellen müssen, daß, wenn der Mensch, vermöge eines eigentümlichen Organs zur Lösung des Rätsels der Welt, welches seine Vernunft ausmache, eine angeborene, nur der Entwickelung bedürftige Metaphysik in sich trüge; alsdann über die Gegenstände der Metaphysik ebenso vollkommene Übereinstimmung unter den Menschen herrschen müßte, wie über die Wahrheiten der Arithmetik und Geometrie; wodurch es ganz unmöglich würde, daß auf der Erde eine große Anzahl grundverschiedener Religionen und eine noch größere grundverschiedener philosophischer Systeme sich vorfände; vielmehr alsdann jeder, der in religiösen oder philosophischen Ansichten von den Übrigen abwiche, sogleich angesehn werden müßte, wie einer, bei dem es nicht richtig ist. – Nicht weniger hätte folgende einfache Bemerkung sich aufdringen müssen. Wenn wir eine Affenspezies entdeckten, welche sich *Werkzeuge*, zum Kampf oder zum Bauen oder sonst einem Gebrauch, absichtlich verfertigte; so würden wir sofort ihr *Vernunft* zugestehn: finden wir hingegen wilde Völker, ohne alle Metaphysik oder Religion, wie es deren gibt; so fällt uns nicht ein, ihnen deshalb die *Vernunft* abzusprechen. Die ihre vorgeblichen übersinnlichen Kenntnisse *beweisende* Vernunft hat Kant durch seine

Kritik in ihre Schranken zurückgewiesen; aber jene Jacobische, das Übersinnliche unmittelbar *vernehmende* Vernunft müßte er wahrlich *unter* aller Kritik befunden haben. Inzwischen wird eine dergleichen reichsunmittelbare Vernunft noch immer, auf den Universitäten, den unschuldigen Jünglingen aufgebunden.

*Anmerkung*

Wenn wir der Annahme der praktischen Vernunft ganz auf den Grund kommen wollen, müssen wir ihren Stammbaum etwas höher hinauf verfolgen. Da finden wir, daß sie von einer Lehre stammt, die Kant selbst gründlich widerlegt hat, welche aber dennoch hier, als Reminiszenz früherer Denkungsart, seiner Annahme einer praktischen Vernunft, mit ihren Imperativen und ihrer Autonomie, heimlich, ja, ihm selbst unbewußt, zum Grunde liegt. Es ist die rationale Psychologie, welcher zufolge der Mensch aus zwei völlig heterogenen Substanzen zusammengesetzt ist, dem materiellen Leibe und der immateriellen Seele. Plato ist der erste, der dieses Dogma förmlich aufgestellt und als objektive Wahrheit zu beweisen gesucht hat. Cartesius aber führte es auf den Gipfel der Vollendung und stellte es auf die Spitze, indem er ihm die genaueste Ausführung und wissenschaftliche Strenge verlieh. Aber eben dadurch kam die Falschheit desselben zu Tage und wurde sukzessive von Spinoza, Locke und Kant dargetan. Von Spinoza (dessen Philosophie hauptsächlich im Widerlegen des zwiefachen Dualismus seines Lehrers besteht), indem er, den zwei Substanzen des Cartesius geradezu und ausdrücklich entgegen, zu seinem Hauptsatz machte: Substantia cogitans et substantia extensa una eademque est substantia, quae iam sub hoc, iam sub illo attributo comprehenditur. Von Locke, indem er die angeborenen Ideen bestritt, alle Erkenntnis aus der sinnlichen ableitete und lehrte, es sei nicht unmöglich, daß die Materie denken könne. Von Kant, durch die Kritik der rationalen Psychologie, wie sie in der ersten Ausgabe steht. Wogegen andererseits Leibniz und Wolff die schlechte Partei verfochten: dies hat Leibnizen die unverdiente Ehre verschafft, mit dem ihm so heterogenen, großen

Plato verglichen zu werden. Dies alles auszuführen ist hier nicht der Ort. Dieser rationalen Psychologie nun zufolge war die Seele ein ursprünglich und wesentlich *erkennendes* und erst infolge davon auch ein wollendes Wesen. Je nachdem sie nun, in diesen ihren Grundtätigkeiten, rein für sich und unvermischt mit dem Leibe, oder aber in Verbindung mit diesem zu Werke ging, hatte sie ein höheres und niederes Erkenntnis- und ebenso ein dergleichen Willensvermögen. Im höhern Vermögen war die immaterielle Seele ganz für sich und ohne Mitwirkung des Leibes tätig; da war sie intellectus purus und hatte es mit lauter ihr allein angehörigen, daher gar nicht sinnlichen, sondern rein geistigen Vorstellungen und eben dergleichen Willensakten zu tun, welche sämtlich nichts Sinnliches, als welches vom Leibe herrührte, an sich trügen.* Da erkannte sie nun lauter reine Abstrakta, Universalia, angeborene Begriffe, aeternae veritates u. dgl. Und demgemäß stand auch ihr Wollen allein unter dem Einfluß solcher rein geistigen Vorstellungen. Dagegen war das *niedere* Erkenntnis- und Willensvermögen das Werk der mit dem Leibe und dessen Organen im Verein wirkenden und eng verknüpften, dadurch aber in ihrer rein geistigen Wirksamkeit beeinträchtigten Seele. Hieher sollte nun gehören jedes *anschauende* Erkennen, welches demgemäß das undeutliche und verworrene, das *abstrakte* hingegen, aus abgezogenen Begriffen bestehende, das deutliche sein sollte! Der nun durch solche sinnlich bedingte Erkenntnis bestimmte Wille war der niedrige und meistens schlechte: denn sein war das durch Sinnenreiz geleitete Wollen; während jenes andere das lautere, von reiner Vernunft geleitete und der immateriellen Seele allein angehörige Wollen war. Am deutlichsten ausgeführt hat diese Lehre der Cartesianer De la Forge, in seinem Tractatus de mente humana: daselbst c. 23 heißt es: Non nisi eadem voluntas est, quae appellatur appetitus sensitivus, quando excitatur per judicia, quae formantur consequenter ad perceptiones sensuum; et quae appetitus rationalis nominatur, cum mens judicia format de propriis suis ideis, independenter a cogitationibus sensuum confusis, quae inclinationum eius sunt causae. – – – Id, quod occasionem dedit, ut duae

* Intellectio pura est intellectio, quae circa nullas imagines corporeas versatur. Cart. Medit., p. 188.

istae diversae voluntatis propensiones pro duobus diversis appetitibus sumerentur, est, quod saepissime unus alteri opponatur, quia propositum, quod mens superaedificat propriis suis perceptionibus, non semper consentit cum cogitationibus, quae menti a corporis dispositione suggeruntur, per quam saepe obligatur ad aliquid volendum, dum ratio eius eam aliud optare facit. – Aus der undeutlich bewußten Reminiszenz solcher Ansichten stammt zuletzt Kants Lehre von der *Autonomie* des Willens, welche als Stimme der reinen, praktischen Vernunft, für alle vernünftige Wesen als solche gesetzgebend ist und bloß *formelle* Bestimmungsgründe kennt, im Gegensatz der *materiellen*, als welche allein das niedere Begehrungsvermögen bestimmen, dem jenes obere entgegenwirkt.

Übrigens ist jene ganze, erst von Cartesius recht systematisch dargestellte Ansicht doch schon beim Aristoteles zu finden, welcher sie deutlich genug vorträgt de anima, I, 1. Vorbereitet und angedeutet hat sie sogar schon Plato, im Phädon (S. 188 und 189, Bip.). – Hingegen infolge der Cartesischen Systematisierung und Konsolidation derselben finden wir sie hundert Jahre später ganz dreist geworden, auf die Spitze gestellt und gerade dadurch der Enttäuschung entgegengeführt. Nämlich als ein résumé der damals geltenden Ansicht bietet sich uns dar Muratori, Della forza della fantasia, cap. 1–4 et 13. Da ist die Phantasie, deren Funktion die ganze Anschauung der Außenwelt, auf Data der Sinne, ist, ein rein materielles, körperliches, cerebrales Organ (das niedere Erkenntnisvermögen), und der immateriellen Seele bleibt bloß das Denken, Reflektieren und Beschließen. – Dadurch aber wird die Sache offenbar bedenklich, und dies mußte man fühlen. Denn, ist die Materie der anschauenden, so komplizierten Auffassung der Welt fähig; so ist nicht zu begreifen, warum sie nicht auch der Abstraktion aus dieser Anschauung und dadurch alles Übrigen fähig sein sollte. Offenbar ist die Abstraktion nichts weiter, als ein Fallenlassen der zum jedesmaligen Zweck nicht nötigen Bestimmungen, also der Individual- und Spezial-Differenzen, z. B. wenn ich von dem, was dem Schaf, dem Ochsen, dem Hirsch, dem Kamel usw. eigentümlich ist, absehe und so zu dem Begriff Wiederkäuer gelange; bei welcher Operation die Vorstellungen die Anschaulichkeit einbüßen und eben als bloß abstrakte, nichtanschauliche Vorstellungen, Begriffe, nunmehr des Wortes bedürfen, um im Bewußtsein fixiert und gehandhabt werden zu können. – Bei dem allen jedoch sehn wir Kanten noch unter dem Einfluß der Nachwirkung jener alten Lehre stehen, bei Aufstellung seiner praktischen Vernunft mit ihren Imperativen.

## § 7
## *Vom* obersten Grundsatz *der Kantischen Ethik*

Nachdem ich im vorigen Paragraph die eigentliche *Grundlage* der Kantischen Ethik geprüft habe, gehe ich jetzt zu dem auf diesem Fundament ruhenden, mit ihm aber genau verbundenen, ja, verwachsenen *obersten Grundsatz* der Moral. Wir erinnern uns, daß er lautete: »Handle nur nach der Maxime, von der du zugleich *wollen kannst*, daß sie als allgemeines Gesetz für alle vernünftige Wesen gelte.« – Sehn wir darüber hinweg, daß es ein sonderbares Verfahren ist, dem, der angenommenermaßen ein Gesetz für sein Tun und Lassen sucht, den Bescheid zu erteilen, er solle gar erst eins für das Tun und Lassen aller möglichen vernünftigen Wesen suchen; und bleiben wir bei der Tatsache stehn, daß jene von Kant aufgestellte Grundregel offenbar noch nicht das Moralprinzip selbst ist, sondern erst eine heuristische Regel dazu, d. h. eine Anweisung, wo es zu suchen sei; also gleichsam zwar noch nicht bares Geld, aber eine sichere Anweisung. Wer nun ist es eigentlich, der diese realisieren soll? Die Wahrheit gleich heraus zu sagen: ein hier sehr unerwarteter Zahlmeister: – Niemand anders als der *Egoismus*; wie ich sogleich deutlich zeigen werde.

Also die Maxime selbst, von der ich *wollen kann*, daß nach ihr alle handelten, wäre erst das wirkliche Moralprinzip. Mein *Wollenkönnen* ist die Angel, um welche die gegebene Weisung sich dreht. Aber was *kann* ich denn eigentlich wollen, und was nicht? Offenbar bedarf ich, um zu bestimmen, was ich in der besagten Hinsicht wollen kann, wieder eines Regulativs: und an diesem hätte ich allererst den Schlüssel zu der, gleich einem versiegelten Befehl gegebenen Weisung. Wo ist nun dieses Regulativ zu suchen? – Unmöglich irgendwo anders, als in meinem Egoismus, dieser nächsten, stets bereiten, ursprünglichen und lebendigen Norm aller Willensakte, die vor jedem Moralprinzip wenigstens das jus primi occupantis voraus hat. – Die in Kants oberster Regel enthaltene Anweisung zur Auffindung des eigentlichen Moralprinzips beruht nämlich auf der stillschweigenden Voraussetzung, daß ich nur *das* wollen kann, wobei ich mich am besten stehe. Da ich nun, bei der Feststellung einer allgemein zu befolgenden Maxime, notwendig mich nicht bloß als den allemal aktiven, sondern auch als den eventualiter und zu Zeiten *passiven* Teil betrachten muß; so entscheidet, von diesem Standpunkt aus, mein *Egoismus* sich für Gerechtigkeit und Menschenliebe; nicht weil er sie zu *üben*, sondern weil er sie zu *erfahren* Lust hat, und im Sinne jenes Geizhalses, der, nach angehörter Predigt über Wohltätigkeit, ausruft:

»Wie herrlich ausgeführt, wie schön! –
– Fast möcht' ich betteln gehn.«

Diesen unentbehrlichen Schlüssel zu der Weisung, in welcher Kants oberster Grundsatz der Moral besteht, kann er nicht umhin, auch selbst hinzuzufügen: jedoch tut er dies nicht sogleich, bei Aufstellung desselben, als welches Anstoß geben könnte; sondern in anständiger Entfernung davon und tiefer im Text, damit es nicht in die Augen springe, daß hier, trotz den erhabenen Anstalten a priori, eigentllich der Egoismus auf dem Richterstuhl sitzt und den Ausschlag gibt, und nachdem er, vom Gesichtspunkt der eventualiter *passiven* Seite aus, entschieden hat, dies für die *aktive* geltend gemacht wird. Also S. 19; – R., S. 24, heißt es: »daß ich ein allgemeines Gesetz, zu lügen, nicht *wollen könne*, weil man mir dann nicht mehr glauben, oder mich *mit gleicher Münze* bezahlen würde«. – S. 55; – R., S. 49: »Die Allgemeinheit eines Gesetzes, daß jeder, was ihm einfällt, versprechen könne, mit dem Vorsatz, es nicht zu halten, würde das Versprechen und den Zweck, den man damit haben mag, selbst unmöglich machen; indem *niemand glauben* würde.« – S. 56; – R., S. 50, heißt es in Beziehung auf die Maxime der *Lieblosigkeit*: »Ein Wille, der dieses beschlösse, würde sich selbst widersprechen, indem doch *Fälle sich ereignen können*, wo *er* anderer Liebe und Teilnahme *bedarf* und wo er durch ein solches aus seinem eigenen Willen entsprungenes Naturgesetz, sich selbst alle *Hoffnung des Beistandes, den er sich wünscht*, rauben würde.« – Ebenfalls in der Kritik der praktischen Vernunft, T. I, B. 1, Hauptst. 2, S. 123; – R., S. 192: »Wenn jeder anderer Not mit völliger Gleichgültigkeit ansähe, und *Du gehörtest mit* zu einer solchen Ordnung der Dinge; würdest Du darin wohl mit Einstimmung Deines Willens sein?« – Quam temere in nosmet legem sancimus iniquam! wäre die Antwort. Diese Stellen erklären genugsam, in welchem Sinn das *»Wollenkönnen«* in Kants Moralprinzip zu verstehn sei. Aber am allerdeutlichsten ist diese wahre Bewandtnis des Kantischen Moralprinzips ausgesprochen in den »Metaphysischen Anfangsgründen der Tugendlehre«, § 30: *»Denn* jeder wünscht, daß *ihm geholfen werde*. Wenn er aber seine Maxime, andern nicht helfen zu wollen, laut werden ließe; so würde jeder *befugt sein*, ihm Beistand zu versagen. Also widerstreitet die eigennützige Maxime sich selbst.« *Befugt sein*, heißt es, *Befugt sein!* Also ist hier so deutlich, wie nur immer möglich, ausgesprochen, daß die moralische Verpflichtung ganz und gar auf vorausgesetzter *Reziprozität* beruhe, folglich schlechthin egoistisch ist und vom Egoismus ihre Auslegung erhält, als welcher, unter der Bedingung der *Reziprozität*, sich klüglich zu einem Kompromiß versteht. Zur Begründung des Prinzips des Staatsvereins wäre das tauglich, aber nicht zu der des Moralprinzips. Wenn daher in der »Grundlegung«, S. 81; – R., S. 67, gesagt wird: »Das Prinzip: Handle jederzeit nach der Maxime, deren Allgemeinheit als Gesetzes Du zugleich wollen kannst, – ist die einzige Bedingung, unter der ein Wille niemals mit sich selbst in Widerstreit sein kann;« – so ist die wahre Auslegung des Wortes *Widerstreit* diese, daß wenn ein Wille die Maxime der Ungerechtigkeit und Lieblosigkeit sanktioniert hätte, er nachmals, wenn er eventualiter der *leidende Teil* würde, sie revozieren und dadurch sich *widersprechen* würde.

Aus dieser Erklärung ist vollkommen klar, daß jene Kantische Grundregel nicht, wie er unablässig behauptet, ein *kategorischer*, sondern in der Tat ein *hypothetischer* Imperativ ist, indem demselben stillschweigend die *Bedingung* zum Grunde liegt, daß das für mein *Handeln* aufzustellende Gesetz, indem ich es zum *allgemeinen* erhebe, auch Gesetz für mein *Leiden* wird, und ich unter dieser Bedingung, als der eventualiter *passive* Teil, Ungerechtigkeit und Lieblosigkeit allerdings *nicht wollen kann*. Hebe ich aber diese Bedingung auf und denke mich, etwan im Vertrauen auf meine überlegenen Geistes- und Leibeskräfte, stets nur als den *aktiven* und nie als den *passiven* Teil, bei der zu erwählenden allgemein gültigen Maxime; so kann ich, vorausgesetzt, daß es kein anderes Fundament der Moral, als das Kantische, gebe, sehr wohl Ungerechtigkeit und Lieblosigkeit als allgemeine Maxime wollen, und demnach die Welt regeln.

upon the simple plan,
That they should take, who have the power,
And they should keep, who can.* *Wordsworth*

Also zu dem im vorigen Paragraph dargelegten Mangel an realer *Begründung* des Kantischen obersten Grundsatzes der Moral gesellt sich, Kants ausdrücklicher Versicherung zuwider, die versteckte *hypothetische* Beschaffenheit desselben, vermöge deren er sogar auf bloßen *Egoismus* basiert ist, als welcher der geheime Ausleger der in demselben gegebenen Weisung ist. Hiezu kommt nun ferner, daß er, bloß als Formel betrachtet, nur eine Umschreibung, Einkleidung, verblümter Ausdruck der allbekannten Regel quod tibi fieri non vis, alteri ne feceris ist, wenn man nämlich diese, indem man sie ohne non und ne wiederholt, von dem Makel befreit, allein die Rechts- und nicht die Liebespflichten zu enthalten. Denn offenbar ist dieses die Maxime, nach der ich (versteht sich mit Rücksicht auf meine möglicherweise *passive* Rolle, mithin auf meinen Egoismus) allein wollen kann, daß alle handeln. Diese Regel quod tibi fieri etc. ist aber selbst wieder nur eine Umschreibung, oder, wenn man will, Prämisse, des von mir, als der einfachste und reinste Ausdruck der von allen Moralsystemen einstimmig geforderten Handlungsweise, aufgestellten Satzes:

* »Nach diesem simpeln Plan,
Daß nehmen soll, wer es vermag,
Behalten soll, wer kann.«

Neminem laede, imo omnes, quantum potes, juva. Dieser ist und bleibt der wahre reine Inhalt aller Moral. Aber worauf er sich gründe? was es sei, das dieser Forderung Kraft erteilt? Dies ist das alte, schwere Problem, welches auch heute uns wieder vorliegt. Denn von der andern Seite schreiet mit lauter Stimme der Egoismus: Neminem juva, imo omnes, si forte conducit, laede: ja, die Bosheit gibt die Variante: Imo omnes, quantum potes, laede. Diesem Egoismus, und der Bosheit dazu, einen ihnen gewachsenen und sogar überlegenen Kämpen entgegen zu stellen, – das ist das Problem aller Ethik. Heic Rhodus, heic salta! –

Kant gedenkt, S. 57; – R., S. 60, sein aufgestelltes Moralprinzip noch dadurch zu bewähren, daß er die längst erkannte und allerdings im Wesen der Moralität gegründete Einteilung der Pflichten in Rechtspflichten (auch genannt vollkommene, unerläßliche, engere Pflichten) und in Tugendpflichten (auch genannt unvollkommene, weitere, verdienstliche, am besten aber Liebespflichten) daraus abzuleiten unternimmt. Allein der Versuch fällt so gezwungen und offenbar schlecht aus, daß er stark wider das aufgestellte oberste Prinzip zeugt. Da sollen nämlich die Rechtspflichten auf einer Maxime beruhen, deren Gegenteil, als allgemeines Naturgesetz genommen, gar nicht einmal ohne Widerspruch *gedacht werden könne*; die Tugendpflichten aber auf einer Maxime, deren Gegenteil man zwar als allgemeines Naturgesetz *denken*; aber unmöglich *wollen* könne. – Nun bitte ich den Leser zu bedenken, daß die Maxime der Ungerechtigkeit, das Herrschen der Gewalt statt des Rechts, welches demnach als Naturgesetz auch nur *zu denken* unmöglich sein soll, eigentlich das wirklich und faktisch in der Natur herrschende Gesetz ist, nicht etwan nur in der Tierwelt, sondern auch in der Menschenwelt: seinen nachteiligen Folgen hat man bei den zivilisierten Völkern durch die Staatseinrichtung vorzubeugen gesucht: sobald aber diese, wo und wie es sei, aufgehoben oder eludiert wird, tritt jenes Naturgesetz gleich wieder ein. Fortwährend aber herrscht es zwischen Volk und Volk: der zwischen diesen übliche Gerechtigkeits-Jargon ist bekanntlich ein bloßer Kanzleistil der Diplomatik: die rohe Gewalt entscheidet. Hingegen echte, d.i. unerzwungene Gerechtigkeit kommt zwar ganz gewiß, jedoch stets nur als Ausnahme von jenem Naturgesetze vor. Obendrein belegt Kant, in den Beispielen, die er jener Einteilung vorangeschickt hat, die Rechtspflichten zuerst (S. 53; – R., S. 48) durch die sogenannte Pflicht gegen sich selbst, sein Leben nicht freiwillig zu enden, wenn die Übel die Annehmlichkeiten überwiegen. Diese Maxime also soll als allgemeines Naturgesetz auch nur *zu denken* unmöglich sein. Ich sage daß, da hier die Staatsgewalt nicht ins Mittel treten kann, gerade jene Maxime sich ungehindert als *wirklich bestehendes Naturgesetz* erweist. Denn ganz gewiß ist es allgemeine Regel, daß der Mensch wirklich zum Selbstmord greift, sobald der angeborene riesenstarke Trieb zur Erhaltung des Lebens von der Größe der Leiden entschieden überwältigt wird: dies zeigt die tägliche Erfahrung. Daß es aber überhaupt irgendeinen Gedanken gebe, der ihn davon abhalten könne, nachdem die mit der Natur jedes Lebenden innig verknüpfte, so mächtige Todesfurcht sich hiezu machtlos erwiesen, also einen Gedanken, der noch stärker wäre, als diese, – ist eine gewagte Voraussetzung, um so mehr, wenn man sieht, daß dieser Gedanke so schwer herauszufinden ist, daß die Moralisten ihn noch nicht bestimmt anzugeben wissen. Wenigstens haben Argumente der Art, wie Kant sie bei dieser Gelegenheit S. 53; – R., S. 48, und auch S. 67; – R., S. 57, gegen den Selbstmord aufstellt, zuverlässig noch keinen Lebensmüden auch nur einen Augenblick zurückgehalten. Also ein unstreitig faktisch bestehendes und täglich wirkendes Naturgesetz wird, zu Gunsten der Pflichteneinteilung aus dem Kantischen Moralprinzip, für ohne Widerspruch *auch nur zu denken* unmöglich erklärt! – Ich gestehe, daß ich nicht ohne Befriedigung von hier einen Blick vorwärts werfe auf die im folgenden Teile von mir aufzustellende Begründung der Moral, aus welcher die Einteilung in Rechts- und Liebespflichten (richtiger in Gerechtigkeit und Menschenliebe) sich völlig ungezwungen ergibt, durch ein aus der Natur der Sache hervorgehendes Trennungsprinzip, welches ganz von selbst eine scharfe Grenzlinie zieht; so daß meine Begründung der Moral jene Bewährung in der Tat aufzuweisen hat, auf welche hier Kant für die seinige ganz unbegründete Ansprüche macht.

## § 8

## *Von den* abgeleiteten Formen *des obersten Grundsatzes der Kantischen Ethik*

Bekanntlich hat Kant den obersten Grundsatz seiner Ethik noch in einem zweiten, ganz andern Ausdruck aufgestellt, in welchem er nicht, wie im ersten, bloß indirekt, als Anweisung wie er zu suchen sei, sondern direkt ausgesprochen wird. Zu diesem bahnt er sich den Weg von S. 63; – R., S. 55 an, und zwar durch höchst seltsame, geschrobene, ja, verschrobene Definitionen der Begriffe *Zweck und Mittel*, welche sich doch viel einfacher und richtiger so definieren lassen: *Zweck* ist das direkte Motiv eines Willensaktes, *Mittel* das indirekte (simplex sigillum veri). Er aber schleicht durch seine wunderlichen Definitionen zu dem Satz: »Der Mensch, und überhaupt jedes vernünftige Wesen, existiert *als Zweck an sich selbst.*« – Allein ich muß geradezu sagen, daß *»als Zweck an sich selbst existieren«* ein Ungedanke, eine contradictio in adjecto ist. Zweck sein, bedeutet gewollt werden. Jeder Zweck ist es nur in Beziehung auf einen Willen, dessen Zweck, d.h., wie gesagt, dessen direktes Motiv er ist. Nur in dieser Relation hat der Begriff *Zweck* einen Sinn, und verliert diesen, sobald er aus ihr herausgerissen wird. Diese ihm wesentliche Relation schließt aber notwendig alles *»An sich«* aus. »Zweck an sich« ist gerade wie »Freund an sich, – Feind an sich, – Oheim an sich, – Nord oder Ost an sich, – Oben oder Unten an sich« u.dgl.m. Im Grunde aber hat es mit dem »Zweck an sich« dieselbe Bewandtnis wie mit dem »absoluten Soll«: Beiden liegt heimlich, sogar unbewußt, derselbe Gedanke als Bedingung zum Grunde: der theologische. – Nicht besser steht es mit dem *»absoluten Wert«*, der solchem angeblichen, aber undenkbaren *Zweck an sich* zukommen soll. Denn auch diesen muß ich, ohne Gnade, als contradictio in adjecto stempeln. Jeder *Wert* ist eine Vergleichungsgröße, und sogar steht er notwendig in doppelter Relation: denn erstlich ist er *relativ*, indem er *für* jemanden ist, und zweitens ist er *komparativ*, indem er im Vergleich mit etwas anderm, wonach er geschätzt wird, ist. Aus diesen zwei Relationen hinausgesetzt, verliert der Begriff *Wert* allen Sinn und Bedeutung. Dies ist zu klar, als daß es noch einer weitern Auseinandersetzung bedürfte. – Wie nun jene zwei Definitionen die Logik beleidigen, so beleidigt die echte Moral der Satz (S. 65; – R., S. 56), daß die vernunftlosen Wesen (also die Tiere) *Sachen* wären und daher auch bloß als *Mittel*, die nicht zugleich *Zweck* sind, behandelt werden dürften. In Übereinstimmung hiemit wird, in den »Metaphysischen Anfangsgründen der Tugendlehre«, § 16, audrücklich gesagt: »Der Mensch kann keine Pflicht gegen irgend ein Wesen haben, als bloß gegen den Menschen«; und dann heißt es § 17: »Die grausame Behandlung der Tiere ist der Pflicht des Menschen *gegen sich selbst* entgegen; weil sie das Mitgefühl an ihrem Leiden im Menschen abstumpft, wodurch eine der Moralität im Verhältnis *zu andern Menschen* sehr diensame, natürliche Anlage geschwächt wird.« – Also bloß zur Übung soll man mit Tieren Mitleid haben, und sie sind gleichsam das pathologische Phantom zur Übung des Mitleids mit Menschen. Ich finde, mit dem ganzen nicht-islamisierten (d. h. nicht-judaisierten) Asien, solche Sätze empörend und abscheulich. Zugleich zeigt sich hier abermals, wie gänzlich diese philosophische Moral, die, wie oben dargelegt, nur eine verkleidete theologische ist, eigentlich von der biblischen abhängt. Weil nämlich (wovon weiterhin) die christliche Moral die Tiere nicht berücksichtigt; so sind diese sofort auch in der philosophischen Moral vogelfrei, sind bloße »Sachen«, bloße *Mittel* zu beliebigen Zwecken, also etwan zu Vivisektionen, Parforcejagden, Stiergefechten, Wettrennen, zu Tode peitschen vor dem unbeweglichen Steinkarren u. dgl. – Pfui! über eine solche Parias-, Tschandalas- und Mletschas-Moral, – die das ewige Wesen verkennt, welches in allem, was Leben hat, da ist, und aus allen Augen, die das Sonnenlicht sehn, mit unergründlicher Bedeutsamkeit hervorleuchtet. Aber jene Moral kennt und berücksichtigt allein die eigene werte Spezies, deren Merkmal *Vernunft* ihr die Bedingung ist, unter welcher ein Wesen Gegenstand moralischer Berücksichtigung sein kann.

Auf so holperichtem Wege, ja, per fas et nefas, gelangt dann Kant zum zweiten Ausdruck des Grundprinzips seiner Ethik: »Handle so, daß Du die Menschheit, sowohl in Deiner Person, als in der Person eines jeden andern, jederzeit zugleich als Zweck, niemals bloß als Mittel brauchest.« Auf sehr künstliche Weise und durch einen weiten Umweg ist hiemit gesagt: »Berücksichtige nicht Dich allein, sondern auch die andern:« und dieses wiederum ist eine Umschreibung des Satzes Quod tibi fieri non vis, alteri ne feceris, welcher, wie gesagt, selbst wieder nur die Prämissen enthält zu der Konklusion, die der letzte wahre Zielpunkt aller Moral und alles Moralisierens ist: Neminem laede, imo omnes, quantum potes, juva: welcher Satz, wie alles Schöne, sich nackt am besten ausnimmt. – Nur sind in jene zweite Moralformel Kants die angeblichen Selbstpflichten, absichtlich und schwerfällig genug, mit hineingezogen. Über diese habe ich mich oben erklärt.

Einzuwenden wäre übrigens gegen jene Formel, daß der hinzurichtende Verbrecher, und zwar mit Recht und Fug, allein als Mittel und nicht als Zweck behandelt wird, nämlich als unerläßliches Mittel, dem Gesetz, durch seine Erfüllung, die Kraft abzuschrecken zu erhalten, als worin dessen Zweck besteht.

Wenn nun gleich diese zweite Formel Kants weder für die *Begründung* der Moral etwas leistet, noch auch für den adäquaten und unmittelbaren Ausdruck ihrer Vorschriften – oberstes Prinzip – gelten kann; so hat sie andererseits das Verdienst, ein feines psychologisch-moralisches apperçu zu enthalten, indem sie den *Egoismus* durch ein höchst charakteristisches Merkmal bezeichnet, welches wohl verdient, hier näher entwickelt zu werden. Dieser *Egoismus* nämlich, von dem wir alle strotzen, und welchen als unsere partie honteuse zu verstecken, wir die *Höflichkeit* erfunden haben, guckt aus allen ihm übergeworfenen Schleiern meistens dadurch hervor, daß wir in jedem, der uns vorkommt, wie instinktmäßig, zunächst nur ein mögliches *Mittel* zu irgendeinem unserer stets zahlreichen *Zwecke* suchen. Bei jeder neuen Bekanntschaft ist meistens unser erster Gedanke, ob der Mann uns nicht zu irgend etwas nützlich werden könnte: wenn er dies nun *nicht* kann; so ist er den meisten, sobald sie sich hievon überzeugt haben, auch selbst *nichts*. In jedem andern ein mögliches Mittel zu unsern Zwecken, also ein Werkzeug zu suchen, liegt beinahe schon in der Natur des menschlichen Blicks: ob nun aber etwan das Werkzeug beim Gebrauche mehr oder weniger zu *leiden* haben werde, ist ein Gedanke, der viel später und oft gar nicht nachkommt. Daß wir diese Sinnesart bei andern voraussetzen, zeigt sich an mancherlei, z. B. daran, daß wenn wir von jemanden Auskunft oder Rat verlangen, wir alles Vertrauen zu seinen Aussagen verlieren, sobald wir entdecken, daß er irgendein, wenn auch nur kleines oder entferntes *Interesse* bei der Sache haben könnte. Denn da setzen wir sogleich voraus, er werde uns zum Mittel seiner Zwecke machen, und seinen Rat daher nicht seiner *Einsicht*, sondern seiner *Absicht* gemäß erteilen; selbst wenn jene auch noch so groß und diese noch so klein sein sollte. Denn wir wissen nur zu wohl, daß eine Kubiklinie Absicht mehr wiegt, als eine Kubikrute Einsicht. Andererseits wird in solchem Falle, bei unserer Frage: »Was soll ich tun?« dem andern oft gar nichts anderes einfallen, als was wir *seinen* Zwecken gemäß zu tun hätten: dieses also wird er alsdann, ohne an *unsere* Zwecke auch nur zu denken, sogleich und wie mechanisch antworten, indem sein Wille unmittelbar die Antwort diktiert, ehe nur die Frage zum Forum seines wirklichen Urteils gelangen konnte, und er also uns seinen Zwecken gemäß zu lenken sucht, ohne sich dessen auch nur bewußt zu werden, sondern selbst vermeinend aus Einsicht zu reden, während aus ihm nur die Absicht redet; ja, er kann hierin so weit gehn, ganz eigentlich zu lügen, ohne es selbst zu merken. So überwiegend ist der Einfluß des Willens über den der Erkenntnis. Demzufolge ist darüber, ob einer aus Einsicht oder aus Absicht redet, nicht einmal das Zeugnis seines eigenen Bewußtseins gültig, meistens aber das seines Interesses. Einen andern Fall zu nehmen: wer von Feinden verfolgt, in Todesangst, einen ihm begegnenden Tabuletkrämer nach einem Seitenwege frägt, kann erleben, daß dieser ihm die Frage entgegnet: »Ob er von seiner Ware nichts brauchen könne?« – Damit soll nicht gesagt sein, daß er sich *stets* so verhalte: vielmehr wird allerdings mancher Mensch am Wohl und Wehe des andern unmittelbar wirklichen Anteil nehmen, oder, in Kants Sprache, ihn als Zweck und nicht als Mittel ansehn. Wie nahe oder fern nun aber jedem einzelnen der Gedanke liegt, den andern, statt wie gewöhnlich als Mittel einmal als Zweck zu betrachten, – dies ist das Maß der großen ethischen Verschiedenheit der Charaktere: und worauf es hiebei in letzter Instanz ankomme, – das wird eben das wahre Fundament der Ethik sein, zu welchem ich erst im folgenden Teile schreite.

Kant hat also, in seiner zweiten Formel, den Egoismus und dessen Gegenteil durch ein höchst charakteristisches Merkmal bezeichnet; welchen Glanzpunkt ich um so lieber hervorgehoben und durch Erläuterung in helles Licht gestellt habe, als ich im übrigen von der Grundlage seiner Ethik leider nur wenig gelten lassen kann.

Die dritte und letzte Form, in der Kant sein Moralprinzip aufgestellt, ist die *Autonomie* des Willens: »Der Wille jedes vernünftigen Wesens ist allgemein gesetzgebend für alle vernünftige Wesen.« Dies folgt freilich aus der ersten Form. Aus der gegenwärtigen soll nun aber (laut S. 71; – R., S. 60) hervorgehn, daß das spezifische Unterscheidungszeichen des kategorischen Imperativs dieses sei, daß beim Wollen aus Pflicht der Wille sich *von allem Interesse lossage*. Alle früheren Moralprinzipien wären deshalb verunglückt, »weil sie den Handlungen immer, sei es als Zwang oder Reiz, ein *Interesse* zum Grunde legten, *dies mochte nun ein eigenes, oder ein fremdes Interesse sein*« (S. 73; – R., S. 62) (auch ein *fremdes*, welches wohl zu merken bitte). »Hingegen ein allgemein gesetzgebender Wille schreibe Handlungen aus *Pflicht* vor, die sich auf *gar kein Interesse gründen*.« Jetzt aber bitte ich zu bedenken, was das eigentlich sagen will: in der Tat nichts Geringeres, als ein Wollen *ohne Motiv*, also eine Wirkung ohne Ursache. Interesse und Motiv sind Wechselbegriffe: heißt nicht Interesse quod mea interest, woran mir gelegen ist? Und ist dies nicht überhaupt alles, was meinen Willen anregt und bewegt? Was ist folglich ein Interesse anderes, als die Einwirkung eines Motivs auf den Willen? Wo also ein *Motiv* den Willen bewegt, da hat er ein *Interesse*: wo ihn aber kein Motiv bewegt, da kann er wahrlich so wenig handeln, als ein Stein ohne Stoß oder Zug von der Stelle kann. Dies werde ich gelehrten Lesern doch nicht erst zu demonstrieren brauchen. Hieraus aber folgt, daß jede Handlung, da sie notwendig ein *Motiv* haben muß, auch notwendig ein *Interesse* voraussetzt. Kant aber stellt eine zweite, ganz neue Art von Handlungen auf, welche ohne alles Interesse, d.h. ohne Motiv vor sich gehn. Und dies sollten die Handlungen der Gerechtigkeit und Menschenliebe sein! Zur Widerlegung dieser monstrosen Annahme bedurfte es nur der Zurückführung derselben auf ihren eigentlichen

Sinn, der durch das Spiel mit dem Worte *Interesse* versteckt war. – Inzwischen feiert Kant (S. 74ff.; – R., S. 62) den Triumph seiner Autonomie des Willens, in der Aufstellung eines moralischen Utopiens, unter dem Namen eines *Reiches der Zwecke*, welches bevölkert ist von lauter *vernünftigen Wesen* in abstracto, die samt und sonders beständig wollen, ohne irgend *etwas* zu wollen (d.i. ohne Interesse): nur dieses eine wollen sie: daß alle stets nach *einer* Maxime wollen (d.i. Autonomie). Difficile est, satiram non scribere.

Aber noch auf etwas anderes, von beschwerlicheren Folgen, als dieses kleine unschuldige Reich der Zwecke, welches man, als vollkommen harmlos, ruhig liegenlassen kann, leitet Kanten seine Autonomie des Willens, nämlich auf den Begriff der *Würde des Menschen*. Diese nämlich beruht bloß auf dessen *Autonomie*, und besteht darin, daß das Gesetz, dem er folgen soll, von ihm selbst gegeben ist, – also er zu demselben in dem Verhältnis steht, wie die konstitutionellen Untertanen zu dem ihrigen. – Das möchte als Ausschmückung des Kantischen Moralsystems immerhin dastehn. Allein dieser Ausdruck *»Würde des Menschen«*, einmal von Kant ausgesprochen, wurde nachher das Schiboleth aller rat- und gedankenlosen Moralisten, die ihren Mangel an einer wirklichen, oder wenigstens doch irgend etwas sagenden Grundlage der Moral hinter jenen imponierenden Ausdruck *»Würde des Menschen«* versteckten, klug darauf rechnend, daß auch ihr Leser sich gern mit einer solchen *Würde* angetan sehn und demnach damit zufriedengestellt sein würde.* Wir wollen jedoch auch diesen Begriff etwas näher untersuchen und auf Realität prüfen. – Kant (S. 79; – R., S. 66) definiert *Würde* als »einen unbedingten, unvergleichbaren Wert«. Dies ist eine Erklärung, die durch ihren erhabenen Klang dermaßen imponiert, daß nicht leicht einer sich untersteht, heranzutreten, um sie in der Nähe zu untersuchen, wo er dann finden würde, daß eben auch sie nur eine hohle Hyperbel ist, in deren Innerem, als nagender Wurm, die contradictio in adjecto nistet. Jeder *Wert* ist die Schätzung einer Sache im Vergleich mit

* Der erste, der den Begriff der »Würde des Menschen« ausdrücklich und ausschließlich zum Grundstein der Ethik gemacht und diese demnach ausgeführt hat, scheint gewesen zu sein G. W. Block, in seiner »Neuen Grundlegung zur Philosophie der Sitten«, 1802.

einer andern, also ein Vergleichsbegriff, mithin relativ, und diese Relativität macht eben das Wesen des Begriffes *Wert* aus. Schon die Stoiker haben (nach Diog. Laert., L. VII, c. 106) richtig gelehrt: *τὴν δὲ ἀξίαν εἶναι ἀμοιβὴν δοκιμαστοῦ, ἣν ἂν ὁ ἔμπειρος τῶν πραγμάτων τάξῃ· ὅμοιον εἰπεῖν, ἀμείβεσθαι πυροὺς πρὸς τὰς σὺν ἡμιόνῳ κριθάς* (existimationem esse probati remunerationem, quamcunque statuerit peritus rerum; quod huiusmodi est, ac si dicas, commutare cum hordeo, adjecto mulo, triticum). Ein *unvergleichbarer, unbedingter, absoluter Wert,* dergleichen die *Würde* sein soll, ist demnach, wie so vieles in der Philosophie, die mit Worten gestellte Aufgabe zu einem Gedanken, der sich gar nicht denken läßt, so wenig wie die höchste Zahl, oder der größte Raum.

»Denn eben wo Begriffe fehlen,
Da stellt ein *Wort* zu rechter Zeit sich ein.«

So war denn auch hier an der »Würde des Menschen« ein höchst willkommenes Wort auf die Bahn geworfen, an welchem nunmehr jede, durch alle Klassen der Pflichten und alle Fälle der Kasuistik ausgesponnene Moral ein breites Fundament fand, von welchem herab sie mit Behagen weiter predigen konnte.

Am Schlusse seiner Darstellung (S. 124; – R., S. 97) sagt Kant: »Wie nun aber *reine Vernunft*, ohne andere Triebfedern, die irgend woher sonst genommen sein mögen, für sich selbst *praktisch* sein, d.i. wie das *bloße Prinzip der Allgemeingültigkeit aller ihrer Maximen* als Gesetze, ohne allen Gegenstand des Willens, woran man zum voraus irgend ein Interesse nehmen dürfte, für sich selbst eine Triebfeder abgeben und ein Interesse, welches rein moralisch heißen würde, bewirken, oder, mit andern Worten, wie reine Vernunft praktisch sein könne? – Das zu erklären, ist alle menschliche Vernunft unvermögend und alle Mühe und Arbeit verloren.« – Nun sollte man denken, daß wenn etwas, dessen Dasein behauptet wird, nicht einmal seiner Möglichkeit nach begriffen werden kann, es doch faktisch in seiner Wirklichkeit nachgewiesen sein müsse: allein der kategorische Imperativ der praktischen Vernunft wird ausdrücklich *nicht* als eine Tatsache des Bewußtseins aufgestellt, oder sonst durch Erfahrung begründet. Vielmehr werden wir oft genug verwarnt, daß er *nicht* auf solchem anthropologisch-empirischen Wege zu suchen sei (z. B. S. VI der Vorrede; – R., S. 5, und S. 59, 60; – R., S. 52). Dazu noch wird uns wiederholt (z. B. S. 48; – R., S. 44) versichert, »daß durch kein Beispiel, mithin empirisch auszumachen sei, ob es überall einen dergleichen Imperativ gebe«. Und S. 49; – R., S. 45, »daß die Wirklichkeit des kategorischen Imperativs nicht in der Erfahrung gegeben sei«. – Wenn man das zusammenfaßt, so könnte man wirklich auf den Verdacht geraten, Kant habe seine Leser zum besten. Wenn nun gleich dieses, dem heutigen deutschen philosophischen Publiko gegenüber, wohl erlaubt und recht sein möchte; so hatte doch dasselbe sich zu Kants Zeiten noch nicht so, wie seitdem, signalisiert: und außerdem war gerade die Ethik das am wenigsten zum Scherze geeignete Thema. Wir müssen also bei der Überzeugung stehn bleiben, daß, was weder *als möglich* begriffen, noch *als wirklich* nachgewiesen werden kann, keine Beglaubigung seines Daseins hat. – Wenn wir nun aber auch nur versuchen, es bloß mittelst der Phantasie zu erfassen und uns einen Menschen vorzustellen, dessen Gemüt von einem in lauter kategorischen Imperativen redenden *absoluten Soll*, wie von einem Dämon besessen wäre, der, den Neigungen und Wünschen desselben entgegen, dessen Handlungen beständig zu lenken verlangte; – so erblicken wir hierin kein richtiges Bild der Natur des Menschen, oder der Vorgänge unsers Innern: wohl aber erkennen wir ein erkünsteltes Substitut der theologischen Moral, zu welcher es sich verhält, wie ein hölzernes Bein zu einem lebendigen.

Unser Resultat ist also, daß die Kantische Ethik, so gut wie alle früheren, jedes sichern Fundaments entbehrt. Sie ist, wie ich durch die gleich anfangs angestellte Prüfung ihrer *imperativen Form* gezeigt habe, im Grunde nur eine Umkehrung der theologischen Moral und eine Vermummung derselben in sehr abstrakte und scheinbar a priori gefundene Formeln. Diese Vermummung mußte um so künstlicher und unkenntlicher sein, als Kant dabei zuverlässig sogar sich selber täuschte, und wirklich vermeinte, die offenbar nur in der theologischen Moral einen Sinn habenden Begriffe des *Pflichtgebots* und des *Gesetzes* unabhängig von aller Theologie feststellen und auf reine Erkenntnis a priori gründen zu können: wogegen ich genugsam nachgewiesen habe, daß jene Begriffe bei ihm, jedes realen Fundaments entbehrend, frei in der Luft schweben. Unter seinen eigenen Händen entschleiert sich denn auch gegen das Ende die verlarvte *theologische Moral*, in der Lehre *vom höchsten Gut*, in den *Postulaten der praktischen Vernunft* und endlich in *der Moraltheologie*. Doch hat alles dieses weder ihn noch das Publikum über den wahren Zusammenhang der Sache enttäuscht: vielmehr freueten beide sich, alle diese Glaubensartikel jetzt durch die Ethik (wenngleich nur idealiter und zum praktischen Behuf) begründet zu sehn. Denn sie nahmen treuherzig die Folge für den Grund und den Grund für die Folge, indem sie nicht sahen, daß jener Ethik alle diese angeblichen Folgerungen aus ihr schon als stillschweigende und versteckte, aber unumgänglich nötige Voraussetzungen zum Grunde lagen.

Wenn mir jetzt, am Schlusse dieser scharfen und selbst den Leser anstrengenden Untersuchung, zur Aufheiterung, ein scherzhaftes, ja, frivoles Gleichnis gestattet sein sollte; so würde ich Kanten, in jener Selbstmystifikation, mit einem Manne vergleichen, der, auf einem Maskenball, den ganzen Abend mit einer maskierten Schönen buhlt, im Wahn, eine Eroberung zu machen; bis sie am Ende sich entlarvt und zu erkennen gibt – als seine Frau.

## § 9
### *Kants Lehre vom Gewissen*

Die angebliche praktische Vernunft mit ihrem kategorischen Imperativ ist offenbar am nächsten verwandt mit dem *Gewissen*, wiewohl von diesem *erstlich* darin wesentlich verschieden, daß der kategorische Imperativ, als gebietend, notwendig *vor* der Tat spricht, das Gewissen aber eigentlich erst hinterher. *Vor* der Tat kann es höchstens *indirekt* sprechen, nämlich mittelst der Reflexion, welche ihm die Erinnerung früherer Fälle vorhält, wo ähnliche Taten hinterher die Mißbilligung des Gewissens erfahren haben. Hierauf scheint mir sogar die Etymologie des Wortes *Gewissen* zu beruhen, indem nur das bereits Geschehene *gewiß ist*.

Nämlich in jedem, auch dem besten Menschen steigen, auf äußern Anlaß, erregten Affekt, oder aus innerer Verstimmung, unreine, niedrige, boshafte Gedanken und Wünsche auf: für diese aber ist er moralisch nicht verantwortlich und dürfen sie sein Gewissen nicht belasten. Denn sie zeigen nur an, was *der Mensch überhaupt*, nicht aber was *er*, der sie denkt, zu tun fähig wäre. Denn andere Motive, die nur nicht augenblicklich und mit jenen zugleich ins Bewußtsein treten, stehn ihnen, bei ihm, entgegen; so daß sie nie zu Taten werden können: daher sie der überstimmten Minorität einer beschließenden Versammlung gleichen. An den *Taten* allein lernt ein jeder sich selbst, so wie die andern, empirisch kennen, und nur *sie* belasten das *Gewissen*. Denn sie allein sind nicht problematisch, wie die Gedanken, sondern, im Gegensatz hievon, *gewiß*, stehn unveränderlich da, werden nicht bloß gedacht, sondern *gewußt*. Mit dem lateinischen conscientia verhält es sich ebenso; es ist das Horazische conscire sibi, pallescere culpa. Eben so mit συνειδησις. Es ist das *Wissen* des Menschen um das, was er getan hat. Zweitens, nimmt das Gewissen seinen Stoff stets aus der Erfahrung, welches der angebliche kategorische Imperativ nicht kann, da er rein a priori ist. – Inzwischen dürfen wir voraussetzen, daß Kants Lehre vom Gewissen auch auf jenen von ihm neu eingeführten Begriff Licht zurückwerfen werde. Die Hauptdarstellung desselben findet sich in den »Metaphysischen Anfangsgründen zur Tugendlehre«, § 13, welche wenigen Seiten ich bei der jetzt folgenden Kritik derselben *als vorliegend voraussetze*.

Diese Kantische Darstellung des Gewissens macht einen höchst imposanten Eindruck, vor welchem man mit ehrfurchtsvoller Scheu stehn blieb und sich um so weniger getraute, dagegen etwas einzuwenden, als man befürchten mußte, seine theoretische Einrede mit einer praktischen verwechselt zu sehn und, wenn man die Richtigkeit der Kantischen Darstellung leugnete, für gewissenlos zu gelten. Mich kann das nicht irremachen, da es sich hier um Theorie, nicht um Praxis handelt und nicht abgesehn ist auf Moral-Predigen, sondern auf strenge Prüfung der letzten Gründe der Ethik.

Zuvörderst bedient Kant sich durchweg *lateinischer, juridischer Ausdrücke*, die doch wenig geeignet scheinen, die geheimsten Regungen des menschlichen Herzens wiederzugeben. Aber diese Sprache und die juridische Darstellung behält er von Anfang bis zu Ende bei: sie scheint also der Sache wesentlich und eigen. Es wird uns da im Innern des Gemütes ein vollständiger Gerichtshof vorgeführt, mit Prozeß, Richter, Ankläger, Verteidiger, Urteilsspruch. Verhielte sich nun wirklich der innere Vorgang so, wie Kant ihn darstellt; so müßte man sich wundern, daß noch irgendein Mensch, ich will nicht sagen so *schlecht*, aber so *dumm* sein könnte, gegen das Gewissen zu handeln. Denn eine solche übernatürliche Anstalt ganz eigener Art in unserm Selbstbewußtsein, ein solches vermummtes Vehmgericht im geheimnisvollen Dunkel unsers Innern, müßte jedem ein Grausen und eine Deisidämonie einjagen, die ihn wahrlich abhielte, kurze, flüchtige Vorteile zu ergreifen, gegen das Verbot und unter den Drohungen übernatürlicher, sich so deutlich und so nahe ankündigender, furchtbarer Mächte. – In der Wirklichkeit hingegen sehn wir umgekehrt die Wirksamkeit des Gewissens allgemein für so schwach gelten, daß alle Völker darauf bedacht gewesen sind, ihr durch positive Religion zu Hülfe zu kommen, oder gar sie dadurch völlig zu ersetzen. Auch hätte, bei einer solchen Beschaffenheit des Gewissens, die gegenwärtige Preisfrage der Königlichen Sozietät gar nie in den Sinn kommen können.

Bei näherer Betrachtung der Kantischen Darstellung finden wir jedoch, daß der imposante Effekt derselben hauptsächlich dadurch erreicht wird, daß Kant der moralischen Selbstbeurteilung eine Form als eigen und wesentlich beilegt, die dies ganz und gar nicht ist, sondern ihr nur ebenso angepaßt werden kann, wie jeder andern, dem eigentlich Moralischen ganz fremden Rumination dessen, was wir getan haben und hätten anders tun können. Denn nicht nur wird ebenfalls das offenbar unechte, erkünstelte, auf bloßen Aberglauben gegründete Gewissen, z. B. wenn ein Hindu sich vorwirft, zum Morde einer Kuh Anlaß gegeben zu haben, oder ein Jude sich erinnert, am Sabbath eine Pfeife im Hause geraucht zu haben, – dieselbe Form des Anklagens, Verteidigens und Richtens gelegentlich annehmen; sondern sogar auch diejenige Selbstprüfung, welche von gar keinem ethischen Gesichtspunkte ausgeht, ja eher unmoralischer als moralischer Art ist, wird ebenfalls oft in solcher Form auftreten. So z.B. wenn ich für einen Freund, gutmütiger aber unüberlegter Weise, mich verbürgt habe, und nun am Abend mir deutlich wird, welche schwere Verantwortlichkeit ich da auf mich genommen habe, und wie es leicht kommen könne, daß ich dadurch in großen Schaden gerate, den die alte Weisheitsstimme ἐγγύα, πάρα δ'ἄτα! mir prophezeit; da tritt ebenfalls in meinem Innern der Ankläger auf und auch ihm gegenüber der Advokat, welcher meine übereilte Verbürgung durch den Drang der Umstände, der Verbindlichkeiten, durch die Unverfänglichkeit der Sache, ja durch Belobung meiner Gutmütigkeit zu beschönigen sucht, und zuletzt auch der Richter, der unerbittlich das Urteil »Dummer Streich!« fällt, unter welchem ich zusammensinke.

Und wie mit der von Kant beliebten Gerichtsform, so steht es auch mit dem größten Teil seiner übrigen Schilderung. Z.B. was er, gleich anfangs des Paragraphs, vom Gewissen als diesem eigentümlich sagt, gilt auch von jedem Skrupel ganz anderer Art: es kann ganz wörtlich verstanden werden vom heimlichen Bewußtsein eines Renteniers, daß seine Ausgaben die Zinsen weit übersteigen, das Kapital angegriffen werde und allmählich dahinschmelzen müsse: »Es folgt ihm wie sein Schatten, wenn er zu entfliehn gedenkt: er kann sich zwar durch Lüste und Zerstreuungen betäuben, oder in Schlaf bringen, aber nicht vermeiden, dann und wann zu sich selbst zu kommen, oder zu erwachen, wo er alsbald die furchtbare Stimme desselben vernimmt« usw. – Nachdem er nun jene Gerichtsform als der Sache wesentlich geschildert und daher vom Anfang bis zum Ende beibehalten hat, benutzt er sie zu folgendem fein angelegten Sophisma. Er sagt: »Daß aber der durch sein Gewissen *Angeklagte* mit dem *Richter als eine und dieselbe Person* vorgestellt werde, ist eine ungereimte Vorstellungsart von einem Gerichtshofe: denn da würde ja der Ankläger jederzeit verlieren«, welches er noch durch eine sehr geschrobene und unklare Anmerkung erläutert. Daraus nun folgert er, daß wir, um nicht in Widerspruch zu geraten, uns den innern Richter (in jenem gerichtlichen Gewissensdrama) als von uns verschieden, als *einen andern* denken müssen, und diesen als einen Herzenskündiger, einen Allwissenden, einen Allverpflichtenden, und, als exekutive Gewalt, einen Allmächtigen; so daß er jetzt, auf ganz ebener Bahn, seinen Leser vom Gewissen zur Deisidämonie, als einer ganz notwendigen Konsequenz desselben führt, heimlich darauf vertrauend, daß dieser ihm dahin um so williger folgen wird, als die früheste Erziehung ihm solche Begriffe geläufig, ja, zur andern Natur gemacht hat. Daher denn Kant hier leichtes Spiel findet; welches er jedoch hätte verschmähen und darauf bedacht sein sollen, Redlichkeit hier nicht nur zu *predigen*, sondern auch zu *üben*. – Ich leugne schlechthin den oben angeführten Satz, auf dem alle jene Folgerungen beruhen; ja, ich erkläre ihn für einen Winkelzug. *Es ist nicht wahr*, daß der Ankläger jederzeit verlieren müsse, wenn der Angeklagte mit dem Richter *eine* Person ist; wenigstens nicht beim *innern* Gerichtshofe: hat denn, in meinem obigen Beispiel von der Verbürgung, der Ankläger verloren? – Oder mußte man dabei, um nicht in Widerspruch zu geraten, auch hier eine solche Prosopopoia vornehmen und sich notwendig *einen andern* objektiv als denjenigen denken, dessen Urteilsspruch jenes Donnerwort »Dummer Streich« gewesen wäre? Etwan einen leibhaftigen Merkur? Oder eine Personifikation der vom Homer (Il., 23, 313 seq.) empfohlenen *Μητις*, und demnach auch hier den Weg der Deisidämonie einschlagen, wiewohl der heidnischen?

Daß Kant bei seiner Darstellung sich verwahrt, seiner schon hier kurz, aber doch im wesentlichen angedeuteten Moraltheologie keine objektive Geltung beizulegen, sondern sie nur als subjektiv notwendige Form hinzustellen; dies spricht ihn nicht los von der Willkürlichkeit, mit der er sie, wenn auch nur als subjektiv notwendig, konstruiert; da solches mittelst ganz ungegründeter Annahmen geschieht.

So viel ist also gewiß, daß die ganze juridisch-dramatische Form, in der Kant das Gewissen darstellt und sie, als eins mit der Sache selbst, durchweg und bis ans Ende beibehält, um endlich Folgerungen daraus zu ziehn, dem Gewissen völlig unwesentlich und keineswegs eigentümlich ist. Vielmehr ist sie eine viel allgemeinere Form, welche die Überlegung jeder praktischen Angelegenheit leicht annimmt, und die hauptsächlich entspringt aus dem dabei meistens eintretenden Konflikt entgegengesetzter

Motive, deren Gewicht die reflektierende Vernunft sukzessive prüft; wobei es gleichviel ist, ob diese Motive moralischer, oder egoistischer Art sind, und ob es eine Deliberation des noch zu Tuenden, oder eine Rumination des schon Vollzogenen betrifft. Entkleiden wir nun aber Kants Darstellung von dieser ihr nur beliebig gegebenen dramatisch-juridischen Form; so verschwindet auch der sie umgebende Nimbus, nebst dem imposanten Effekt derselben, und bloß dies bleibt übrig, daß, beim Nachdenken über unsere Handlungen, uns bisweilen eine Unzufriedenheit mit uns selbst, von besonderer Art, anwandelt, welche das Eigene hat, nicht den Erfolg, sondern die Handlung selbst zu betreffen und nicht, wie jede andere, in der wir das Unkluge unsers Tuns bereuen, auf *egoistischen* Gründen zu beruhen; indem wir hier gerade damit unzufrieden sind, daß wir *zu* egoistisch gehandelt haben, *zu* sehr unser eigenes, *zu* wenig das Wohl anderer berücksichtigt, oder wohl gar, ohne eigenen Vorteil, das *Wehe* anderer, seiner selbst wegen, uns zum Zwecke gemacht haben. Daß wir darüber mit uns selbst unzufrieden sein und uns betrüben können über Leiden, die wir nicht *gelitten*, sondern *verursacht* haben, dies ist die nackte Tatsache, und diese wird niemand leugnen. Den Zusammenhang derselben mit der allein probehaltigen Basis der Ethik werden wir weiterhin untersuchen. Kant aber hat, wie ein kluger Sachwalter, aus dem ursprünglichen Faktum, durch Ausschmükkung und Vergrößerung desselben, so viel als irgend möglich zu machen gesucht, um eine recht breite Basis für seine Moral und Moraltheologie vorweg zu haben.

## § 10

### *Kants Lehre vom intelligibeln und empirischen Charakter. – Theorie der Freiheit*

Nachdem ich, im Dienste der Wahrheit, auf die Kantische Ethik Angriffe getan habe, welche nicht, wie die bisherigen, nur die Oberfläche treffen, sondern sie in ihrem tiefsten Grunde unterwühlen, scheint mir die Gerechtigkeit zu fordern, daß ich nicht von ihr scheide, ohne Kants größtes und glänzendes Verdienst um die Ethik in Erinnerung gebracht zu haben. Dieses besteht in der Lehre vom Zusammenbestehn der Freiheit mit der Notwendigkeit, welche er zuerst in der Kritik der reinen Vernunft (S. 533–554 der ersten und S. 561–582 der fünften Auflage) vorträgt, jedoch eine noch deutlichere Darstellung davon in der Kritik der praktischen Vernunft (vierte Auflage, S. 169–179; – R., S. 224–231) gibt.

Hobbes zuerst, dann Spinoza, dann Hume, auch Holbach im Syst. d. la nat., und endlich am ausführlichsten und gründlichsten Priestley, hatten die vollkommene und strenge Notwendigkeit der Willensakte, bei eintretenden Motiven, so deutlich bewiesen und außer Zweifel gestellt, daß sie den vollkommen demonstrierten Wahrheiten beizuzählen ist: daher nur Unwissenheit und Roheit von einer Freiheit in den einzelnen Handlungen des Menschen, einem libero arbitrio indifferentiae, zu reden fortfahren konnte. Auch Kant nahm, infolge der unwiderleglichen Gründe dieser Vorgänger, die vollkommene Notwendigkeit der Willensakte als eine ausgemachte Sache, an welcher kein Zweifel mehr obwalten konnte; wie dies alle die Stellen beweisen, in welchen er allein vom *theoretischen* Gesichtspunkt aus von der Freiheit redet. Dabei bleibt es jedoch wahr, daß unsere Handlungen von einem Bewußtsein der Eigenmächtigkeit und Ursprünglichkeit begleitet sind, vermöge dessen wir sie als unser Werk erkennen und jeder, mit untrüglicher Gewißheit, sich als den wirklichen Täter seiner Taten und für dieselben moralisch *verantwortlich* fühlt. Da nun aber die *Verantwortlichkeit* eine Möglichkeit anders gehandelt zu haben, mithin Freiheit, auf irgendeine Weise, voraussetzt; so liegt im Bewußtsein der Verantwortlichkeit mittelbar auch das der Freiheit. Zur Lösung dieses aus der Sache selbst hervorgehenden Widerspruches ward nun Kants tiefsinnige Unterscheidung zwischen Erscheinung und Ding an sich, welche der innerste Kern seiner ganzen Philosophie und eben deren Hauptverdienst ist, der endlich gefundene Schlüssel.

Das Individuum, bei seinem unveränderlichen, angeborenen Charakter, in allen seinen Äußerungen durch das Gesetz der Kausalität, die hier, als durch den Intellekt vermittelt, Motivation heißt, streng betimmt, ist nur die *Erscheinung*. Das dieser zum

Grunde liegende *Ding an sich* ist, als außer Raum und Zeit befindlich, frei von aller Sukzession und Vielheit der Akte, eines und unveränderlich. Seine Beschaffenheit *an sich* ist der *intelligible Charakter*, welcher in allen Taten des Individui gleichmäßig gegenwärtig und in ihnen allen, wie das Petschaft in tausend Siegeln, ausgeprägt, den in der Zeit und Sukzession der Akte sich darstellenden, *empirischen Charakter* dieser Erscheinung bestimmt, die daher in allen ihren Äußerungen, welche von den Motiven hervorgerufen werden, die Konstanz eines Naturgesetzes zeigen muß; weshalb alle ihre Akte streng notwendig erfolgen. Hiedurch war nun auch jene Unveränderlichkeit, jene unbiegsame Starrheit des empirischen Charakters jedes Menschen, welche denkende Köpfe von jeher wahrgenommen hatten (während die übrigen meinten, durch vernünftige Vorstellungen und moralische Vermahnungen sei der Charakter eines Menschen umzugestalten), auf einen rationellen Grund zurückgeführt, mithin auch für die Philosophie festgestellt und diese dadurch mit der Erfahrung in Einklang gebracht; so daß sie nicht länger beschämt wurde von der Volksweisheit, welche jene Wahrheit längst ausgesprochen hatte in dem spanischen Sprichwort: Lo que entra con el capillo, sale con la mortaja (Das was mit der Kindermütze hineinkommt, geht mit dem Leichentuche wieder heraus), oder: Lo que en la leche se mama, en la mortaja se derrama (Was mit der Milch eingesogen wird, wird ins Leichentuch wieder ausgegossen).

Diese Lehre Kants vom Zusammenbestehn der Freiheit mit der Notwendigkeit halte ich für die größte aller Leistungen des menschlichen Tiefsinns. Sie, nebst der transzendentalen Ästhetik, sind die zwei großen Diamanten in der Krone des Kantischen Ruhmes, der nie verhallen wird. – Bekanntlich hat Schelling, in seiner Abhandlung über die Freiheit, eine durch ihr lebhaftes Kolorit und anschauliche Darstellung für viele faßlichere Paraphrase jener Lehre Kants gegeben, welche ich loben würde, wenn Schelling die Redlichkeit gehabt hätte, dabei zu sagen, daß er hier Kants Weisheit, nicht seine eigene, vorträgt, wofür ein Teil des philosophischen Publikums sie noch heute hält.

Nun kann man aber diese Kantische Lehre und das Wesen der Freiheit überhaupt auch dadurch sich faßlicher machen, daß man sie mit einer allgemeinen Wahrheit in Verbindung setzt, als deren bündigsten Ausdruck ich einen von den Scholastikern öfter ausgesprochenen Satz ansehe: operari sequitur esse; d.h. jedes Ding in der Welt wirkt nach dem wie es ist, nach seiner Beschaffenheit, in welcher daher alle seine Äußerungen schon potentiâ enthalten sind, actu aber eintreten, wann äußere Ursachen sie hervorrufen; wodurch denn eben jene Beschaffenheit selbst sich kundgibt. Diese ist der *empirische Charakter*, hingegen dessen innerer, der Erfahrung nicht zugängliche, letzte Grund ist der *intelligible Charakter*, d.h. das Wesen *an sich* dieses Dinges. Der Mensch macht hierin keine Ausnahme von der übrigen Natur: auch er hat seine feststehende Beschaffenheit, seinen unveränderlichen Charakter, der jedoch ganz individuell und bei jedem ein anderer ist. Dieser ist eben *empirisch* für unsere Auffassung, aber eben deshalb nur *Erscheinung*: was er hingegen seinem Wesen an sich selbst nach sein mag, heißt der *intelligible Charakter*. Seine sämtlichen Handlungen, ihrer äußern Beschaffenheit nach durch die Motive bestimmt, können nie anders als diesem unveränderlichen individuellen Charakter gemäß ausfallen: wie einer ist, so muß er handeln. Daher ist dem gegebenen Individuo, in jedem gegebenen einzelnen Fall, schlechterdings nur *eine* Handlung möglich: operari sequitur esse. Die Freiheit gehört nicht dem empirischen, sondern allein dem intelligibeln Charakter an. Das operari eines gegebenen Menschen ist von außen durch die Motive, von innen durch seinen Charakter notwendig bestimmt: daher alles, was er tut, notwendig eintritt. Aber in seinem Esse, da liegt die Freiheit. Er hätte ein anderer *sein* können: und in dem, was er *ist*, liegt Schuld und Verdienst. Denn alles, was er tut, ergibt sich daraus von selbst, als ein bloßes Korollarium. – Durch Kants Theorie werden wir eigentlich von dem Grundirrtum zurückgebracht, der die Notwendigkeit ins Esse und die Freiheit ins Operari verlegte, und werden zu der Erkenntnis geführt, daß es sich gerade umgekehrt verhält. Deshalb betrifft die moralische Verantwortlichkeit des Menschen zwar zunächst und ostensibel das, was er tut, im Grunde aber das, was er *ist*; da, dieses vorausgesetzt, sein Tun, beim Eintritt der Motive, nie anders ausfallen konnte, als es ausgefallen ist. Aber so strenge auch die Notwendigkeit ist, mit welcher, bei gegebenem Charakter, die Taten von den Motiven hervorgerufen werden; so wird es dennoch keinem, selbst dem nicht, der hievon überzeugt ist, je einfallen, sich dadurch diskulpieren und die Schuld auf die Motive wälzen zu wollen: denn er erkennt deutlich, daß hier, der Sache und den Anlässen nach, also objective, eine ganz andere, sogar eine entgegengesetzte Handlung sehr wohl möglich war, ja, eingetreten sein würde, *wenn nur er ein anderer gewesen* wäre. Daß aber er, wie es sich aus der Handlung ergibt, ein solcher und kein anderer ist, – das ist es, wofür er sich verantwortlich fühlt: hier, im Esse liegt die Stelle, welche der Stachel des Gewissens trifft. Denn das Gewissen ist eben nur die aus der eigenen Handlungsweise entstehende und immer intimer werdende Bekanntschaft mit dem eigenen Selbst. Daher wird vom Gewissen, zwar auf Anlaß des Operari, doch eigentlich das Esse angeschuldigt. Da wir uns der *Freiheit* nur mittelst der *Verantwortlichkeit* bewußt sind; so muß, wo diese liegt, auch jene liegen: also im Esse. Das Operari fällt der Notwendigkeit anheim. Aber, wie die andern, so lernen wir auch uns selbst nur *empirisch* kennen und haben von unserm Charakter keine Erkenntnis a priori. Vielmehr hegen wir von diesem ursprünglich eine sehr hohe Meinung, indem das quisque praesumitur bonus, donec probetur contrarium, auch vor dem innern foro gilt.

### *Anmerkung*

Wer das Wesentliche eines Gedankens auch in ganz verschiedenen Einkleidungen desselben wiederzuerkennen fähig ist, wird mit mir einsehn, daß jene Kantische Lehre vom intelligibeln und empirischen Charakter eine zur abstrakten Deutlichkeit erhobene Einsicht ist, die schon Plato gehabt hat, welcher jedoch, weil er die Idealität der Zeit nicht erkannt hatte, sie nur in zeitlicher Form, mithin bloß mythisch und in Verbindung mit der Metempsychose darlegen konnte. Diese Erkenntnis der Identität beider Lehren wird nun aber sehr verdeutlicht durch die Erläuterung und Ausführung des Platonischen Mythos, welche Porphyrius mit so großer Klarheit und Bestimmtheit gegeben hat, daß die

Übereinstimmung mit der abstrakten Kantischen Lehre bei ihm unverkennbar hervortritt. Aus einer nicht mehr vorhandenen Schrift von ihm hat uns diese Erörterung, in welcher er den hier in Rede stehenden, von Plato, in der zweiten Hälfte des zehnten Buches der Republik gegebenen Mythos, genau und speziell kommentiert, Stobäos in extenso aufbehalten, im zweiten Buch seiner Eklogen, Kap. 8, §§ 37–40, welcher Abschnitt daher höchst lesenswert ist. Zur Probe bringe ich daraus den kurzen § 39 hier bei, damit der teilnehmende Leser angereizt werden, den Stobäos selbst zur Hand zu nehmen. Er wird alsdann erkennen, daß jener Platonische Mythos angesehn werden kann als eine Allegorie der großen und tiefen Erkenntnis, welche Kant, in ihrer abstrakten Reinheit, als Lehre vom intelligibeln und empirischen Charakter aufgestellt hat, und daß folglich diese im wesentlichen schon vor Jahrtausenden von Plato erlangt war, ja, noch viel höher hinaufreicht, da Porphyrius der Meinung ist, daß Plato sie von den Ägyptern überkommen habe. Nun aber liegt sie schon in der Metempsychosenlehre des Brahmanismus, von welchem, höchstwahrscheinlich, die Weisheit der ägyptischen Priester abstammt. – Der besagte § 39 lautet:

*Τὸ γὰρ ὅλον βούλημα τοιοῦτ' ἔοικεν εἶναι τὸ τοῦ Πλάτωνος· ἔχειν μὲν τὸ αὐτεξούσιον τὰς ψυχὰς, πρὶν εἰς σώματα καὶ βίους διαφόρους ἐμπεσεῖν, εἰς τὸ ἢ τοῦτον τὸν βίον ἑλέσθαι, ἢ ἄλλον, ὃν, μετὰ ποιᾶς ζωῆς καὶ σώματος οἰκείου τῇ ζωῇ, ἐκτελέσειν μέλλει· (καὶ γὰρ λέοντος βίον ἐπ' αὐτῇ εἶναι ἑλέσθαι, καὶ ἀνδρός). Κᾀκεῖνο μέντοι τὸ αὐτεξούσιον, ἅμα τῇ πρός τινα τῶν τοιούτων βίων πτώσει, ἐμπεπόδισται. Κατελθοῦσαι γὰρ εἰς τὰ σώματα, καὶ ἀντὶ ψυχῶν ἀπολύτων γεγονυῖαι ψυχαὶ ζώων, τὸ αὐτεξούσιον φέρουσιν οἰκεῖον τῇ τοῦ ζώου κατασκευῇ, καὶ ἐφ' ὧν μὲν εἶναι πολύνουν καὶ πολυκίνητον, ὡς ἐπ' ἀνθρώπου, ἐφ' ὧν δὲ ὀλιγοκίνητον καὶ μονότροπον, ὡς ἐπὶ τῶν ἄλλων σχεδὸν πάντων ζώων. 'Ηρθῆσθαι δὲ τὸ αὐτεξούσιον τοῦτο ἀπὸ τῆς κατασκευῆς, κινούμενον μὲν ἐξ αὑτοῦ, φερόμενον δὲ κατὰ τὰς ἐκ τῆς κατασκευῆς γιγνομένας προθυμίας.*(Omnino enim Platonis sententia haec videtur esse: habere quidem animas, priusquam in corpora vitaeque certa genera incidant, vel eius vel alterius vitae eligendae potestatem, quam in corpore, vitae conveniente, degant [nam et leonis vitam et hominis ipsis licere eligere]; simul vero, cum vita aliqua adepta, libertatem illam tolli. Cum vero in corpora descenderint, et ex liberis animabus factae sint animalium animae, libertatem, animalis organismo convenientem, nanciscuntur; esse autem eam alibi valde intelligentem et mobilem, ut in homine; alibi vero simplicem et parum mobilem, ut fere in omnibus ceteris animalibus. Pendere autem hanc libertatem sic ab animalis organismo, ut per se quidem moveatur, juxta illius autem appetitiones feratur.)

## § 11
### *Die* Fichte*sche Ethik als Vergrößerungsspiegel der Fehler der Kantischen*

Wie in der Anatomie und Zoologie dem Schüler manche Dinge nicht so augenfällig an Präparaten und Naturprodukten werden, wie an Kupferstichen, welche dieselben mit einiger Übertreibung darstellen; so kann ich dem, welchem, nach der in den obigen Paragraphen gegebenen Kritik, die Nichtigkeit der Kantischen Grundlage der Ethik noch nicht vollkommen eingeleuchtet hätte, als ein Mittel zur Verdeutlichung dieser Erkenntnis Fichtes »System der Sittenlehre« empfehlen.

Wie nämlich im alten deutschen Puppenspiel dem Kaiser, oder sonstigen Helden, allemal der Hanswurst beigegeben war, welcher alles, was der Held gesagt oder getan hatte, nachher in *seiner* Manier und mit Übertreibung wiederholte; so steht hinter dem großen Kant der Urheber der Wissenschaftslehre, richtiger Wissenschaftsleere. Wie dieser Mann seinen, dem deutschen philosophischen Publiko gegenüber ganz passenden und zu billigenden Plan, mittelst einer philosophischen Mystifikation Aufsehn zu erregen, um infolge desselben seine und der Seinigen Wohlfahrt zu begründen, vorzüglich dadurch ausführte, daß er Kanten in allen Stücken *überbot,* als dessen lebendiger Superlativ auftrat und durch Vergrößerung der hervorstechenden Teile ganz eigentlich eine Karikatur der Kantischen Philosophie zustande brachte; so hat er dieses auch in der Ethik geleistet. In seinem »System der Sittenlehre« finden wir den kategorischen Imperativ herangewachsen zu einem despotischen Imperativ: das absolute Soll, die gesetzgebende Vernunft und das Pflichtgebot haben sich entwikkelt zu einem *moralischen Fatum*, einer unergründlichen Notwendigkeit, daß das Menschengeschlecht gewissen Maximen streng gemäß handle (S. 308–309), als woran, nach den moralischen Anstalten zu urteilen, sehr viel gelegen sein muß, obwohl man nirgends eigentlich erfährt *was*, sondern nur so viel sieht, daß wie den Bienen ein Trieb einwohnt, gemeinschaftlich Zellen und einen Stock zu bauen, so in den Menschen angeblich ein Trieb liegen soll, gemeinschaftlich eine große, streng moralische Weltkomödie aufzuführen, zu welcher wir die bloßen Drahtpuppen wären und nichts weiter; wiewohl mit dem bedeutenden Unterschiede, daß der Bienenstock denn doch wirklich zustande kommt, hingegen statt der moralischen Weltkomödie in der Tat eine höchst unmoralische aufgeführt wird. So sehn wir denn hier die imperative Form der Kantischen Ethik, das Sittengesetz und absolute Soll, weiter geführt, bis ein *System des moralischen Fatalismus* daraus geworden, dessen Ausführung bisweilen in das Komische übergeht.*

* Zum Beleg des Gesagten will ich hier nur einigen wenigen Stellen Raum gestatten. S. 196: »Der sittliche Trieb ist absolut, er fordert schlechthin, ohne allen Zweck außer ihm selbst.« – S. 232: »Nun soll, zufolge des Sittengesetzes, das empirische Zeitwesen ein genauer Abdruck des ursprünglichen Ich werden.« – S. 308: »Der ganze Mensch ist Vehikul des Sittengesetzes.« – S. 342: »Ich bin nur Instrument, bloßes Werkzeug des Sittengesetzes, schlechthin nicht Zweck.« – S. 343: »Jeder ist Zweck als Mittel, die Vernunft zu realisieren: dies ist der letzte Endzweck seines Daseins: dazu allein ist er da, und wenn dies nicht geschehn sollte, so braucht er überhaupt nicht zu sein.« – S. 347: »Ich bin Werkzeug des Sittengesetzes in der Sinnenwelt!« – S. 360: »Es ist Verordnung des Sittengesetzes, den Leib zu ernähren, die Gesundheit desselben zu befördern: es versteht sich, daß dies in keinem Sinne und zu keinem andern Zweck geschehn darf, als um ein *tüchtiges Werkzeug* zur Beförderung des *Vernunftszwecks* zu sein.« – (Vergl. S. 371) S. 376: »Jeder menschliche Leib ist Werkzeug zur Beförderung des Vernunftszwecks: daher muß die höchstmögliche Tauglichkeit jedes Werkzeugs dazu mir Zweck sein: ich muß sonach Sorgfalt für jeden tragen.« – Dies ist seine Ableitung der Menschenliebe! – S. 377: »Ich kann und darf für mich selbst nur sorgen, lediglich weil und in wiefern ich *ein Werkzeug des Sittengesetzes bin*.« – S. 388: »Einen Verfolgten mit Gefahr des eigenen Lebens zu verteidigen, ist absolute Schuldigkeit: – sobald Menschenleben in Gefahr ist, habt ihr nicht mehr das Recht, auf die Sicherheit eures eigenen zu denken.« – S. 420: »Es gibt gar keine Ansicht meines Nebenmenschen auf dem Gebiete des Sittengesetzes, als die, daß er sei ein *Werkzeug* der Vernunft.«

Wenn in Kants Ethik ein gewisser moralischer Pedantismus zu spüren ist; so gibt, bei Fichte, die lächerlichste moralische Pedanterei reichen Stoff zur Satire. Man lese z. B., S. 407–409, die Entscheidung des bekannten kasuistischen Exempels, wo von zwei Menschenleben eines verloren werden muß. Ebenso finden wir alle Fehler Kants in den Superlativ gesteigert: z. B. S. 199: »Den Trieben der Sympathie, des Mitleids, der *Menschenliebe* zufolge zu handeln ist schlechthin nicht moralisch, sondern insofern gegen die Moral.«! – S. 402: »Die Triebfeder der Dienstfertigkeit muß nie eine unbesonnene Gutherzigkeit sein, sondern der deutlich gedachte Zweck, die Kausalität der Vernunft so viel als möglich zu befördern.« – Zwischen jenen Pedantereien guckt nun aber Fichtes eigentliche philosophische Roheit, – wie sie zu erwarten ist bei einem Mann, dem das Lehren nie Zeit zum Lernen gelassen hat, – augenfällig hervor, indem er das liberum arbitrium indifferentiae ernstlich aufstellt und mit den gemeinsten Gründen befestigt (S. 160, 173, 205, 208, 237, 259, 261). – Wer noch nicht vollkommen überzeugt ist, daß das Motiv, obgleich durch das Medium der Erkenntnis einwirkend, eine Ursache ist, wie jede andere, folglich dieselbe Notwendigkeit des Erfolgs, wie jede andere, mit sich führt, daher alle menschlichen Handlungen streng notwendig erfolgen, – der ist noch philosophisch roh und nicht in den Elementen der philosophischen Erkenntnis unterrichtet. Die Einsicht in die strenge Notwendigkeit der menschlichen Handlungen ist die Grenzlinie, welche die philosophischen Köpfe von den andern scheidet: und an dieser angelangt zeigte Fichte deutlich, daß er zu den andern gehörte. Daß er dann wieder, Kants Spur nachgehend (S. 303), Dinge sagt, die mit obigen Stellen in geradem Widerspruch stehn, beweist, wie so viele andere Widersprüche in seinen Schriften, nur, daß er, als einer, dem es mit Erforschung der Wahrheit nie Ernst war, gar keine feste Grundüberzeugung hatte; wie sie denn zu seinen Zwecken auch ganz und gar nicht nötig war. Nichts ist lächerlicher, als daß man diesem Mann die strengste Konsequenz nachgerühmt hat, indem man seinen pedantischen, triviale Dinge breit demonstrierenden Ton richtig dafür annahm.

Die vollkommenste Entwickelung jenes *Systems des moralischen*

*Fatalismus* Fichtes findet man in seiner letzten Schrift: »Die Wissenschaftslehre in ihrem allgemeinen Umrisse dargestellt«, Berlin 1810, – welche den Vorzug hat, nur 46 S. 12° stark zu sein und doch seine ganze Philosophie in nuce zu enthalten, weshalb sie allen denen zu empfehlen ist, welche ihre Zeit für zu kostbar halten, als daß sie mit den in Christian-Wolffischer Breite und Langweiligkeit abgefaßten und eigentlich auf Täuschung, nicht auf Belehrung des Lesers abgesehenen größeren Produktionen dieses Mannes vergeudet werden dürfte. In dieser kleinen Schrift also heißt es S. 32: »Die Anschauung einer Sinnenwelt war nur dazu da, daß an dieser Welt das Ich als *absolut sollendes* sich sichtbar würde.« – S. 33 kommt gar »das *Soll* der Sichtbarkeit des *Soll*«, und S. 36 »ein *Soll* des Ersehns, daß ich *soll*«. – Dahin also hat, als exemplar vitiis imitabile, die *imperative Form* der Ethik Kants, mit ihrem unerwiesenen *Soll*, das sie als ein gar bequemes πον στω sich erbat, gleich nach Kanten geführt.

Übrigens stößt alles hier Gesagte Fichtes Verdienst nicht um, welches darin besteht, die Philosophie Kants, dieses späte Meisterstück des menschlichen Tiefsinns, bei der Nation, unter der es auftrat, verdunkelt, ja, verdrängt zu haben, durch windbeutelnde Superlative, durch Extravaganzen und den unter der Larve des Tiefsinns auftretenden Unsinn seiner »Grundlage der gesamten Wissenschaftslehre«, und hiedurch der Welt unwiderleglich gezeigt zu haben, welches die Kompetenz des deutschen philosophischen Publikums sei; da er es die Rolle eines Kindes spielen ließ, dem man ein kostbares Kleinod aus den Händen lockt, indem man ihm ein Nürnberger Spielzeug dafür hinhält. Sein dadurch erlangter Ruhm lebt, auf Kredit, noch heute fort, und noch heute wird Fichte stets neben Kant genannt, als noch so einer (*Ηρακλῆς καὶ πίθηκος*! – i. e. Hercules et simia!), ja, oft über ihn gestellt.* Daher hat auch sein Beispiel jene von gleichem Geiste

* Ich belege dieses durch eine Stelle aus der allerneuesten philosophischen Literatur. Herr Feuerbach, ein Hegelianer (c'est tout dire) läßt sich in seinem Buche »P. Bayle, Ein Beitrag zur Geschichte der Philosophie«, 1838, S. 80, also vernehmen: »Noch erhabener als Kants sind aber Fichtes Ideen, die er in seiner Sittenlehre und zerstreut in seinen übrigen Schriften aussprach. Das Christentum hat an Erhabenheit nichts, was es den Ideen *Fichtes* an die Seite stellen könnte.«

beseelten und mit gleichem Erfolg gekrönten Nachfolger in der Kunst philosophischer Mystifikation des deutschen Publikums hervorgerufen, die jeder kennt und von denen ausführlich zu reden, hier nicht der Ort ist; obwohl ihre respektiven Meinungen noch immer von den Philosophieprofessoren lang und breit dargelegt und ernsthaft diskutiert werden; als ob man es wirklich mit Philosophen zu tun hätte. Fichten also ist es zu verdanken, daß lukulente Akten da sind, um einst revidiert zu werden vor dem Richterstuhle der Nachwelt, diesem Kassationshofe der Urteile der Mitwelt, welcher, zu fast allen Zeiten, für das echte Verdienst das hat sein müssen, was das Jüngste Gericht für die Heiligen ist.

# III.
## BEGRÜNDUNG DER ETHIK

### § 12
### *Anforderungen*

Also auch Kants Begründung der Ethik, seit sechzig Jahren für ein festes Fundament derselben gehalten, versinkt vor unsern Augen in den tiefen, vielleicht unausfüllbaren Abgrund der philosophischen Irrtümer, indem sie sich als eine unstatthafte Annahme und als eine bloße Verkleidung der theologischen Moral erweist. – Daß die früheren Versuche, die Ethik zu begründen, noch weniger genügen können, darf ich, wie gesagt, als bekannt voraussetzen. Es sind meistens unerwiesene, aus der Luft gegriffene Behauptungen, und zugleich, wie eben auch Kants Begründung selbst, künstliche Subtilitäten, welche die feinsten Unterscheidungen verlangen und auf den abstraktesten Begriffen beruhen, schwierige Kombinationen, heuristische Regeln, Sätze, die auf einer Nadelspitze balancieren, und stelzbeinige Maximen, von deren Höhe herab man das wirkliche Leben und sein Gewühl nicht mehr sehn kann. Daher sind sie allerdings trefflich geeignet, in den Hörsälen widerzuhallen und eine Übung des Scharfsinnes abzugeben: aber dergleichen kann es nicht sein, was den in jedem Menschen dennoch wirklich vorhandenen Aufruf zum Rechttun und Wohltun hervorbringt, noch kann es den starken Antrieben zur Ungerechtigkeit und Härte das Gleichgewicht halten, noch auch den Vorwürfen des Gewissens zum Grunde liegen; welche auf die Verletzung solcher spitzfindigen Maximen zurückführen zu wollen, nur dienen kann, diese lächerlich zu machen. Künstliche Begriffs-Kombinationen jener Art können also, wenn wir die Sache ernstlich nehmen, nimmermehr den wahren Antrieb zur Gerechtigkeit und Menschenliebe enthalten. Dieser muß vielmehr etwas sein, das wenig Nachdenken, noch weniger Abstraktion und Kombination erfordert, das, von der Verstandesbildung unabhängig, jeden, auch den rohesten Menschen, anspreche, bloß auf anschaulicher Auffassung beruhe und unmittelbar aus der Realität der Dinge sich aufdringe. Solange die Ethik nicht ein Fundament dieser Art aufzuweisen hat, mag sie in den Hörsälen disputieren und paradieren: das wirkliche Leben wird ihr Hohn sprechen. Ich muß daher den Ethikern den paradoxen Rat erteilen, sich erst ein wenig im Menschenleben umzusehn.

## § 13
### *Skeptische Ansicht*

Oder aber ginge vielleicht aus dem Rückblicke auf die seit mehr als zweitausend Jahren vergeblich gemachten Versuche, eine sichere Grundlage für die Moral zu finden, hervor, daß es gar keine natürliche, von menschlicher Satzung unabhängige Moral gebe, sondern diese durch und durch ein Artefakt sei, ein Mittel, erfunden zur bessern Bändigung des eigensüchtigen und boshaften Menschengeschlechts, und daß sie demnach, ohne die Stütze der positiven Religionen, dahin fallen würde, weil sie keine innere Beglaubigung und keine natürliche Grundlage hätte? Justiz und Polizei können nicht überall ausreichen: es gibt Vergehungen, deren Entdeckung zu schwer, ja einige, deren Bestrafung mißlich ist; wo uns also der öffentliche Schutz verläßt. Zudem kann das bürgerliche Gesetz höchstens Gerechtigkeit, nicht aber Menschenliebe und Wohltun erzwingen, schon weil hiebei jeder der passive, keiner aber der aktive Teil würde sein wollen. Dies hat die Hypothese veranlaßt, daß die Moral allein auf der Religion beruhe und beide zum Zweck hätten, das Komplement zur notwendigen Unzulänglichkeit der Staatseinrichtung und Gesetzgebung zu sein. Eine natürliche, d. h. bloß auf die Natur der Dinge, oder des Menschen gegründete Moral könne es demnach nicht geben: woraus sich erkläre, daß die Philosophen umsonst bestrebt sind, ihr Fundament zu suchen. Diese Meinung ist nicht ohne Scheinbarkeit: schon die Pyrrhoniker stellten sie auf: *οὔτε ἀγαθόν τί ἐστι φύσει, οὔτε κακόν,*

*ἀλλὰ πρὸς ἀνθρώπων ταῦτα νόῳ κέκριται,*

*κατὰ τὸν Τίμωνα* (neque est aliquod bonum naturâ, neque malum, »sed haec ex arbitrio hominum dijudicantur«, – secundum Timonem). Sext. Emp. adv. Math. XI,140, und auch in neuerer Zeit haben ausgezeichnete Denker sich zu ihr bekannt. Sie verdient daher eine sorgfältige Prüfung, wenn es gleich bequemer wäre, sie durch einen inquisitoriellen Seitenblick auf das Gewissen derer, in denen ein solcher Gedanke aufsteigen konnte, zu beseitigen.

Man würde sich in einem großen und sehr jugendlichen Irrtum befinden, wenn man glaubte, daß alle gerechte und legale Handlungen der Menschen moralischen Ursprungs wären. Vielmehr ist zwischen der Gerechtigkeit, welche die Menschen ausüben, und der echten Redlichkeit des Herzens meistens ein analoges Verhältnis, wie zwischen den Äußerungen der Höflichkeit und der echten Liebe des Nächsten, welche nicht, wie jene, zum Schein, sondern wirklich den Egoismus überwindet. Die überall zur Schau getragene Rechtlichkeit der Gesinnung, welche über jeden Zweifel erhaben sein will, nebst der hohen Indignation, welche durch die leiseste Andeutung eines Verdachts in dieser Hinsicht rege wird und bereit ist, in den feurigsten Zorn überzugehn, – dies alles wird nur der Unerfahrene und Einfältige sofort für bare Münze und Wirkung eines zarten moralischen Gefühls oder Gewissens nehmen. In Wahrheit beruht die allgemeine, im menschlichen Verkehr ausgeübte und als felsenfeste Maxime behauptete Rechtlichkeit hauptsächlich auf zwei äußeren Notwendigkeiten: erstlich auf der gesetzlichen Ordnung, mittelst welcher die öffentliche Gewalt die Rechte eines jeden schützt, und zweitens auf der erkannten Notwendigkeit des guten Namens, oder der bürgerlichen Ehre, zum Fortkommen in der Welt, mittelst welcher die Schritte eines jeden unter der Aufsicht der öffentlichen Meinung stehn, welche, unerbittlich strenge, auch einen einzigen Fehltritt in diesem Stücke nie verzeiht, sondern ihn, als einen unauslöschlichen Makel, dem Schuldigen bis an den Tod nachträgt. Hierin ist sie wirklich weise: denn sie geht von dem Grundsatze operari sequitur esse und demnach von der Überzeugung aus, daß der Charakter unveränderlich sei und daher, was einer *einmal* getan hat, er unter ganz gleichen Umständen, unausbleiblich wieder tun werde. Diese zwei Wächter also sind es, welche die öffentliche Rechtlichkeit bewachen und ohne welche wir, unverhohlen gesagt, übel daran wären, vorzüglich in Hinsicht auf den Besitz, diesen Hauptpunkt im menschlichen Leben, um welchen hauptsächlich dessen Tun und Treiben sich dreht. Denn die rein ethischen Motive zur Ehrlichkeit, angenommen daß sie vorhanden sind, können meistenteils nur nach einem weiten Umwege ihre Anwendung auf den bürgerlichen Besitz finden. Sie können nämlich sich zunächst und unmittelbar allein auf das *natürliche* Recht beziehn; auf das *positive* aber erst mittelbar, sofern nämlich jenes ihm zum Grunde liegt. Das natürliche Recht aber haftet an keinem andern Eigentum, als an dem durch eigene Mühe erworbenen, durch dessen Angriff die darauf verwendeten Kräfte des Besitzers mit angegriffen, ihm also geraubt werden. – Die Präokkupationstheorie verwerfe ich unbedingt, kann jedoch nicht hier auf ihre Widerlegung eingehn.* – Nun soll freilich jeder auf positives Recht gegründete Besitz, wenn auch durch noch so viele Mittelglieder, zuletzt und in erster Quelle auf dem natürlichen Eigentumsrechte beruhen. Aber wie weit liegt nicht, in den meisten Fällen, unser bürgerlicher Besitz von jener Urquelle des natürlichen Eigentumsrechtes ab! Meistens hat er mit diesem einen sehr schwer oder gar nicht nachweisbaren Zusammenhang: unser Eigentum ist geerbt, erheiratet, in der Lotterie gewonnen, oder wenn auch das nicht, doch nicht durch eigentliche Arbeit im Schweiße des Angesichts, sondern durch kluge Gedanken und Einfälle erworben, z. B. im Spekulationshandel, ja, mitunter auch durch dumme Einfälle, welche, mittelst des Zufalls, der Deus Eventus gekrönt und verherrlicht hat. In den wenigsten Fällen ist es eigentlich die Frucht wirklicher Mühe und Arbeit, und selbst dann ist diese oft nur eine geistige, wie die der Advokaten, Ärzte, Beamten, Lehrer, welche, nach dem Blicke des rohen Menschen, wenig Anstrengung zu kosten scheint. Es bedarf schon bedeutender Bildung, um bei allem solchen Besitz das ethische Recht zu erkennen und es demnach aus rein moralischem Antriebe zu achten. – Demzufolge betrachten viele, im stillen, das Eigentum der

* Siehe »Die Welt als Wille und Vorstellung«, Bd. 1, § 62, S. 396 ff., und Bd. 2, Kap. 47, S. 682.

andern als allein nach positivem Rechte besessen. Finden sie daher Mittel, es ihnen mittelst Benutzung, ja auch nur Umgehung der Gesetze zu entreißen; so tragen sie kein Bedenken: denn ihnen scheint, daß jene es auf demselben Wege verlören, auf welchem sie es früher erlangt hatten, und sie sehn daher ihre eigenen Ansprüche als ebensogut begründet an, wie die des frühern Besitzers. Von ihrem Gesichtspunkt aus, ist in der bürgerlichen Gesellschaft an die Stelle des Rechtes des Stärkern das des Klügern getreten. – Inzwischen ist *der Reiche* oft wirklich von einer unverbrüchlichen Rechtlichkeit, weil er von ganzem Herzen einer Regel zugetan ist und eine Maxime aufrecht erhält, auf deren Befolgung sein ganzer Besitz, mit dem vielen, was er dadurch vor andern voraus hat, beruht; daher er zu dem Grundsatze suum cuique sich in vollem Ernst bekennt und nicht davon abweicht. Es gibt in der Tat eine solche *objektive* Anhänglichkeit an Treue und Glauben, mit dem Entschluß, sie heilig zu halten, die bloß darauf beruht, daß Treue und Glauben die Grundlage alles freien Verkehrs unter Menschen, der guten Ordnung und des sichern Besitzes sind, daher sie *uns selbst* gar oft zugute kommen und in dieser Hinsicht sogar mit Opfern aufrecht gehalten werden müssen; wie man ja an einen guten Acker auch etwas *wendet*. Doch wird man die so begründete Redlichkeit, in der Regel, nur bei wohlhabenden, oder wenigstens einem einträglichen Erwerb obliegenden Leuten finden, am allermeisten bei Kaufleuten, als welche die deutlichste Überzeugung haben, daß Handel und Wandel am gegenseitigen Vertrauen und Kredit ihre unentbehrliche Stütze haben; weshalb auch die kaufmännische Ehre eine ganz spezielle ist. – Hingegen *der Arme*, der bei der Sache zu kurz gekommen ist und, vermöge der Ungleichheit des Besitzes, sich zu Mangel und schwerer Arbeit verdammt sieht, während andere, vor seinen Augen, im Überfluß und Müßiggange leben, der wird schwerlich erkennen, daß dieser Ungleichheit eine entsprechende der Verdienste und des redlichen Erwerbes zum Grunde liege. Wenn er aber dies *nicht* erkennt, woher soll er dann den rein ethischen Antrieb zur Ehrlichkeit nehmen, der ihn abhält, seine Hand nach dem fremden Überflusse auszustrecken? Meistens ist es die gesetzliche Ordnung, die ihn zurückhält. Aber wenn einmal die seltene Gelegenheit kommt, wo er, vor der Wirkung des Gesetzes gesichert, durch eine einzige Tat die drückende Last des Mangels, welche der Anblick des fremden Überflusses noch fühlbarer macht, von sich wälzen und auch *sich* in den Besitz der so oft beneideten Genüsse setzen könnte, was wird da seine Hand zurückhalten? Religiöse Dogmen? Selten ist der Glaube so fest. Ein rein moralisches Motiv zur Gerechtigkeit? Vielleicht in einzelnen Fällen: aber in den allermeisten wird es dann nur die auch dem geringen Manne sehr angelegene Sorge für seinen guten Namen, seine bürgerliche Ehre sein, die augenscheinliche Gefahr, durch eine solche Tat auf immer ausgestoßen zu werden aus der großen Freimaurerloge der ehrlichen Leute, welche das Gesetz der Rechtlichkeit befolgen und danach auf der ganzen Erde das Eigentum unter sich verteilt haben und verwalten, die Gefahr, infolge einer einzigen unehrlichen Handlung, zeitlebens ein Paria der bürgerlichen Gesellschaft zu sein, einer, dem keiner mehr traut, dessen Gemeinschaft jeder flieht und dem dadurch alles Fortkommen abgeschnitten ist, d.h. mit einem Wort: »Ein Kerl, der gestohlen hat«, – und auf den das Sprichwort geht: »Wer einmal stiehlt, ist zeitlebens ein Dieb.«

Dies also sind die Wächter der öffentlichen Rechtlichkeit: und wer gelebt und die Augen offen gehabt hat, wird eingestehn, daß bei weitem die allermeiste Ehrlichkeit im menschlichen Verkehr nur ihnen zu verdanken ist, ja, daß es nicht an Leuten fehlt, die auch *ihrer* Wachsamkeit sich zu entziehn hoffen, und die daher Gerechtigkeit und Redlichkeit nur als ein Aushängeschild, als eine Flagge betrachten, unter deren Schutz man seine Kapereien mit desto besserm Erfolge ausführt. Wir haben also nicht sogleich in heiligem Eifer aufzufahren und in Harnisch zu geraten, wenn ein Moralist einmal das Problem aufwirft, ob nicht vielleicht alle Redlichkeit und Gerechtigkeit im Grunde bloß konventionell wäre, und er demnächst, dieses Prinzip weiter verfolgend, auch die ganze übrige Moral auf entferntere, mittelbare, zuletzt aber doch egoistische Gründe zurückzuführen sich bemüht, wie Holbach, Helvetius, d'Alembert und andere ihrer Zeit es scharfsinnig versucht haben. Von dem größten Teil der gerechten Handlungen ist dies sogar wirklich wahr und richtig, wie ich im Obigen gezeigt habe. Daß es auch von einem beträchtlichen Teil der

Handlungen der Menschenliebe wahr sei, leidet keinen Zweifel; da sie oft aus Ostentation, sehr oft aus dem Glauben an eine dereinstige Retribution, die wohl gar in der Quadrat- oder vollends Kubik-Zahl geleistet würde, hervorgehn, auch noch andere egoistische Gründe zulassen. Allein ebenso gewiß ist es, daß es Handlungen uneigennütziger Menschenliebe und ganz freiwilliger Gerechtigkeit gibt. Beweise der letzteren sind, um mich nicht auf Tatsachen des Bewußtseins, sondern nur der Erfahrung zu berufen, die einzelnen, aber unzweifelhaften Fälle, wo nicht nur die Gefahr gesetzlicher Verfolgung, sondern auch die der Entdekkung und selbst jedes Verdachtes ganz ausgeschlossen war, und dennoch selbst vom Armen dem Reichen das Seinige gegeben wurde: z. B., wo ein Verlorenes und Gefundenes, wo ein von einem Dritten und bereits Verstorbenen Deponiertes dem Eigentümer gebracht wurde, wo ein im Geheimen von einem Landesflüchtigen bei einem armen Manne gemachtes Depositum treulich bewahrt und zurückgegeben wurde. Dergleichen Fälle gibt es, ohne Zweifel: allein die Überraschung, die Rührung, die Hochachtung, womit wir sie entgegennehmen, bezeugen deutlich, daß sie zu den unerwarteten Dingen, den seltenen Ausnahmen gehören. Es gibt in der Tat wahrhaft ehrliche Leute; – wie es auch wirklich vierblätterigen Klee gibt: aber Hamlet spricht ohne Hyperbel, wenn er sagt: To be honest, as this world goes, is to be one man pick'd out of ten thousand.* – Gegen den Einwand, daß den oben erwähnten Handlungen zuletzt religiöse Dogmen, mithin Rücksicht auf Strafe und Belohnung in einer andern Welt, zum Grunde lagen, würden sich auch wohl Fälle nachweisen lassen, wo die Vollbringer derselben gar keinem Religionsglauben anhingen; was lange nicht so selten ist, wie das öffentliche Bekenntnis der Sache.

Man beruft sich, der *skeptischen Ansicht* gegenüber, zunächst auf das *Gewissen*. Aber auch gegen *dessen* natürlichen Ursprung werden Zweifel erhoben. Wenigstens gibt es auch eine conscientia spuria, die oft mit demselben verwechselt wird. Die Reue und Beängstigung, welche mancher über das, was er getan hat, empfin-

* Nach dem Laufe dieser Welt heißt ehrlich sein: ein aus zehntausend Auserwählter sein.

det, ist oft im Grunde nichts anderes, als die Furcht vor dem, was ihm dafür geschehn kann. Die Verletzung äußerlicher, willkürlicher und sogar abgeschmackter Satzungen quält manchen mit inneren Vorwürfen, ganz nach Art des Gewissens. So z.B. liegt es manchem bigotten Juden wirklich schwer auf dem Herzen, daß, obgleich es im zweiten Buch Mose, Kap. 35,3, heißt: »Ihr sollt kein Feuer anzünden am Sabattage in allen euren Wohnungen«, er doch am Sonnabend zu Hause eine Pfeife geraucht hat. Manchen Edelmann, oder Offizier, nagt der heimliche Selbstvorwurf, daß er, bei irgendeinem Vorwurf, den Gesetzen des Narrenkodex, den man ritterliche Ehre nennt, nicht gehörig nachgekommen sei: dies geht so weit, daß mancher dieses Standes, wenn in die Unmöglichkeit versetzt, sein gegebenes Ehrenwort zu halten, oder auch nur besagtem Kodex bei Streitigkeiten Genüge zu leisten, sich totschießen wird. (Ich habe beides erlebt.) Hingegen wird derselbe Mann alle Tage leichten Herzens sein Wort brechen, sobald nur nicht das Schiboleth »Ehre« hinzugefügt war. – Überhaupt jede Inkonsequenz, jede Unbedachtsamkeit, jedes Handeln gegen unsere Vorsätze, Grundsätze, Überzeugungen, welcher Art sie auch seien, ja, jede Indiskretion, jeder Fehlgriff, jede Balourdise wurmt uns hinterher im stillen und läßt einen Stachel im Herzen zurück. Mancher würde sich wundern, wenn er sähe, woraus sein Gewissen, das ihm ganz stattlich vorkommt, eigentlich zusammengesetzt ist: etwan aus $^1/_5$ Menschenfurcht, $^1/_5$ Deisidämonie, $^1/_5$ Vorurteil, $^1/_5$ Eitelkeit und $^1/_5$ Gewohnheit: so daß er im Grunde nicht besser ist, als jener Engländer, der geradezu sagte: I cannot afford to keep a conscience (ein Gewissen zu halten ist für mich zu kostspielig). – Religiöse Leute, jedes Glaubens, verstehn unter *Gewissen* sehr oft nichts anderes, als die Dogmen und Vorschriften ihrer Religion und die in Beziehung auf diese vorgenommene Selbstprüfung: in diesem Sinne werden ja auch die Ausdrücke *Gewissenszwang* und *Gewissensfreiheit* genommen. Die Theologen, Scholastiker und Kasuistiker der mittlern und spätern Zeit nahmen es ebenso: Alles was einer von Satzungen und Vorschriften der Kirche wußte, nebst dem Vorsatz es zu glauben und zu befolgen, machte sein *Gewissen* aus. Demgemäß gab es ein zweifelndes, ein meinendes, ein irrendes Gewissen u.dgl.m., zu deren Berichtigung man sich einen Gewissensrat hielt. Wie wenig der Begriff des Gewissens, gleich andern Begriffen, durch sein Objekt selbst festgestellt ist, wie verschieden er von Verschiedenen gefaßt worden, wie schwankend und unsicher er bei den Schriftstellern erscheint, kann man in der Kürze ersehn aus Stäudlins »Geschichte der Lehre vom Gewissen«. Alles dieses ist nicht geeignet, die Realität des Begriffes zu beglaubigen, und hat daher die Frage veranlaßt, ob es denn auch wirklich ein eigentliches, angeborenes Gewissen gebe? Ich bin bereits § 10, bei der Lehre von der Freiheit, veranlaßt worden, meinen Begriff vom Gewissen kurz anzugeben, und werde weiterhin unten darauf zurückkommen.

Diese sämtlichen skeptischen Bedenklichkeiten reichen zwar keineswegs hin, das Dasein aller echten Moralität abzuleugnen, wohl aber unsere Erwartungen von der moralischen Anlage im Menschen und mithin vom natürlichen Fundament der Ethik zu mäßigen; da so vieles, was diesem zugeschrieben wird, nachweislich von andern Triebfedern herrührt, und die Betrachtung der moralischen Verderbnis der Welt genugsam beweist, daß die Triebfeder zum Guten keine sehr mächtige sein kann, zumal weil sie oft selbst da nicht wirkt, wo die ihr entgegenstehenden Motive nicht stark sind; wiewohl hiebei der individuelle Unterschied der Charaktere seine volle Gültigkeit behauptet. Inzwischen wird die Erkenntnis jener moralischen Verderbnis dadurch erschwert, daß die Äußerungen derselben gehemmt und verdeckt werden durch die gesetzliche Ordnung, durch die Notwendigkeit der Ehre, ja, auch noch durch die Höflichkeit. Endlich kommt noch hinzu, daß man bei der Erziehung die Moralität der Zöglinge dadurch zu befördern vermeint, daß man ihnen Rechtlichkeit und Tugend als die in der Welt allgemein befolgten Maximen darstellt: wenn nun später die Erfahrung sie, und oft zu ihrem großen Schaden, eines andern belehrt; so kann die Entdeckung, daß ihre Jugendlehrer die ersten waren, welche sie betrogen, nachteiliger auf ihre eigene Moralität wirken, als wenn diese Lehrer ihnen das erste Beispiel der Offenherzigkeit und Redlichkeit selbst gegeben und unverhohlen gesagt hätten: »Die Welt liegt im Argen, die Menschen sind nicht, wie sie sein sollten; aber laß' es Dich nicht irren und sei Du besser«. – Alles dieses, wie gesagt, erschwert unsere Erkenntnis der wirklichen Immoralität des Menschengeschlechts. Der Staat, dieses Meisterstück des sich selbst verstehenden, vernünftigen, aufsummierten Egoismus aller, hat den Schutz der Rechte eines jeden in die Hände einer Gewalt gegeben, welche, der Macht jedes einzelnen unendlich überlegen, ihn zwingt, die Rechte aller andern zu achten. Da kann der grenzenlose Egoismus fast aller, die Bosheit vieler, die Grausamkeit mancher sich nicht hervortun: der Zwang hat alle gebändigt. Die hieraus entspringende Täuschung ist so groß, daß, wenn wir in einzelnen Fällen, wo die Staatsgewalt nicht schützen kann, oder eludiert wird, die unersättliche Habsucht, die niederträchtige Geldgier, die tief versteckte Falschheit, die tückische Bosheit der Menschen hervortreten sehn, wir oft zurückschrecken und ein Zetergeschrei erheben, vermeinend, ein noch nie gesehnes Monstrum sei uns aufgestoßen: allein ohne den Zwang der Gesetze und die Notwendigkeit der bürgerlichen Ehre würden dergleichen Vorgänge ganz an der Tagesordnung sein. Kriminalgeschichten und Beschreibungen anarchischer Zustände muß man lesen, um zu erkennen, was, in moralischer Hinsicht, der Mensch eigentlich ist. Diese Tausende, die da, vor unsern Augen, im friedlichen Verkehr sich durcheinander drängen, sind anzusehn als ebenso viele Tiger und Wölfe, deren Gebiß durch einen starken Maulkorb gesichert ist. Daher, wenn man sich die Staatsgewalt einmal aufgehoben, d.h. jenen Maulkorb abgeworfen denkt, jeder Einsichtige zurückbebt vor dem Schauspiele, das dann zu erwarten stände; wodurch er zu erkennen gibt, wie wenig Wirkung er der Religion, dem Gewissen, oder dem natürlichen Fundament der Moral, welches es auch immer sein möge, im Grunde zutraut. Aber gerade alsdann würde, jenen freigelassenen unmoralischen Potenzen gegenüber, auch die wahre moralische Triebfeder im Menschen ihre Wirksamkeit unverdeckt zeigen, folglich am leichtesten erkannt werden können; wobei zugleich die unglaublich große moralische Verschiedenheit der Charaktere unverschleiert hervortreten und ebenso groß befunden werden würde, wie die intellektuelle der Köpfe; womit gewiß viel gesagt ist.

Man wird mir vielleicht entgegensetzen wollen, daß die Ethik es nicht damit zu tun habe, wie die Menschen wirklich handeln, sondern die Wissenschaft sei, welche angibt, wie sie handeln *sollen*. Dies ist aber gerade der Grundsatz, den ich leugne, nachdem ich im kritischen Teile dieser Abhandlung genugsam dargetan habe, daß der Begriff des *Sollens*, die *imperative Form* der Ethik, allein in der theologischen Moral gilt, außerhalb derselben aber allen Sinn und Bedeutung verliert. Ich setze hingegen der Ethik den Zweck, die in moralischer Hinsicht höchst verschiedene Handlungsweise der Menschen zu deuten, zu erklären und auf ihren letzten Grund zurückzuführen. Daher bleibt zur Auffindung des Fundaments der Ethik kein anderer Weg, als der empirische, nämlich zu untersuchen, ob es überhaupt Handlungen gibt, denen wir *echten moralischen Wert* zuerkennen müssen, – welches die Handlungen freiwilliger Gerechtigkeit, reiner Menschenliebe und wirklichen Edelmuts sein werden. Diese sind sodann als ein gegebenes Phänomen zu betrachten, welches wir richtig zu erklären, d. h. auf seine wahren Gründe zurückzuführen, mithin die jedenfalls eigentümliche Triebfeder nachzuweisen haben, welche den Menschen zu Handlungen dieser, von jeder andern spezifisch verschiedenen Art bewegt. Diese Triebfeder, nebst der Empfänglichkeit für sie, wird der letzte Grund der Moralität und die Kenntnis derselben das Fundament der Moral sein. Dies ist der bescheidene Weg, auf welchen ich die Ethik hinweise. Wem er, als keine Kunstruktion a priori, keine absolute Gesetzgebung für alle vernünftige Wesen in abstracto enthaltend, nicht vornehm, kathedralisch und akademisch genug dünkt, der mag zurückkehren zu den kategorischen Imperativen, zum Schiboleth der »Würde des Menschen«; zu den hohlen Redensarten, den Hirngespinsten und Seifenblasen der Schulen, zu Prinzipien, denen die Erfahrung bei jedem Schritte Hohn spricht und von welchen außerhalb der Hörsäle kein Mensch etwas weiß, noch jemals empfunden hat. Dem auf meinem Wege sich ergebenden Fundament der Moral hingegen steht die Erfahrung zur Seite und legt täglich und stündlich ihr stilles Zeugnis für dasselbe ab.

## § 14
### *Antimoralische* Triebfedern*

Die Haupt- und Grundtriebfeder im Menschen, wie im Tiere, ist der *Egoismus*, d.h. der Drang zum Dasein und Wohlsein. – Das deutsche Wort *Selbstsucht* führt einen falschen Nebenbegriff von Krankheit mit sich. Das Wort *Eigennutz* aber bezeichnet den Egoismus, sofern er unter Leitung der Vernunft steht, welche ihn befähigt, vermöge der Reflexion, seine Zwecke *planmäßig* zu verfolgen; daher man die Tiere wohl egoistisch, aber nicht eigennützig nennen kann. Ich will also für den allgemeinern Begriff das Wort *Egoismus* beibehalten. – Dieser *Egoismus* ist, im Tiere, wie im Menschen, mit dem innersten Kern und Wesen desselben aufs genaueste verknüpft, ja, eigentlich identisch. Daher entspringen, in der Regel, alle seine Handlungen aus dem Egoismus, und aus diesem zunächst ist allemal die Erklärung einer gegebenen Handlung zu versuchen; wie denn auch auf denselben die Berechnung aller Mittel, dadurch man den Menschen nach irgendeinem Ziele hinzulenken sucht, durchgängig gegründet ist. Der *Egoismus* ist, seiner Natur nach, grenzenlos: der Mensch will unbedingt sein Dasein erhalten, will es von Schmerzen, zu denen auch aller Mangel und Entbehrung gehört, unbedingt frei, will die größtmögliche Summe von Wohlsein, und will jeden Genuß, zu dem er fähig ist, ja, sucht wo möglich noch neue Fähigkeiten zum Genusse in sich zu entwickeln. Alles, was sich dem Streben seines Egoismus entgegenstellt, erregt seinen Unwillen, Zorn, Haß: er wird es als seinen Feind zu vernichten suchen. Er will wo möglich alles genießen, alles haben; da aber dies unmöglich ist, wenigstens alles beherrschen: »Alles für mich, und nichts für die andern«, ist sein

* Ich erlaube mir die regelwidrige Zusammensetzung des Wortes, da »antiethisch« hier nicht bezeichnend sein würde. Das jetzt in Mode gekommene »sittlich und unsittlich« aber ist ein schlechtes Substitut für »moralisch und unmoralisch«: erstlich, weil »moralisch« ein wissenschaftlicher Begriff ist, dem als solchem eine griechische oder lateinische Bezeichnung gebührt, aus Gründen, welche man findet in meinem Hauptwerke, Bd. 2, Kap. 12, S. 134ff.; und zweitens, weil »sittlich« ein schwacher und zahmer Ausdruck ist, schwer zu unterscheiden von »sittsam«, dessen populäre Benennung »zimperlich« ist. Der Deutschtümelei muß man keine Konzessionen machen.

Wahlspruch. Der Egoismus ist kolossal: er überragt die Welt. Denn, wenn jedem einzelnen die Wahl gegeben würde zwischen seiner eigenen und der übrigen Welt Vernichtung; so brauche ich nicht zu sagen, wohin sie, bei den allermeisten, ausschlagen würde. Demgemäß macht jeder sich zum Mittelpunkte der Welt, bezieht alles auf sich und wird was nur vorgeht, z. B. die größten Veränderungen im Schicksale der Völker, zunächst auf *sein* Interesse dabei beziehn und, sei dieses auch noch so klein und mittelbar, vor allem daran denken. Keinen größern Kontrast gibt es, als den zwischen dem hohen und exklusiven Anteil, den jeder an seinem eigenen Selbst nimmt, und der Gleichgültigkeit, mit der in der Regel alle andern eben jenes Selbst betrachten; wie er ihres. Es hat sogar seine komische Seite, die zahllosen Individuen zu sehn, deren jedes, wenigstens in praktischer Hinsicht, sich allein für *real* hält und die andern gewissermaßen als bloße Phantome betrachtet. Dies beruht zuletzt darauf, daß jeder sich selber *unmittelbar* gegeben ist, die andern aber ihm nur *mittelbar*, durch die Vorstellung von ihnen in seinem Kopfe: und die Unmittelbarkeit behauptet ihr Recht. Nämlich infolge der jedem Bewußtsein wesentlichen Subjektivität, ist jeder sich selber die ganze Welt: denn alles Objektive existiert nur mittelbar, als bloße Vorstellung des Subjekts; so daß stets alles am Selbstbewußtsein hängt. Die einzige Welt, welche jeder wirklich kennt und von der er weiß, trägt er in sich, als seine Vorstellung, und ist daher das Zentrum derselben. Deshalb eben ist jeder sich alles in allem: er findet sich als den Inhaber aller Realität und kann ihm nichts wichtiger sein, als er selbst. Während nun in seiner subjektiven Ansicht sein Selbst sich in dieser kolossalen Größe darstellt, schrumpft es in der objektiven beinahe zu nichts ein, nämlich zu ungefähr $^1/_{1\,000\,000\,000}$ der jetzt lebenden Menschheit. Dabei nun weiß er völlig gewiß, daß eben jenes über alles wichtige Selbst, dieser Mikrokosmos, als dessen bloße Modifikation, oder Akzidenz, der Makrokosmos auftritt, also seine ganze Welt, untergehn muß im Tode, der daher für ihn gleichbedeutend ist mit dem Weltuntergange. Dieses also sind die Elemente, woraus, auf der Basis des Willens zum Leben, der Egoismus erwächst, welcher zwischen Mensch und Mensch stets wie ein breiter Graben liegt. Springt wirklich einmal einer darüber, dem andern zu Hülfe, so ist es wie ein Wunder, welches Staunen erregt und Beifall einerntet. Oben, § 8, bei Erläuterung des Kantischen Moralprinzips, habe ich Gelegenheit gehabt, auszuführen, wie der Egoismus sich im Alltagsleben zeigt, wo er, trotz der Höflichkeit, die man ihm als Feigenblatt vorsteckt, doch stets aus irgendeiner Ecke hervorguckt. Die Höflichkeit nämlich ist die konventionelle und systematische Verleugnung des Egoismus in den Kleinigkeiten des täglichen Verkehrs und ist freilich anerkannte Heuchelei: dennoch wird sie gefordert und gelobt; weil was sie verbirgt, der Egoismus, so garstig ist, daß man es nicht sehn will, obschon man weiß, daß es da ist: wie man widerliche Gegenstände wenigstens durch einen Vorhang bedeckt wissen will. – Da der Egoismus, wo ihm nicht entweder äußere Gewalt, welcher auch jede Furcht, sei sie vor irdischen oder überirdischen Mächten, beizuzählen ist, oder aber die echte moralische Triebfeder entgegenwirkt, seine Zwecke unbedingt verfolgt; so würde, bei der zahllosen Menge egoistischer Individuen, das bellum omnium contra omnes an der Tagesordnung sein, zum Unheil aller. Daher die reflektierende Vernunft sehr bald die Staatseinrichtung erfindet, welche, aus gegenseitiger Furcht vor gegenseitiger Gewalt entspringend, den nachteiligen Folgen des allgemeinen Egoismus so weit vorbeugt, als es auf dem *negativen* Wege geschehn kann. Wo hingegen jene zwei ihm entgegenstehenden Potenzen nicht zur Wirksamkeit gelangen, wird er sich sofort in seiner ganzen furchtbaren Größe zeigen, und das Phänomen wird kein schönes sein. Indem ich, um ohne Weitläuftigkeit die Stärke dieser antimoralischen Potenz auszudrücken, darauf bedacht war, die Größe des Egoismus mit *einem* Zuge zu bezeichnen und deshalb nach irgendeiner recht emphatischen Hyperbel suchte, bin ich zuletzt auf diese geraten: mancher Mensch wäre imstande, einen andern totzuschlagen, bloß um mit dessen Fette sich die Stiefel zu schmieren. Aber dabei blieb mir doch der Skrupel, ob es auch wirklich eine Hyperbel sei. – Der *Egoismus* also ist die erste und hauptsächlichste, wiewohl nicht die einzige Macht, welche *die moralische Triebfeder* zu bekämpfen hat. Man sieht schon hier, daß diese, um wider einen solchen Gegner aufzutreten, etwas Realeres sein muß, als eine spitzfindige Klügelei, oder eine aprioristische Seifenblase. – Inzwischen ist im Kriege das erste, daß man den Feind rekognosziert. In dem bevorstehenden Kampfe wird der *Egoismus*, als die Hauptmacht seiner Seite, vorzüglich sich der Tugend der *Gerechtigkeit* entgegenstellen, welche, nach meiner Ansicht, die erste und recht eigentliche Kardinaltugend ist.

Hingegen wird der Tugend der *Menschenliebe* öfter das *Übelwollen* oder die *Gehässigkeit* gegenübertreten. Daher wollen wir den Ursprung und die Gradationen dieser zunächst betrachten. Das *Übelwollen* in den niederen Graden ist sehr häufig, ja, fast gewöhnlich, und es erreicht leicht die höheren. Goethe hat wohl recht zu sagen, daß in dieser Welt Gleichgültigkeit und Abneigung recht eigentlich zu Hause sind. (Wahlverwandtschaften, T. 1, C. 3.) Es ist sehr glücklich für uns, daß Klugheit und Höflichkeit ihren Mantel darüber decken und uns nicht sehn lassen, wie allgemein das gegenseitige Übelwollen ist und wie das bellum omnium contra omnes wenigstens in Gedanken fortgesetzt wird. Aber gelegentlich kommt es doch zum Vorschein, z. B. bei der so häufigen und so schonungslosen übeln Nachrede: ganz sichtbar aber wird es bei den Ausbrüchen des Zorns, welche meistens ihren Anlaß um ein Vielfaches übersteigen und so stark nicht ausfallen könnten, wenn sie nicht, wie das Schießpulver in der Flinte, komprimiert gewesen wären, als lange gehegter im Innern brütender Haß. – Großenteils entsteht das Übelwollen aus den unvermeidlichen und bei jedem Schritt eintretenden Kollisionen des Egoismus. Sodann wird es auch objektiv erregt, durch den Anblick der Laster, Fehler, Schwächen, Torheiten, Mängel und Unvollkommenheiten aller Art, welchen, mehr oder weniger, jeder den andern, wenigstens gelegentlich, darbietet. Es kann hiemit so weit kommen, daß vielleicht manchem, zumal in Augenblicken hypochondrischer Verstimmung, die Welt, von der ästhetischen Seite betrachtet, als ein Karikaturenkabinett, von der intellektuellen, als ein Narrenhaus, und von der moralischen, als eine Gaunerherberge erscheint. Wird solche Verstimmung bleibend; so entsteht Misanthropie. – Endlich ist eine Hauptquelle des Übelwollens der *Neid*; oder vielmehr dieser selbst *ist* schon Übelwollen, erregt durch fremdes Glück, Besitz oder Vorzüge. Kein Mensch ist ganz frei davon, und schon Herodot (III, 80) hat es gesagt: *Φϑονος ἀρχηδεν ἐμφυεται ἀνϑρωπῳ* (invidia ab origine homini insita est). Jedoch sind die Grade desselben sehr verschieden. Am unversöhnlichsten und giftigsten ist er, wann auf persönliche Eigenschaften gerichtet, weil hier dem Neider keine Hoffnung bleibt, und zugleich am niederträchtigsten; weil er haßt, was er lieben und verehren sollte; allein es ist so:

> Di lor par più, che d'altri, invidia s'abbia,
> Che per se stessi son levati a volo,
> Uscendo fuor della commune gabbia.*

klagt schon Petrarca. Ausführlichere Betrachtungen über den Neid findet man im zweiten Bande der Parerga, § 114. – In gewissem Betracht ist das Gegenteil des Neides die *Schadenfreude*. Jedoch ist Neid zu fühlen, menschlich; Schadenfreude zu genießen, teuflisch. Es gibt kein unfehlbareres Zeichen eines ganz schlechten Herzens und tiefer moralischer Nichtswürdigkeit, als einen Zug reiner, herzlicher Schadenfreude. Man soll den, an welchem man ihn wahrgenommen, auf immer meiden: Hic niger est, hunc tu, Romane, caveto. – Neid und Schadenfreude sind an sich bloß theoretisch: praktisch werden sie Bosheit und Grausamkeit. Der Egoismus kann zu Verbrechen und Untaten aller Art führen: aber der dadurch verursachte Schaden und Schmerz anderer ist ihm bloß Mittel, nicht Zweck, tritt also nur akzidentell dabei ein. Der Bosheit und Grausamkeit hingegen sind die Leiden und Schmerzen anderer Zweck an sich und dessen Erreichen Genuß. Dieserhalb machen jene eine höhere Potenz moralischer Schlechtigkeit aus. Die Maxime des äußersten Egoismus ist: Neminem juva, imo omnes, si forte conducit (also immer noch bedingt), laede. Die Maxime der Bosheit ist: Omnes, quantum potes, laede. – Wie Schadenfreude nur theoretische Grausamkeit ist, so Grausamkeit nur praktische Schadenfreude, und diese wird als jene auftreten, sobald die Gelegenheit kommt.

Die aus den beiden angegebenen Grundpotenzen entspringen-

* Noch mehr, als andre, scheint man die zu neiden,
Die, durch der eig'nen Flügel Kraft gehoben,
Aus dem gemeinen Käfig aller scheiden.

den speziellen Laster nachzuweisen, wäre nur in einer ausgeführten Ethik an seinem Platz. Eine solche würde etwan aus dem *Egoismus* ableiten Gier, Völlerei, Wollust, Eigennutz, Geiz, Habsucht, Ungerechtigkeit, Hartherzigkeit, Stolz, Hoffart usw. – aus der *Gehässigkeit* aber Mißgunst, Neid, Übelwollen, Bosheit, Schadenfreude, spähende Neugier, Verleumdung, Insolenz, Petulanz, Haß, Zorn, Verrat, Tücke, Rachsucht, Grausamkeit usw. – Die erste Wurzel ist mehr tierisch, die zweite mehr teuflisch. Das Vorwalten der einen, oder der andern, oder aber der weiterhin erst nachzuweisenden moralischen Triebfeder, gibt die Hauptlinie in der ethischen Klassifikation der Charaktere. Ganz ohne etwas von allen dreien ist kein Mensch.

Hiemit hätte ich denn die allerdings erschreckliche Heerschau der antimoralischen Potenzen beendigt, welche an die der Fürsten der Finsternis im Pandämonium bei Milton erinnert. Mein Plan brachte es jedoch mit sich, daß ich zuerst diese düstere Seite der menschlichen Natur in Betracht nähme, wodurch mein Weg freilich von dem aller andern Moralisten abweicht und dem des Dante ähnlich wird, der zuerst in die Hölle führt.

Durch die hier gegebene Übersicht der antimoralischen Potenzen wird deutlich, wie schwer das Problem ist, eine Triebfeder aufzufinden, die den Menschen zu einer, allen jenen tief in seiner Natur wurzelnden Neigungen entgegengesetzten Handlungsweise bewegen könnte, oder, wenn etwan diese letztere in der Erfahrung gegeben wäre, von ihr genügende und ungekünstelte Rechenschaft erteilte. So schwer ist das Problem, daß man zu seiner Lösung für die Menschheit im großen überall die Maschinerie aus einer andern Welt hat zu Hülfe nehmen müssen. Man deutete auf Götter hin, deren Wille und Gebot die hier geforderte Handlungsweise wäre, und welche diesem Gebot, durch Strafen und Belohnungen, entweder in dieser oder in einer andern Welt, wohin wir durch den Tod versetzt würden, Nachdruck erteilten. Angenommen, daß der Glaube an eine Lehre dieser Art, wie es durch sehr frühzeitiges Einprägen allerdings möglich ist, allgemein Wurzel faßte, und auch, was aber sehr viel schwerer hält und viel weniger Bestätigung in der Erfahrung aufzuweisen hat, daß er die beabsichtigte Wirkung hervorbrächte; so würde dadurch zwar

Legalität der Handlungen, selbst über die Grenze hinaus, bis zu welcher Justiz und Polizei reichen können, zuwege gebracht sein: aber jeder fühlt, daß es keineswegs dasjenige wäre, was wir eigentlich unter Moralität der Gesinnung verstehn. Denn offenbar würden alle durch Motive *solcher Art* hervorgerufene Handlungen immer nur im bloßen Egoismus wurzeln. Wie sollte nämlich von Uneigennützigkeit die Rede sein können, wo mich Belohnung lockt, oder angedrohte Strafe abschreckt? Eine festgeglaubte Belohnung in einer andern Welt ist anzusehn, wie ein vollkommen sicherer, aber auf sehr lange Sicht ausgestellter Wechsel. Die überall so häufige Verheißung befriedigter Bettler, daß dem Geber die Gabe in jener Welt tausendfach erstattet werden wird, mag manchen Geizhals zu reichlichen Almosen bewegen, die er, als gute Geldanlegung, vergnügt austeilt, fest überzeugt, nun auch in jener Welt sogleich wieder als ein steinreicher Mann aufzuerstehn. – Für die große Masse des Volkes muß es vielleicht bei Antrieben dieser Art sein Bewenden haben: demgemäß denn auch die verschiedenen Religionen, welche eben die Metaphysik des Volkes sind, sie ihm vorhalten. Hiebei ist jedoch anzumerken, daß wir über die wahren Motive unsers eigenen Tuns bisweilen ebenso sehr im Irrtum sind, wie über die des fremden: daher zuverlässig mancher, indem er von seinen edelsten Handlungen nur durch Motive obiger Art sich Rechenschaft zu geben weiß, dennoch aus viel edleren und reineren, aber auch viel schwerer deutlich zu machenden Triebfedern handelt und wirklich aus unmittelbarer Liebe des Nächsten tut, was er bloß durch seines Gottes Geheiß zu erklären versteht. Die Philosophie hingegen sucht hier, wie überall, die wahren, letzten, auf die Natur des Menschen gegründeten, von allen mythischen Auslegungen, religiösen Dogmen und transzendenten Hypostasen unabhängigen Aufschlüsse über das vorliegende Problem, und verlangt sie in der äußern oder innern Erfahrung nachgewiesen zu sehn. Unsere vorliegende Aufgabe aber ist eine philosophische; daher wir von allen durch Religionen bedingten Auflösungen derselben gänzlich abzusehn haben, an welche ich, bloß um die große Schwierigkeit des Problems ins Licht zu stellen, hier erinnert habe.

## § 15
### *Kriterium der Handlungen von moralischem Wert*

Jetzt wäre zunächst die empirische Frage zu erledigen, ob Handlungen freiwilliger Gerechtigkeit und uneigennütziger Menschenliebe, die alsdann bis zum Edelmut und Großmut gehn mag, in der Erfahrung vorkommen. Leider läßt diese Frage sich doch nicht ganz rein empirisch entscheiden; weil in der Erfahrung allemal nur die *Tat* gegeben ist, die *Antriebe* aber nicht zutage liegen: daher stets die Möglichkeit übrigbleibt, daß auf eine gerechte, oder gute Handlung ein egoistisches Motiv Einfluß gehabt hätte. Ich will mich nicht des unerlaubten Kunstgriffs bedienen, hier, in einer theoretischen Untersuchung, die Sache dem Leser ins Gewissen zu schieben. Aber ich glaube, daß sehr wenige sein werden, die es bezweifeln und nicht aus eigener Erfahrung die Überzeugung haben, daß man oft gerecht handelt, einzig und allein damit dem andern kein Unrecht geschehe, ja, daß es Leute gibt, denen gleichsam der Grundsatz, dem andern sein Recht widerfahren zu lassen, *angeboren* ist, die daher niemanden absichtlich zu nahe treten, die ihren Vorteil nicht unbedingt suchen, sondern dabei auch die Rechte anderer berücksichtigen, die, bei gegenseitig übernommenen Verpflichtungen, nicht bloß darüber wachen, daß der andere das Seinige *leiste*, sondern auch darüber, daß er das Seinige *empfange*, indem sie aufrichtig nicht wollen, daß wer mit ihnen handelt, zu kurz komme. Dies sind *die wahrhaft ehrlichen Leute*, die wenigen Aequi unter der Unzahl der Iniqui. Aber solche Leute gibt es. Imgleichen wird man mir, denke ich, zugestehn, daß mancher hilft und gibt, leistet und entsagt, ohne in seinem Herzen eine weitere Absicht zu haben, als daß dem andern, dessen Not er sieht, geholfen werde. Und daß Arnold von Winkelried, als er ausrief: »Trüwen, lieben Eidgenossen, wullt's minem Wip und Kinde gedenken«, und dann so viele feindliche Speere umarmte, als er fassen konnte, – dabei eine eigennützige Absicht gehabt habe; das denke sich wer es kann: ich vermag es nicht. – Auf Fälle freier Gerechtigkeit, die ohne Schikane und Obstination nicht abzuleugnen sind, habe ich schon oben § 13 aufmerksam gemacht. – Sollte aber dennoch jemand darauf bestehn, mir das

Vorkommen aller solcher Handlungen abzuleugnen; dann würde, ihm zufolge, die Moral eine Wissenschaft ohne reales Objekt sein, gleich der Astrologie und Alchimie, und es wäre verlorene Zeit, über ihre Grundlage noch ferner zu disputieren. Mit ihm wäre ich daher zu Ende und rede zu denen, welche die Realität der Sache einräumen.

Handlungen der besagten Art sind es also allein, denen man eigentlichen *moralischen Wert* zugesteht. Als das Eigentümliche und Charakteristische derselben finden wir die Ausschließung derjenigen Art von Motiven, durch welche sonst alle menschliche Handlungen hervorgerufen werden, nämlich der *eigennützigen*, im weitesten Sinne des Worts. Daher eben die Entdeckung eines eigennützigen Motivs, wenn es das einzige war, den moralischen Wert einer Handlung ganz aufhebt, und wenn es akzessorisch wirkte, ihn schmälert. Die Abwesenheit aller egoistischen Motivation ist also *das Kriterium einer Handlung von moralischem Wert*. Zwar ließe sich einwenden, daß auch die Handlungen reiner Bosheit und Grausamkeit nicht *eigennützig* sind: jedoch liegt am Tage, daß diese hier nicht gemeint sein können, da sie das Gegenteil der in Rede stehenden Handlungen sind. Wer indessen auf die Strenge der Definition hält, mag jene Handlungen durch das ihnen wesentliche Merkmal, daß sie fremdes Leiden bezwecken, ausdrücklich ausscheiden. – Als ganz inneres und daher nicht so evidentes Merkmal der Handlungen von moralischem Wert kommt hinzu, daß sie eine gewisse Zufriedenheit mit uns selbst zurücklassen, welche man den Beifall des Gewissens nennt; wie denn gleichfalls die ihnen entgegengesetzten Handlungen der Ungerechtigkeit und Lieblosigkeit, noch mehr die der Bosheit und Grausamkeit, eine entgegengesetzte innere Selbstbeurteilung erfahren; ferner noch, als sekundäres und akzidentelles äußeres Merkmal, daß die Handlungen der ersten Art den Beifall und die Achtung der unbeteiligten Zeugen, die der zweiten das Gegenteil hervorrufen.

Die so festgestellten und als faktisch gegeben zugestandenen Handlungen von moralischem Wert haben wir nun als das vorliegende und zu erklärende Phänomen zu betrachten, und demnach zu untersuchen, *was* es sei, das den Menschen zu Handlungen dieser Art bewegen kann; welche Untersuchung, wenn sie uns gelingt, die echte moralische Triebfeder notwendig an den Tag bringen muß, wodurch, da auf diese alle Ethik sich zu stützen hat, unser Problem gelöst wäre.

## § 16
## *Aufstellung und Beweis der allein echten moralischen Triebfeder*

Nach den bisherigen, unumgänglich nötigen Vorbereitungen komme ich zur Nachweisung der wahren, allen Handlungen von echtem moralischem Wert zum Grunde liegenden Triebfeder, und als diese wird sich uns eine solche ergeben, welche durch ihren Ernst und durch ihre unzweifelbare Realität gar weit absteht von allen den Spitzfindigkeiten, Klügeleien, Sophismen, aus der Luft gegriffenen Behauptungen und apriorischen Seifenblasen, welche die bisherigen Systeme zur Quelle des moralischen Handelns und zur Grundlage der Ethik haben machen wollen. Da ich diese moralische Triebfeder nicht etwan zur beliebigen Annahme *vorschlagen*, sondern als die allein mögliche wirklich *beweisen* will, dieser Beweis aber die Zusammenfassung vieler Gedanken erfordert; so stelle ich einige Prämissen voran, welche die Voraussetzungen der Beweisführung sind und gar wohl als *Axiomata* gelten können, bis auf die zwei letzten, die sich auf oben gegebene Auseinandersetzungen berufen.

1) Keine Handlung kann ohne zureichendes Motiv geschehn; so wenig, als ein Stein ohne zureichenden Stoß, oder Zug, sich bewegen kann.

2) Ebensowenig kann eine Handlung, zu welcher ein für den Charakter des Handelnden zureichendes Motiv vorhanden ist, unterbleiben, wenn nicht ein stärkeres Gegenmotiv ihre Unterlassung notwendig macht.

3) Was den Willen bewegt, ist allein Wohl und Wehe überhaupt und im weitesten Sinne des Worts genommen; wie auch umgekehrt Wohl und Wehe bedeutet »einem Willen gemäß, oder entgegen«. Also muß jedes Motiv eine Beziehung auf Wohl oder Wehe haben.

4) Folglich bezieht jede Handlung sich auf ein für Wohl und Wehe empfängliches Wesen, als ihren letzten Zweck.

5) Dieses Wesen ist entweder der Handelnde selbst, oder ein anderer, welcher alsdann bei der Handlung *passive* beteiligt ist, indem sie zu seinem Schaden, oder zu seinem Nutz und Frommen geschieht.

6) Jede Handlung, deren letzter Zweck das Wohl und Wehe des Handelnden selbst ist, ist eine *egoistische*.

7) Alles hier von Handlungen Gesagte gilt ebensowohl von Unterlassung solcher Handlungen, zu welchen Motiv und Gegenmotiv vorliegt.

8) Infolge der im vorhergehenden Paragraphen gegebenen Auseinandersetzung schließen *Egoismus* und *moralischer Wert* einer Handlung einander schlechthin aus. Hat eine Handlung einen egoistischen Zweck zum Motiv; so kann sie keinen moralischen Wert haben: soll eine Handlung moralischen Wert haben; so darf kein egoistischer Zweck, unmittelbar oder mittelbar, nahe oder fern, ihr Motiv sein.

9) Infolge der § 5 vollzogenen Elimination der vorgeblichen Pflichten gegen uns selbst, kann die moralische Bedeutsamkeit einer Handlung nur liegen in ihrer Beziehung auf andere: nur in Hinsicht auf diese kann sie moralischen Wert, oder Verwerflichkeit haben und demnach eine Handlung der Gerechtigkeit, oder Menschenliebe, wie auch das Gegenteil beider sein.

Aus diesen Prämissen ist folgendes evident: Das *Wohl und Wehe*, welches (laut Prämisse 3) jeder Handlung, oder Unterlassung, als letzter Zweck zum Grunde liegen muß, ist entweder das des Handelnden selbst, oder das irgendeines andern, bei der Handlung passive Beteiligten. *Im ersten Falle* ist die Handlung notwendig *egoistisch*; weil ihr ein interessiertes Motiv zum Grunde liegt. Dies ist nicht bloß der Fall bei Handlungen, die man offenbar zu seinem eigenen Nutzen und Vorteil unternimmt, dergleichen die allermeisten sind; sondern es tritt ebensowohl ein, sobald man von einer Handlung irgendeinen entfernten Erfolg, sei es in dieser, oder einer andern Welt, *für sich* erwartet; oder wenn man dabei seine

Ehre, seinen Ruf bei den Leuten, die Hochachtung irgend jemandes, die Sympathie der Zuschauer u. dgl. m. im Auge hat; nicht weniger, wenn man durch diese Handlung eine Maxime aufrechtzuerhalten beabsichtigt, von deren allgemeiner Befolgung man eventualiter einen Vorteil *für sich selbst* erwartet, wie etwan die der Gerechtigkeit, des allgemeinen hülfreichen Beistandes usw. – ebenfalls, wenn man irgendeinem absoluten Gebot, welches von einer zwar unbekannten, aber doch offenbar überlegenen Macht ausginge, Folge zu leisten für geraten hielte; da alsdann nichts anderes, als *die Furcht* vor den nachteiligen Folgen des *Ungehorsams*, wenn sie auch bloß allgemein und unbestimmt gedacht werden, dazu bewegen kann; – desgleichen, wenn man seine eigene hohe Meinung von sich selbst, seinem Werte oder Würde, deutlich oder undeutlich begriffen, die man außerdem aufgeben müßte und dadurch seinen Stolz gekränkt sähe, durch irgendeine Handlung, oder Unterlassung zu behaupten trachtet; – endlich auch, wenn man, nach Wolffischen Prinzipien, dadurch an seiner eigenen Vervollkommnung arbeiten will. Kurzum, man setze zum letzten Beweggrund einer Handlung, was man wolle; immer wird sich ergeben, daß, auf irgendeinem Umwege, zuletzt *das eigene Wohl und Wehe des Handelnden* die eigentliche Triebfeder, mithin die Handlung *egoistisch*, folglich *ohne moralischen Wert* ist. Nur einen einzigen Fall gibt es, in welchem dies nicht statthat: nämlich wenn der letzte Beweggrund zu einer Handlung oder Unterlassung, geradezu und ausschließlich im *Wohl und Wehe* irgendeines dabei passive beteiligten *andern* liegt, also der aktive Teil bei seinem Handeln, oder Unterlassen, ganz allein das Wohl und Wehe eines *andern* im Auge hat und durchaus nichts bezweckt, als daß jener andere unverletzt bleibe, oder gar Hülfe, Beistand und Erleichterung erhalte. *Dieser Zweck allein* drückt einer Handlung, oder Unterlassung, den Stempel des *moralischen Wertes* auf; welcher demnach ausschließlich darauf beruht, daß die Handlung bloß zu Nutz und Frommen *eines andern* geschehe, oder unterbleibe. Sobald nämlich dies *nicht* der Fall ist; so kann das *Wohl und Wehe*, welches zu *jeder* Handlung treibt, oder von ihr abhält, nur das *des Handelnden selbst* sein: dann aber ist die Handlung, oder Unterlassung, allemal *egoistisch*, mithin *ohne moralischen Wert*.

Wenn nun aber meine Handlung ganz allein *des andern wegen* geschehn soll; so muß *sein Wohl und Wehe unmittelbar mein Motiv* sein: so wie bei allen andern Handlungen *das meinige* es ist. Dies bringt unser Problem auf einen engern Ausdruck, nämlich diesen: wie ist es irgend möglich, daß das Wohl und Wehe *eines andern*, unmittelbar, d.h. ganz so wie sonst nur mein eigenes, meinen Willen bewege, also direkt mein Motiv werde, und sogar es bisweilen in dem Grade werde, daß ich demselben mein eigenes Wohl und Wehe, diese sonst alleinige Quelle meiner Motive, mehr oder weniger nachsetze? – Offenbar nur dadurch, daß jener andere *der letzte Zweck* meines Willens wird, ganz so wie sonst ich selbst es bin: also dadurch, daß ich ganz unmittelbar *sein* Wohl will und *sein* Wehe nicht will, so unmittelbar, wie sonst nur *das meinige*. Dies aber setzt notwendig voraus, daß ich bei *seinem* Wehe als solchem geradezu mit leide, *sein* Wehe fühle, wie sonst nur meines, und deshalb sein Wohl unmittelbar will, wie sonst nur meines. Dies erfordert aber, daß ich auf irgendeine Weise *mit ihm identifiziert* sei, d.h. daß jener gänzliche *Unterschied* zwischen mir und jedem andern, auf welchem gerade mein Egoismus beruht, wenigstens in einem gewissen Grade aufgehoben sei. Da ich nun aber doch nicht *in der Haut* des andern stecke, so kann allein vermittelst der *Erkenntnis*, die ich von ihm habe, d.h. der Vorstellung von ihm in meinem Kopf, ich mich so weit mit ihm identifizieren, daß meine Tat jenen Unterschied als aufgehoben ankündigt. Der hier analysierte Vorgang aber ist kein erträumter, oder aus der Luft gegriffener, sondern ein ganz wirklicher, ja, keineswegs seltener: es ist das alltägliche Phänomen des *Mitleids*, d.h. der ganz unmittelbaren, von allen anderweitigen Rücksichten unabhängigen *Teilnahme* zunächst am *Leiden* eines andern und dadurch an der Verhinderung oder Aufhebung dieses Leidens, als worin zuletzt alle Befriedigung und alles Wohlsein und Glück besteht. Dieses Mitleid ganz allein ist die wirkliche Basis aller *freien* Gerechtigkeit und aller *echten* Menschenliebe. Nur sofern eine Handlung aus ihm entsprungen ist, hat sie moralischen Wert: und jede aus irgend welchen andern Motiven hervorgehende hat keinen. Sobald dieses Mitleid rege wird, liegt mir das Wohl und Wehe des andern unmittelbar am Herzen, ganz in derselben Art, wenn auch nicht stets in demselben Grade, wie sonst allein das meinige: also ist jetzt der Unterschied zwischen ihm und mir kein absoluter mehr.

Allerdings ist dieser Vorgang erstaunenswürdig, ja, mysteriös. Er ist, in Wahrheit, das große Mysterium der Ethik, ihr Urphänomen und der Grenzstein, über welchen hinaus nur noch die metaphysische Spekulation einen Schritt wagen kann. Wir sehn, in jenem Vorgang, die Scheidewand, welche nach dem Lichte der Natur (wie alte Theologen die Vernunft nennen), Wesen von Wesen durchaus trennt, aufgehoben und das Nicht-Ich gewissermaßen zum Ich geworden. Übrigens wollen wir die metaphysische Auslegung des Phänomens für jetzt unberührt lassen und fürs erste sehn, ob alle Handlungen der freien Gerechtigkeit und der echten Menschenliebe wirklich aus diesem Vorgange fließen. Dann wird unser Problem gelöst sein, indem wir das letzte Fundament der Moralität in der menschlichen Natur selbst werden nachgewiesen haben, welches Fundament nicht selbst wieder ein Problem der *Ethik* sein kann, wohl aber, wie alles Bestehende *als solches, der Metaphysik*. Allein die metaphysische Auslegung des ethischen Urphänomens liegt schon über die von der Königlichen Sozietät gestellte Frage, als welche auf die Grundlage der Ethik gerichtet ist, hinaus, und kann allenfalls nur als eine beliebig zu gebende und beliebig zu nehmende Zugabe beigefügt werden. – Bevor ich nun aber zur Ableitung der Kardinaltugenden aus der aufgestellten Grundtriebfeder schreite, habe ich noch zwei wesentliche Bemerkungen nachträglich beizubringen.

1) Zum Behuf leichterer Faßlichkeit habe ich die obige Ableitung des Mitleids, als alleiniger Quelle der Handlungen von moralischem Wert, dadurch vereinfacht, daß ich die Triebfeder der *Bosheit*, als welche, uneigennützig wie das Mitleid, den fremden *Schmerz* zu ihrem letzten Zwecke macht, absichtlich außer acht gelassen habe. Jetzt aber können wir, mit Hinzuziehung derselben, den oben gegebenen Beweis vollständiger und stringenter so resümieren:

Es gibt überhaupt nur *drei Grund-Triebfedern* der menschlichen Handlungen: und allein durch Erregung derselben wirken alle irgend möglichen Motive. Sie sind:

a) Egoismus; der das eigene Wohl will (ist grenzenlos).

b) Bosheit; die das fremde Wehe will (geht bis zur äußersten Grausamkeit).

c) Mitleid; welches das fremde Wohl will (geht bis zum Edelmut und zur Großmut).

Jede menschliche Handlung muß auf eine dieser Triebfedern zurückzuführen sein; wiewohl auch zwei derselben vereint wirken können. Da wir nun Handlungen von moralischem Wert als faktisch gegeben angenommen haben; so müssen auch sie aus einer dieser Grund-Triebfedern hervorgehn. Sie können aber, vermöge Prämisse 8, nicht aus der *ersten* Triebfeder entspringen, noch weniger aus der *zweiten*; da alle aus dieser hervorgehenden Handlungen moralisch verwerflich sind, während die erste zum Teil moralisch indifferente liefert. Also müssen sie von der *dritten* Triebfeder ausgehn: und dies wird seine Bestätigung a posteriori im folgenden erhalten.

2) Die unmittelbare Teilnahme am andern ist auf sein *Leiden* beschränkt und wird nicht, wenigstens nicht direkt, auch durch sein *Wohlsein* erregt: sondern dieses an und für sich läßt uns gleichgültig. Dies sagt ebenfalls J. J. Rousseau im Emile (liv. IV.): »Première maxime: Il n'est pas dans le cœur humain, de se mettre à la place des gens, qui sont plus heureux que nous, mais seulement de ceux, qui sont plus à plaindre.« etc.

Der Grund hievon ist, daß der Schmerz, das Leiden, wozu aller Mangel, Entbehrung, Bedürfnis, ja jeder Wunsch gehört, *das Positive, das unmittelbar Empfundene* ist. Hingegen besteht die Natur der Befriedigung, des Genusses, des Glücks, nur darin, daß eine Entbehrung aufgehoben, ein Schmerz gestillt ist. Diese wirken also *negativ*. Daher eben ist Bedürfnis und Wunsch die Bedingung jedes Genusses. Dies erkannte schon Plato, und nahm nur die Wohlgerüche und die Geistesfreuden aus. (De Rep., IX, p. 264 sq. Bp.) Auch Voltaire sagt: Il n'est de vrais plaisirs, qu'avec de vrais besoins. Also das *Positive*, das sich durch sich selbst Kundgebende ist der Schmerz: Befriedigung und Genüsse sind das *Negative*, die bloße Aufhebung jenes erstern. Hierauf zunächst beruht es, daß nur das Leiden, der Mangel, die Gefahr, die Hülflosigkeit des andern direkt und als solche unsere Teilnahme erwecken. Der

Glückliche, Zufriedene *als solcher* läßt uns gleichgültig: eigentlich weil sein Zustand ein negativer ist: die Abwesenheit des Schmerzes, des Mangels und der Not. Wir können zwar über das Glück, das Wohlsein, den Genuß anderer uns freuen: dies ist dann aber sekundär und dadurch vermittelt, daß vorher ihr Leiden und Entbehren uns betrübt hatte; oder aber auch wir nehmen teil an dem Beglückten und Genießenden, nicht *als solchem*, sondern sofern er unser Kind, Vater, Freund, Verwandter, Diener, Untertan u. dgl. ist. Aber nicht der Beglückte und Genießende *rein als solcher* erregt unsere unmittelbare Teilnahme, wie es der Leidende, Entbehrende, Unglückliche *rein als solcher* tut. Erregt doch sogar auch *für uns selbst* eigentlich nur unser Leiden, wohin auch jeder Mangel, Bedürfnis, Wunsch, ja, die Langeweile zu zählen ist, unsere Tätigkeit; während ein Zustand der Zufriedenheit und Beglükkung uns untätig und in träger Ruhe läßt: wie sollte es in Hinsicht auf andere nicht ebenso sein? da ja unsere Teilnahme auf einer Identifikation mit ihnen beruht. Sogar kann der Anblick des Glücklichen und Genießenden *rein als solchen* sehr leicht unsern Neid erregen, zu welchem die Anlage in jedem Menschen liegt und welcher seine Stelle oben unter den antimoralischen Potenzen gefunden hat.

Infolge der oben gegebenen Darstellung des Mitleids als eines unmittelbaren Motiviertwerdens durch die Leiden des andern, muß ich noch den nachmals oft wiederholten Irrtum des Cassina (Saggio analitico sulla compassione; 1788; deutsch von Pockels, 1790) rügen, welcher meint, das Mitleid entstehe durch eine augenblickliche Täuschung der Phantasie, indem wir selbst uns an die Stelle des Leidenden versetzten und nun, in der Einbildung, *seine* Schmerzen an *unserer* Person zu leiden wähnten. So ist es keineswegs; sondern es bleibt uns gerade jeden Augenblick klar und gegenwärtig, daß *er* der Leidende ist, nicht *wir*: und geradezu *in seiner* Person, nicht in unserer, fühlen wir das Leiden, zu unserer Betrübnis. Wir leiden *mit* ihm, also *in* ihm: wir fühlen seinen Schmerz als den *seinen* und haben nicht die Einbildung, daß es der unserige sei: ja, je glücklicher unser eigener Zustand ist und je mehr also das Bewußtsein desselben mit der Lage des andern kontrastiert, desto empfänglicher sind wir für das Mitleid. Die

Erklärung der Möglichkeit dieses höchst wichtigen Phänomens ist aber nicht so leicht, noch auf dem bloß psychologischen Wege zu erreichen, wie Cassina es versuchte. Sie kann nur metaphysisch ausfallen: und eine solche werde ich im letzten Abschnitt zu geben versuchen.

Jetzt aber gehe ich an die Ableitung der Handlungen von echtem moralischen Wert aus der nachgewiesenen Quelle derselben. Als die allgemeine Maxime solcher Handlungen und folglich als den obersten Grundsatz der Ethik habe ich schon im vorigen Abschnitte die Regel aufgestellt: Neminem laede; imo omnes, quantum potes, juva. Da diese Maxime *zwei* Sätze enthält; so zerfallen die ihr entsprechenden Handlungen von selbst in zwei Klassen.

## § 17
## *Die Tugend der Gerechtigkeit*

Bei näherer Betrachtung des oben als ethisches Urphänomen nachgewiesenen Vorgangs des Mitleids ist auf den ersten Blick ersichtlich, daß es zwei deutlich getrennte Grade gibt, in welchen das Leiden eines andern unmittelbar mein Motiv werden, d.h. mich zum Tun oder Lassen bestimmen kann: nämlich zuerst nur in dem Grade, daß es, egoistischen oder boshaften Motiven entgegenwirkend, mich abhält, dem andern ein Leiden zu verursachen, also herbeizuführen was noch nicht ist, selbst Ursache fremder Schmerzen zu werden; sodann aber in dem höhern Grade, wo das Mitleid, positiv wirkend, mich zu tätiger Hülfe antreibt. Die Trennung zwischen sogenannten Rechts- und Tugend-Pflichten, richtiger zwischen Gerechtigkeit und Menschenliebe, welche bei Kant so gezwungen herauskam, ergibt sich hier ganz und gar von selbst, und bezeugt dadurch die Richtigkeit des Prinzips: es ist die natürliche, unverkennbare und scharfe Grenze zwischen dem Negativen und Positiven, zwischen Nichtverletzen und Helfen. Die bisherige Benennung, Rechts- und Tugend-Pflichten, letztere auch Liebespflichten, unvollkommene Pflichten genannt, hat zuvörderst den Fehler, daß sie das Genus der Spezies koordiniert: denn die Gerechtigkeit ist auch eine Tugend.

Sodann liegt derselben die viel zu weite Ausdehnung des Begriffes *Pflicht* zum Grunde, den ich weiter unten in seine wahren Schranken zurückführen werde. An die Stelle obiger zwei Pflichten setze ich daher zwei Tugenden, die der Gerechtigkeit und die der Menschenliebe, welche ich Kardinaltugenden nenne, weil aus ihnen alle übrigen praktisch hervorgehn und theoretisch sich ableiten lassen. Beide wurzeln in dem natürlichen Mitleid. Dieses Mitleid selbst aber ist eine unleugbare Tatsache des menschlichen Bewußtseins, ist diesem wesentlich eigen, beruht nicht auf Voraussetzungen, Begriffen, Religionen, Dogmen, Mythen, Erziehung und Bildung; sondern ist ursprünglich und unmittelbar, liegt in der menschlichen Natur selbst, hält eben deshalb unter allen Verhältnissen Stich, und zeigt sich in allen Ländern und Zeiten; daher an dasselbe, als an etwas in jedem Menschen notwendig Vorhandenes, überall zuversichtlich appelliert wird, und nirgends gehört es zu den »fremden Göttern«. Hingegen nennt man den, dem es zu mangeln scheint, einen Unmenschen; wie auch »Menschlichkeit« oft als Synonym von Mitleid gebraucht wird.

Der erste Grad der Wirksamkeit dieser echten und natürlichen moralischen Triebfeder ist also nur *negativ*. Ursprünglich sind wir alle zur Ungerechtigkeit und Gewalt geneigt, weil unser Bedürfnis, unsere Begierde, unser Zorn und Haß unmittelbar ins Bewußtsein treten und daher das Jus primi occupantis haben; hingegen die fremden Leiden, welche unsere Ungerechtigkeit und Gewalt verursacht, nur auf dem sekundären Wege der *Vorstellung* und erst durch die Erfahrung, also *mittelbar* ins Bewußtsein kommen: daher sagt Seneca: Ad neminem ante bona mens venit, quam mala (Ep. 50). Der erste Grad der Wirkung des Mitleids ist also, daß es den von mir selbst, infolge der mir einwohnenden antimoralischen Potenzen, andern zu verursachenden Leiden hemmend entgegentritt, mir »Halt!« zuruft und sich als eine Schutzwehr vor den andern stellt, die ihn vor der Verletzung bewahrt, zu welcher außerdem mein Egoismus, oder Bosheit, mich treiben würde. Dergestalt entspringt aus diesem ersten Grade des Mitleids die Maxime neminem laede, d.i. der Grundsatz der *Gerechtigkeit*, welche Tugend ihren lautern, rein moralischen, von aller Beimischung freien Ursprung allein hier hat und nirgends außerdem haben kann, weil sie sonst auf Egoismus beruhen müßte. Ist mein Gemüt bis zu jenem Grade für das Mitleid empfänglich; so wird dasselbe mich zurückhalten, wo und wann ich, um meine Zwecke zu erreichen, fremdes Leiden als Mittel gebrauchen möchte; gleichviel ob dieses Leiden ein augenblicklich, oder später eintretendes, ein direktes, oder indirektes, durch Zwischenglieder vermitteltes sei. Folglich werde ich dann so wenig das Eigentum, als die Person des andern angreifen, ihm so wenig geistige, als körperliche Leiden verursachen, also nicht nur mich jeder physischen Verletzung enthalten; sondern auch ebensowenig auf geistigem Wege ihm Schmerz bereiten, durch Kränkung, Ängstigung, Ärger, oder Verleumdung. Dasselbe Mitleid wird mich abhalten, die Befriedigung meiner Lüste auf Kosten des Lebensglückes weiblicher Individuen zu suchen, oder das Weib eines andern zu verführen, oder auch Jünglinge moralisch und physisch zu verderben, durch Verleitung zur Päderastie. Jedoch ist keineswegs erforderlich, daß in jedem einzelnen Fall das Mitleid wirklich erregt werde; wo es auch oft zu spät käme: sondern aus der ein für allemal erlangten Kenntnis von dem Leiden, welches jede ungerechte Handlung notwendig über andere bringt, und welches durch das Gefühl des Unrechterduldens, d. h. der fremden Übermacht, geschärft wird, geht in edeln Gemütern die Maxime neminem laede hervor, und die vernünftige Überlegung erhebt sie zu dem ein für allemal gefaßten festen Vorsatz, die Rechte eines jeden zu achten, sich keinen Eingriff in dieselben zu erlauben, sich von dem Selbstvorwurf, die Ursache fremder Leiden zu sein, frei zu erhalten und demnach nicht die Lasten und Leiden des Lebens, welche die Umstände jedem zuführen, durch Gewalt oder List auf andere zu wälzen, sondern sein beschiedenes Teil selbst zu tragen, um nicht das eines andern zu verdoppeln. Denn obwohl *Grundsätze* und abstrakte Erkenntnis überhaupt keineswegs die Urquelle, oder erste Grundlage der Moralität sind; so sind sie doch zu einem moralischen Lebenswandel unentbehrlich, als das Behältnis, das Réservoir, in welchem die aus der Quelle aller Moralität, als welche nicht in jedem Augenblicke fließt, entsprungene Gesinnung aufbewahrt wird, um, wenn der Fall der Anwendung kommt, durch Ableitungskanäle dahin zu fließen. Es verhält sich also im Moralischen wie im Physiologischen, wo z.B. die Gallenblase, als Réservoir des Produkts der Leber, notwendig ist, und in vielen ähnlichen Fällen. Ohne fest gefaßte *Grundsätze* würden wir den antimoralischen Triebfedern, wenn sie durch äußere Eindrücke zu Affekten erregt sind, unwiderstehlich preisgegeben sein. Das Festhalten und Befolgen der Grundsätze, den ihnen entgegen wirkenden Motiven zum Trotz, ist *Selbstbeherrschung*. Hier liegt auch die Ursache, warum die Weiber, als welche, wegen der Schwäche ihrer Vernunft, allgemeine *Grundsätze* zu verstehn, festzuhalten und zur Richtschnur zu nehmen, weit weniger als die Männer fähig sind, in der Tugend der Gerechtigkeit, also auch Redlichkeit und Gewissenhaftigkeit, diesen in der Regel nachstehn; daher Ungerechtigkeit und Falschheit ihre häufigsten Laster sind und Lügen ihr eigentliches Element: hingegen übertreffen sie die Männer in der Tugend der *Menschenliebe*: denn zu dieser ist der Anlaß meistens *anschaulich* und redet daher unmittelbar zum Mitleid, für welches die Weiber entschieden leichter empfänglich sind. Aber nur das Anschauliche, Gegenwärtige, unmittelbar Reale hat wahre Existenz für sie: das nur mittelst der Begriffe erkennbare Entfernte, Abwesende, Vergangene, Zukünftige ist ihnen nicht wohl faßlich. Also ist auch hier Kompensation: Gerechtigkeit ist mehr die männliche, Menschenliebe mehr die weibliche Tugend. Der Gedanke, Weiber das Richteramt verwalten zu sehn, erregt Lachen; aber die barmherzigen Schwestern übertreffen sogar die barmherzigen Brüder. Nun aber gar das *Tier* ist, da ihm die abstrakte oder Vernunft-Erkenntnis gänzlich fehlt, durchaus keiner Vorsätze, geschweige Grundsätze und mithin keiner *Selbstbeherrschung* fähig, sondern dem Eindruck und Affekt wehrlos hingegeben. Daher eben hat es keine bewußte *Moralität*; wiewohl die Spezies große Unterschiede der Bosheit und Güte des Charakters zeigen, und in den obersten Geschlechtern selbst die Individuen. – Dem Gesagten zufolge wirkt, in den einzelnen Handlungen des Gerechten, das Mitleid nur noch indirekt, mittelst der Grundsätze, und nicht sowohl actu als potentiâ; etwan so, wie in der Statik die durch größere Länge des einen Waagebalkens bewirkte größere *Geschwindigkeit*, vermöge welcher die kleinere Masse der größeren das Gleichgewicht hält, im Zustand der Ruhe nur potentiâ und doch völlig so gut wie actu wirkt. Jedoch bleibt dabei das Mitleid stets bereit, auch actu hervorzutreten: daher, wenn etwan, in einzelnen Fällen, die erwählte Maxime der Gerechtigkeit wankt, zur Unterstützung derselben und zur Belebung der gerechten Vorsätze, kein Motiv (die egoistischen beiseite gesetzt) wirksamer ist, als das aus der Urquelle selbst, dem Mitleid, geschöpfte. Dies gilt nicht etwan bloß wo es die Verletzung der Person, sondern auch wo es die des Eigentums betrifft, z.B. wenn jemand eine gefundene Sache von Wert zu behalten Lust spürt; so wird – mit Ausschluß aller Klugheits- und aller Religions-Motive dagegen – nichts ihn so leicht auf die Bahn der Gerechtigkeit zurückbringen, wie die Vorstellung der Sorge, des Herzeleids und der Wehklage des Verlierers. Im Gefühl dieser Wahrheit geschieht es oft, daß dem öffentlichen Aufruf zur Wiederbringung verlorenen Geldes die Versicherung hinzugefügt wird, der Verlierer sei ein armer Mensch, ein Dienstbote u.dgl.

Diese Betrachtungen werden es hoffentlich deutlich machen, daß, so wenig es auf den ersten Blick scheinen mag, allerdings auch die Gerechtigkeit, als echte, freie Tugend, ihren Ursprung im Mitleid hat. Wem dennoch dieser Boden zu dürftig scheinen möchte, als daß jene große, recht eigentliche Kardinaltugend bloß in ihm wurzeln könnte, der erinnere sich aus dem Obigen, wie gering das Maß der echten, freiwilligen, uneigennützigen und ungeschminkten Gerechtigkeit ist, die sich unter Menschen findet; wie diese immer nur als überraschende Ausnahme vorkommt und zu ihrer Afterart, der auf bloßer Klugheit beruhenden und überall laut angekündigten Gerechtigkeit, sich, der Qualität und Quantität nach, verhält wie Gold zu Kupfer. Ich möchte diese letztere *διχαιοσυνη πανδημος*, die andere aber *οὐρανια* nennen; da ja sie es ist, welche, nach Hesiodus, im eisernen Zeitalter die Erde verläßt, um bei den himmlischen Göttern zu wohnen. Für diese seltene und auf Erden stets nur exotische Pflanze ist die nachgewiesene Wurzel stark genug.

Die *Ungerechtigkeit*, oder das *Unrecht*, besteht demnach allemal in der *Verletzung* eines andern. Daher ist der Begriff des *Unrechts* ein *positiver* und dem des *Rechts* vorhergängig, als welcher der *negative* ist und bloß die Handlungen bezeichnet, welche man ausüben kann, ohne andere zu verletzen, d. h. ohne *Unrecht* zu tun. Daß zu diesen auch alle Handlungen gehören, welche allein den Zweck haben, versuchtes Unrecht abzuwehren, ist leicht abzusehn. Denn keine Teilnahme am andern, kein Mitleid mit ihm kann mich auffordern, mich von ihm verletzen zu lassen, d. h. Unrecht zu leiden. Daß der Begriff des *Rechts* der *negative* sei, im Gegensatz des *Unrechts*, als des *positiven*, gibt sich auch zu erkennen in der ersten Erklärung, welche der Vater der philosophischen Rechtslehre, Hugo Grotius, am Eingange seines Werkes, von jenem Begriffe aufstellt: Jus hic nihil aliud, quam quod justum est significat, idque negante magis sensu, quam ajente, ut jus sit, quod injustum non est (De jure belli et pacis, L. I, c. 1, § 3). Die Negativität der Gerechtigkeit bewährt sich, dem Anschein entgegen, selbst in der trivialen Definition: »Jedem das Seinige geben.« Ist es das Seinige, braucht man es ihm nicht zu geben: bedeutet also: »Keinem das Seinige nehmen.« – Weil die Forderung der Gerechtigkeit bloß negativ ist, läßt sie sich erzwingen: denn das neminem laede kann von allen zugleich geübt werden. Die Zwangsanstalt hiezu ist *der Staat*, dessen alleiniger Zweck ist, die einzelnen voreinander und das Ganze vor äußeren Feinden zu schützen. Einige deutsche Philosophaster dieses feilen Zeitalters möchten ihn verdrehn zu einer Moralitäts-Erziehungs- und Erbauungs-Anstalt: wobei im Hintergrunde der jesuitische Zweck lauert, die persönliche Freiheit und individuelle Entwickelung des einzelnen aufzuheben, um ihn zum bloßen Rade einer chinesischen Staats- und Religions-Maschine zu machen. Dies aber ist der Weg, auf welchem man weiland zu Inquisitionen, Autodafés und Religionskriegen gelangt ist: Friedrichs des Großen Wort, »In meinem Lande soll jeder seine Seligkeit nach seiner eigenen Façon besorgen können«, besagte, daß er ihn nie betreten wolle. Hingegen sehn wir auch jetzt noch überall (mit mehr scheinbarer, als wirklicher Ausnahme Nordamerikas) den Staat auch die Sorge für das metaphysische Bedürfnis seiner Mitglieder übernehmen. Die Regierungen scheinen zu ihrem Prinzip den Satz des Quintus Curtius gewählt zu haben: Nulla res efficacius multitudinem regit, quam superstitio: alioquin impotens, saeva, mutabilis; ubi vana religione capta est, melius vatibus, quam ducibus suis paret.

Die Begriffe *Unrecht* und *Recht*, als gleichbedeutend mit Verletzung und Nichtverletzung, zu welcher letztern auch das Abwehren der Verletzung gehört, sind offenbar unabhängig von aller positiven Gesetzgebung und dieser vorhergehend: also gibt es ein rein ethisches Recht, oder Naturrecht, und eine reine, d.h. von aller positiven Satzung unabhängige Rechtslehre. Die Grundsätze derselben haben zwar insofern einen empirischen Ursprung, als sie auf Anlaß des Begriffs der *Verletzung* entstehn, an sich selbst aber beruhen sie auf dem reinen Verstande, welcher a priori das Prinzip an die Hand gibt: causa causae est causa effectus; welches hier besagt, daß von dem, was ich tun muß, um die Verletzung eines andern von mir abzuwehren, er selbst die Ursache ist, und nicht ich; also ich mich allen Beeinträchtigungen von seiner Seite widersetzen kann, ohne ihm Unrecht zu tun. Es ist gleichsam ein moralisches Reperkussionsgesetz. Also aus der Verbindung des empirischen Begriffes der Verletzung mit jener Regel, die der reine Verstand an die Hand gibt, entstehn die Grundbegriffe von Unrecht und Recht, die jeder a priori faßt und auf Anlaß der Erfahrung sogleich anwendet. Den dieses leugnenden Empiriker darf man, da bei ihm allein Erfahrung gilt, nur auf die Wilden hinweisen, die alle ganz richtig, oft auch fein und genau, Unrecht und Recht unterscheiden; welches sehr in die Augen fällt bei ihrem Tauschhandel und andern Übereinkünften mit der Mannschaft europäischer Schiffe, und bei ihren Besuchen auf diesen. Sie sind dreist und zuversichtlich, wo sie recht haben, hingegen ängstlich, wenn das Recht nicht auf ihrer Seite ist. Bei Streitigkeiten lassen sie sich eine rechtliche Ausgleichung gefallen, hingegen reizt ungerechtes Verfahren sie zum Kriege. – Die *Rechtslehre* ist ein Teil der Moral, welcher die Handlungen feststellt, die man nicht ausüben darf, wenn man nicht andere verletzen, d.h. Unrecht begehn will. Die Moral hat also hiebei den *aktiven* Teil im Auge. Die Gesetzgebung aber nimmt dieses Kapitel der Moral, um es in Rücksicht auf die *passive* Seite, also umgekehrt, zu gebrauchen und dieselben Handlungen zu betrachten als solche, die keiner, da ihm kein Unrecht widerfahren soll, zu leiden braucht. Gegen diese Handlungen errichtet nun der Staat das Bollwerk der Gesetze, als positives Recht. Seine Absicht ist, daß keiner Unrecht *leide*: die

Absicht der moralischen Rechtslehre hingegen, daß keiner Unrecht *tue*.*

Bei jeder ungerechten Handlung ist das Unrecht der *Qualität* nach dasselbe, nämlich Verletzung eines andern, es sei an seiner Person, seiner Freiheit, seinem Eigentum, seiner Ehre. Aber der *Quantität* nach kann es sehr verschieden sein. Diese Verschiedenheit der *Größe des Unrechts* scheint von den Moralisten noch nicht gehörig untersucht zu sein, wird jedoch im wirklichen Leben überall anerkannt, indem die Größe des Tadels, den man darüber ergehn läßt, ihr entspricht. Gleichermaßen verhält es sich mit der *Gerechtigkeit* der Handlungen. Um dies zu erläutern: z. B. wer, dem Hungertode nahe, ein Brot stiehlt, begeht ein Unrecht: aber wie klein ist seine Ungerechtigkeit gegen die eines Reichen, der auf irgendeine Weise einen Armen um sein letztes Eigentum bringt. Der Reiche, welcher seinen Tagelöhner bezahlt, handelt gerecht: aber wie klein ist diese Gerechtigkeit gegen die eines Armen, der eine gefundene Goldbörse dem Reichen freiwillig zurückbringt. Das Maß dieser so bedeutenden Verschiedenheit in der *Quantität* der Gerechtigkeit und Ungerechtigkeit (bei stets gleicher Qualität) ist aber kein direktes und absolutes, wie das auf dem Maßstabe, sondern ein mittelbares und relatives, wie das der Sinus und Tangenten. Ich stelle dazu folgende Formel auf: die Größe der Ungerechtigkeit meiner Handlung ist gleich der Größe des Übels, welches ich einem andern dadurch zufüge, dividiert durch die Größe des Vorteils, den ich selbst dadurch erlange: – und die Größe der Gerechtigkeit meiner Handlung ist gleich der Größe des Vorteils, den mir die Verletzung des andern bringen würde, dividiert durch die Größe des Schadens, den er dadurch erleiden würde. – Nun aber gibt es außerdem noch eine *doppelte Ungerechtigkeit*, die von jeder einfachen, sei diese noch so groß, spezifisch verschieden ist, welches sich dadurch kundgibt, daß die Größe der Indignation des unbeteiligten Zeugen, welche stets der Größe der Ungerechtigkeit proportional ausfällt, bei der doppelten allein den höchsten Grad erreicht, und diese verabscheut als etwas Empörendes und Himmelschreiendes, als eine Untat, ein

* Die ausgeführte Rechtslehre findet man in der »Welt als Wille und Vorstellung«, Bd. 1, § 62.

ἄγος, bei welchem gleichsam die Götter ihr Antlitz verhüllen. Diese *doppelte Ungerechtigkeit* hat statt, wo jemand ausdrücklich die Verpflichtung übernommen hat, einen andern in einer bestimmten Hinsicht zu schützen, folglich die Nichterfüllung dieser Verpflichtung schon Verletzung des andern, mithin Unrecht wäre; er nun aber noch überdies jenen andern, eben darin, wo er ihn schützen sollte, selbst angreift und verletzt. Dies ist z. B. der Fall, wo der bestellte Wächter, oder Geleitsmann, zum Mörder, der betraute Hüter zum Dieb wird, der Vormund die Mündel um ihr Eigentum bringt, der Advokat prävariziert, der Richter sich bestechen läßt, der um Rat Gebetene dem Frager absichtlich einen verderblichen Rat erteilt; – welches alles zusammen unter dem Begriff des *Verrats* gedacht wird, welcher der Abscheu der Welt ist: diesem gemäß setzt auch Dante die Verräter in den tiefuntersten Grund der Hölle, wo der Satan selbst sich aufhält (Inf., XI, 61–66).

Da nun hier der Begriff der *Verpflichtung* zur Sprache gekommen, ist es der Ort, den in der Ethik, wie im Leben, so häufig angewandten Begriff der *Pflicht*, dem jedoch eine zu große Ausdehnung gegeben wird, festzustellen. Wir haben gefunden, daß das Unrecht allemal in der Verletzung eines andern besteht, sei es an seiner Person, seiner Freiheit, seinem Eigentum, oder seiner Ehre. Hieraus scheint zu folgen, daß jedes Unrecht ein positiver Angriff, eine Tat sein müsse. Allein es gibt Handlungen, deren bloße *Unterlassung* ein Unrecht ist: solche Handlungen heißen *Pflichten*. Dieses ist die wahre philosophische Definition des Begriffs der *Pflicht*, welcher hingegen alle Eigentümlichkeit einbüßt und dadurch verlorengeht, wenn man, wie in der bisherigen Moral, jede lobenswerte Handlungsweise *Pflicht* nennen will, wobei man vergißt, daß was *Pflicht* ist auch *Schuldigkeit* sein muß. *Pflicht*, το δεον, *le devoir, duty, ist also eine Handlung, durch deren bloße Unterlassung man einen andern verletzt, d. h. Unrecht begeht.* Offenbar kann dies nur dadurch der Fall sein, daß der Unterlasser sich zu einer solchen Handlung anheischig gemacht, d. h. eben *verpflichtet* hat. Demnach beruhen alle Pflichten auf eingegangener Verpflichtung. Diese ist in der Regel eine ausdrückliche, gegenseitige Übereinkunft, wie z. B. zwischen Fürst und Volk, Regierung und

Beamten, Herrn und Diener, Advokat und Klienten, Arzt und Kranken, überhaupt zwischen einem jeden, der eine Leistung irgendeiner Art übernommen hat, und seinem Besteller, im weitesten Sinne des Worts. Darum gibt jede Pflicht ein Recht: weil keiner sich ohne ein Motiv, d.h. hier, ohne irgendeinen Vorteil für sich, verpflichten kann. Nur *eine* Verpflichtung ist mir bekannt, die *nicht* mittelst einer Übereinkunft, sondern unmittelbar durch eine bloße Handlung übernommen wird; weil der, gegen den man sie hat, noch nicht da war, als man sie übernahm: es ist die der Eltern gegen ihre Kinder. Wer ein Kind in die Welt setzt, hat die *Pflicht* es zu erhalten, bis es sich selbst zu erhalten fähig ist: und sollte diese Zeit, wie bei einem Blinden, Krüppel, Kretinen u.dgl. *nie* eintreten, so hört auch die Pflicht nie auf. Denn durch das bloße Nichtleisten der Hülfe, also eine Unterlassung, würde er sein Kind verletzen, ja, dem Untergange zuführen. Die moralische Pflicht der Kinder gegen die Eltern ist nicht so unmittelbar und entschieden. Sie beruht darauf, daß, weil jede Pflicht ein Recht gibt, auch die Eltern eines gegen die Kinder haben müssen, welches bei diesen die Pflicht des Gehorsams begründet, die aber nachmals, mit dem Recht, aus welchem sie entstanden ist, auch aufhört. An ihre Stelle wird alsdann Dankbarkeit treten für das, was die Eltern mehr getan, als strenge ihre Pflicht war. Jedoch, ein so häßliches, oft selbst empörendes Laster auch der Undank ist: so ist Dankbarkeit doch nicht *Pflicht* zu nennen: weil ihr Ausbleiben keine Verletzung des andern, also kein *Unrecht* ist. Außerdem müßte der Wohltäter vermeint haben, stillschweigend einen Handel abzuschließen. – Allenfalls könnte man als unmittelbar durch eine Handlung entstehende Verpflichtung den Ersatz für angerichteten Schaden geltend machen. Jedoch ist dieser, als Aufhebung der Folgen einer ungerechten Handlung, eine bloße Bemühung sie auszulöschen, etwas rein Negatives, das darauf beruht, daß die Handlung selbst hätte unterbleiben sollen. – Noch sei hier bemerkt, daß die Billigkeit der Feind der Gerechtigkeit ist und ihr oft gröblich zusetzt: daher man ihr nicht zu viel einräumen soll. Der Deutsche ist ein Freund der Billigkeit, der Engländer hält es mit der Gerechtigkeit.

Das Gesetz der Motivation ist ebenso streng, wie das der physischen Kausalität, führt also einen ebenso unwiderstehlichen Zwang mit sich. Dem entsprechend gibt es zur Ausübung des Unrechts zwei Wege, den der *Gewalt* und den der *List*. Wie ich durch Gewalt einen andern töten, oder berauben, oder mir zu gehorchen zwingen kann; so kann ich alles dieses auch durch List ausführen, indem ich seinem Intellekt falsche Motive vorschiebe, infolge welcher er tun muß, was er außerdem nicht tun würde. Dies geschieht mittelst der *Lüge*; deren Verwerflichkeit allein hierauf beruht, ihr also nur anhängt, sofern sie ein Werkzeug der List, d.h. des Zwanges mittelst der Motivation, ist. Dies aber ist sie in der Regel. Denn zunächst kann mein Lügen selbst nicht ohne Motiv geschehn: dies Motiv aber wird, mit den seltensten Ausnahmen, ein ungerechtes, nämlich die Absicht sein, andere, über die ich keine Gewalt habe, nach meinem Willen zu leiten, d.h. sie mittelst der Motivation zu zwingen. Diese Absicht liegt sogar auch der bloß windbeutelnden Lüge zum Grunde, indem wer sie braucht sich dadurch bei andern in höheres Ansehn, als ihm zusteht, zu setzen sucht. – Die Verbindlichkeit des *Versprechens* und des *Vertrages* beruht darauf, daß sie, wenn nicht erfüllt, die feierlichste Lüge sind, deren Absicht, moralischen Zwang über andere auszuüben, hier umso evidenter ist, als das Motiv der Lüge, die verlangte Leistung des Gegenparts, ausdrücklich ausgesprochen ist. Das Verächtliche des Betrugs kommt daher, daß er durch Gleisnerei seinen Mann entwaffnet, ehe er ihn angreift. Der *Verrat* ist sein Gipfel und wird, weil er in die Kategorie der *doppelten Ungerechtigkeit* gehört, tief verabscheut. Aber wie ich, ohne Unrecht, also mit Recht, Gewalt durch Gewalt vertreiben kann; so kann ich, wo mir die Gewalt abgeht, oder es mir bequemer scheint, es auch durch List. Ich habe also in den Fällen, wo ich ein Recht zur Gewalt habe, es auch *zur Lüge*: so z.B. gegen Räuber und unberechtigte Gewältiger jeder Art, die ich demnach durch List in eine Falle locke. Darum bindet ein gewaltsam abgezwungenes Versprechen nicht. – Aber *das Recht zur Lüge* geht in der Tat noch weiter: es tritt ein bei jeder völlig unbefugten Frage, welche meine persönlichen, oder meine Geschäftsangelegenheiten betrifft, mithin vorwitzig ist, und deren Beantwortung nicht nur, sondern schon deren bloße Zurückweisung durch »ich will's nicht sagen«, als Verdacht erweckend, mich in Gefahr bringen würde. Hier ist die Lüge die Notwehr gegen unbefugte Neugier, deren Motiv meistens kein wohlwollendes ist. Denn, wie ich das Recht habe, dem vorausgesetzten bösen Willen anderer und der demnach präsumierten physischen Gewalt physischen Widerstand, auf Gefahr des Beeinträchtigers, zum voraus entgegenzustellen und also, als Präventivmaßregel, meine Gartenmauer mit scharfen Spitzen zu verwahren, nachts auf meinem Hofe böse Hunde loszulassen, ja, nach Umständen, selbst Fußangeln und Selbstschüsse zu stellen, deren schlimme Folgen der Eindringer sich selber zuzuschreiben hat; so habe ich auch das Recht, dasjenige auf alle Weise geheimzuhalten, dessen Kenntnis mich dem Angriff anderer bloßstellen würde, und habe auch Ursache dazu, weil ich auch hier den bösen Willen anderer als sehr leicht möglich annehmen und die Vorkehrungen dagegen zum voraus treffen muß. Daher sagt Ariosto:

Quantunque il simular sia le più volte
Ripreso, e dia di mala mente indici,
Si trova pure in molte cose e molte
Avere fatti evidenti benefici,
E danni e biasmi e morti avere tolte:
Che non conversiam' sempre con gli amici,
In questa assai più oscura che serena
Vita mortal, tutta d'invidia piena.*

(Orl. fur., IV, 1.)

Ich darf also, ohne Unrecht, selbst der bloß präsumierten Beeinträchtigung durch List, zum voraus List entgegenstellen, und brauche daher nicht dem, der noch unbefugt in meine Privatverhältnisse späht, Rede zu stehn, noch durch die Antwort: »Dies will ich geheim halten«, die Stelle anzuzeigen, wo ein mir gefähr-

* So sehr auch meistens die Verstellung getadelt wird und von schlechter Absicht zeugt; so hat sie dennoch in gar vielen Dingen augenfällig Gutes gestiftet, indem sie dem Schaden, der Schande und dem Tode vorbeugte: denn nicht immer reden wir mit Freunden, in diesem viel mehr finstern, als heitern, sterblichen Leben, welches von Neide strotzt.

liches, ihm vielleicht vorteilhaftes, jedenfalls ihm Macht über mich verleihendes Geheimnis liegt:

Scire volunt secreta domus, atque inde timeri.

Sondern ich bin alsdann befugt, ihn mit einer Lüge abzufertigen, auf seine Gefahr, falls sie ihn in schädlichen Irrtum versetzt. Denn hier ist die Lüge das einzige Mittel, der vorwitzigen und verdächtigen Neugier zu begegnen: ich stehe daher im Fall der Notwehr. Ask me no questions, and I'll tell you no lies*, ist hier die richtige Maxime. Nämlich bei den Engländern, denen der Vorwurf der Lüge als die schwerste Beleidigung gilt, und die eben daher wirklich weniger lügen, als die andern Nationen, werden dementsprechend alle unbefugten, die Verhältnisse des andern betreffenden Fragen als eine Ungezogenheit angesehn, welche der Ausdruck to ask questions bezeichnet. – Auch verfährt nach dem oben aufgestellten Prinzip jeder Verständige, selbst wenn er von der strengsten Rechtlichkeit ist. Kehrt er z.B. von einem entlegenen Orte zurück, wo er Geld erhoben hat, und ein unbekannter Reisender gesellt sich zu ihm, frägt, wie gewöhnlich, erst *wohin*, und dann *woher*, darauf allmählich auch, was ihn an jenen Ort geführt haben mag; – so wird jener eine Lüge antworten, um der Gefahr des Raubes vorzubeugen. Wer in dem Hause, in welchem ein Mann, um dessen Tochter er wirbt, wohnt, angetroffen und nach der Ursache seiner unvermuteten Anwesenheit gefragt wird, gibt, wenn er nicht auf den Kopf gefallen ist, unbedenklich eine falsche an. Und so kommen gar viele Fälle vor, in denen jeder Vernünftige, ohne allen Gewissensskrupel, lügt. Diese Ansicht allein beseitigt den schreienden Widerspruch zwischen der Moral, die gelehrt, und der, die täglich, selbst von den Redlichsten und Besten, ausgeübt wird. Jedoch muß dabei die angegebene Einschränkung auf den Fall der Notwehr streng festgehalten werden; da außerdem diese Lehre abscheulichem Mißbrauche offenstände: denn an sich ist die Lüge ein sehr gefährliches Werkzeug. Aber wie, trotz dem Landfrieden, das Gesetz jedem erlaubt, Waffen zu tragen und zu gebrauchen, nämlich im Fall der Notwehr; so gestattet für densel-

* Frag du mich nicht aus, will ich dich nicht belügen.

ben Fall, aber ebenso auch *nur* für diesen, die Moral den Gebrauch der Lüge. Diesen Fall der Notwehr gegen Gewalt oder List ausgenommen, ist jede Lüge ein Werkzeug zum Unrecht; daher die Gerechtigkeit Wahrhaftigkeit gegen jedermann fordert. Aber gegen die völlig unbedingte, ausnahmslose und im Wesen der Sache liegende Verwerflichkeit der Lüge spricht schon dies, daß es Fälle gibt, wo lügen sogar *Pflicht* ist, namentlich für Ärzte; ebenfalls, daß es *edelmütige* Lügen gibt, z. B. die des Marquis Posa im Don Carlos, die in der Gerusalemme liberata, II, 22, und überhaupt in allen den Fällen, wo einer die Schuld des andern auf sich laden will; endlich daß sogar Jesus Christus einmal absichtlich die Unwahrheit gesagt hat (Joh. 7,8). Demgemäß sagt Campanella, in seinen Poesie filosofiche, madr. 9, geradezu: Bello è il mentir, se a fare gran ben' si trova.* – Dagegen aber ist die gangbare Lehre von der Notlüge ein elender Flicken auf dem Kleide einer armseligen Moral. – Die, auf Kants Veranlassung, in manchen Kompendien gegebenen Ableitungen der Unrechtmäßigkeit der Lüge, aus dem *Sprachvermögen* des Menschen, sind so platt, kindisch und abgeschmackt, daß man, nur um ihnen Hohn zu sprechen, versucht werden könnte, sich dem Teufel in die Arme zu werfen und mit Talleyrand zu sagen: l'homme a reçu la parole pour pouvoir cacher sa pensée. – Kants bei jeder Gelegenheit zur Schau getragener, unbedingter und grenzenloser Abscheu gegen die Lüge beruht entweder auf Affektation, oder auf Vorurteil: in dem Kapitel seiner »Tugendlehre« von der Lüge, schilt er diese zwar mit allen ehrenrührigen Prädikaten, bringt aber gar keinen eigentlichen Grund für ihre Verwerflichkeit bei; welches doch wirksamer gewesen wäre. Deklamieren ist leichter als Beweisen, und Moralisieren leichter als Aufrichtigsein. Kant hätte besser getan, jenen speziellen Eifer gegen die *Schadenfreude* loszulassen: diese, nicht die Lüge, ist das eigentlich teuflische Laster. Denn sie ist das gerade Gegenteil des Mitleids, und ist nichts anderes, als die ohnmächtige Grausamkeit, welche die Leiden, in denen sie andere so gern erblickt, selbst herbeizuführen unfähig, dem Zufall dankt, der es statt ihrer tat. – Daß, nach dem Prinzip der ritterlichen Ehre, der

* Schön ist das Lügen, wenn es viel Gutes stiftet.

Vorwurf der Lüge als so sehr schwer und eigentlich mit dem Blute des Anschuldigers abzuwaschen genommen wird, liegt nicht daran, daß die Lüge *unrecht* ist, da alsdann die Anschuldigung eines durch Gewalt verübten Unrechts ebenso schwer kränken müßte, was bekanntlich nicht der Fall ist; sondern es liegt daran, daß, nach dem Prinzip der ritterlichen Ehre, eigentlich die Gewalt das Recht begründet: wer nun, um ein Unrecht auszuführen, zur Lüge greift, beweist, daß ihm die Gewalt oder der zur Anwendung dieser nötige Mut abgeht. Jede Lüge zeugt von Furcht: das bricht den Stab über ihn.

## § 18
### *Die Tugend der Menschenliebe*

Die Gerechtigkeit ist also die erste und grundwesentliche Kardinaltugend. Als solche haben auch die Philosophen des Altertums sie anerkannt, jedoch ihr drei andere unpassend gewählte koordiniert. Hingegen haben sie die Menschenliebe, caritas, *ἀγαπη*, noch nicht als Tugend aufgestellt: selbst der in der Moral sich am höchsten erhebende Plato gelangt doch nur bis zur freiwilligen, uneigennützigen Gerechtigkeit. Praktisch und faktisch ist zwar zu jeder Zeit Menschenliebe dagewesen: aber theoretisch zur Sprache gebracht und förmlich als Tugend, und zwar als die größte von allen, aufgestellt, sogar auch auf die Feinde ausgedehnt, wurde sie zuerst vom Christentum, dessen allergrößtes Verdienst eben hierin besteht: wiewohl nur hinsichtlich auf Europa; da in Asien schon tausend Jahre früher die unbegrenzte Liebe des Nächsten ebensowohl Gegenstand der Lehre und Vorschrift, wie der Ausübung gewesen war, indem Veda und Dharma-Sastra, Itihasa und Purana, wie auch die Lehre des Buddhas Schakia Muni, nicht müde werden, sie zu predigen. – Und wenn wir es streng nehmen wollen, so lassen sich auch bei den Alten Spuren der Anempfehlung der Menschenliebe finden, z. B. beim Cicero, De finib., V, 23; sogar schon beim Pythagoras, nach Jamblichos, De vita Pythagorae, c. 33. Mir liegt jetzt die philosophische Ableitung dieser Tugend aus meinem Prinzip ob.

Der zweite Grad, in welchem, mittelst des oben tatsächlich nachgewiesenen, wiewohl seinem Ursprung nach geheimnisvollen Vorgangs des *Mitleids*, das fremde Leiden an sich selbst und als solches unmittelbar mein Motiv wird, sondert sich von dem ersten deutlich ab, durch den *positiven Charakter* der daraus hervorgehenden Handlungen; indem alsdann das Mitleid nicht bloß mich abhält, den andern zu verletzen, sondern sogar mich antreibt, ihm zu helfen. Je nachdem nun teils jene unmittelbare Teilnahme lebhaft und tiefgefühlt, teils die fremde Not groß und dringend ist, werde ich durch jenes rein moralische Motiv bewogen werden, ein größeres oder geringeres Opfer dem Bedürfnis oder der Not des andern zu bringen, welches in der Anstrengung meiner leiblichen oder geistigen Kräfte für ihn, in meinem Eigentum, in meiner Gesundheit, Freiheit, sogar in meinem Leben bestehn kann. Hier also, in der unmittelbaren, auf keine Argumentation gestützten, noch deren bedürfenden Teilnahme, liegt der allein lautere Ursprung der Menschenliebe, der caritas, ἀγαπη, also derjenigen Tugend, deren Maxime ist, omnes, quantum potes, juva, und aus welcher alles das fließt, was die Ethik unter den Namen Tugendpflichten, Liebespflichten, unvollkommene Pflichten vorschreibt. Diese ganz unmittelbare, ja, instinktartige Teilnahme am fremden Leiden, also das Mitleid, ist die alleinige Quelle solcher Handlungen, wenn sie *moralischen Wert haben*, d.h. von allen egoistischen Motiven rein sein, und eben deshalb in uns selbst diejenige innere Zufriedenheit erwecken sollen, welche man das gute, befriedigte, lobende Gewissen nennt; wie auch bei dem Zuschauer die eigentümliche Beistimmung, Hochachtung, Bewunderung und sogar demütigenden Rückblick auf sich selbst hervorrufen sollen, welcher eine nicht abzuleugnende Tatsache ist. Hat hingegen eine wohltätige Handlung irgendein anderes Motiv; so kann sie nicht anders, als egoistisch sein, wenn sie nicht gar boshaft ist. Denn, entsprechend den oben aufgestellten Urtriebfedern aller Handlungen, nämlich Egoismus, Bosheit, Mitleid, lassen sich die *Motive*, welche überhaupt den Menschen bewegen können, unter drei, ganz allgemeine und oberste Klassen bringen: 1) eigenes Wohl, 2) fremdes Wehe, 3) fremdes Wohl. Ist nun das Motiv einer wohltätigen Handlung nicht aus der *dritten*

*Klasse*; so muß es schlechterdings der *ersten* oder *zweiten* angehören. *Letzteres* ist wirklich bisweilen der Fall: z.B. wenn ich einem wohltue, um einen andern, dem ich nicht wohltue, zu kränken, oder ihm sein Leiden noch fühlbarer zu machen; oder auch um einen Dritten, der demselben nicht wohltat, zu beschämen; oder endlich um den, dem ich wohltue, dadurch zu demütigen. *Ersteres* aber ist viel öfter der Fall, nämlich sobald ich, bei einer guten Tat, sei es auch noch so entfernt und auf weitestem Umwege, *mein eigenes Wohl* im Auge habe, also wenn mich Rücksicht auf Belohnung, in dieser oder einer andern Welt, oder die zu erlangende Hochschätzung und der Ruf eines edeln Herzens, oder die Überlegung, daß der, dem heute ich helfe, mir einmal wieder helfen, oder sonst nützen und dienen könne, endlich auch, wenn mich der Gedanke treibt, die Maxime des Edelmuts oder der Wohltätigkeit müsse aufrechterhalten werden, da sie mir doch auch einmal zugute kommen könne, kurz, sobald mein Zweck irgendein anderer ist, als ganz allein der rein *objektive*, daß ich dem andern geholfen, ihn aus seiner Not und Bedrängnis gerissen, ihn von seinem Leiden befreiet wissen will: und nichts darüber und nichts daneben! Nur dann, und ganz allein dann, habe ich wirklich jene Menschenliebe, caritas, *ἀγαπη*, bewiesen, welche gepredigt zu haben, das große, auszeichnende Verdienst des Christentums ist. Aber gerade die Vorschriften, welche das Evangelium seinem Geheiß der Liebe hinzufügt, wie: *μη γνώτω ἡ ἀριστερά σου, τί ποιεῖ ἡ δεξία σου* (sinistra tua manus haud cognoscat, quae dextra facit) und ähnliche, sind auf das Gefühl dessen gegründet, was ich hier deduziert habe, daß nämlich ganz allein die fremde Not und keine andere Rücksicht mein Motiv sein muß, wenn meine Handlung moralischen Wert haben soll. Ganz richtig wird ebendaselbst (Matth. 6,2) gesagt, daß die, welche mit Ostentation geben, ihren Lohn dahin haben. Aber die Veden erteilen auch hier uns gleichsam die höhere Weihe, indem sie wiederholentlich versichern, daß wer irgendeinen Lohn seiner Werke begehrt, noch auf dem Wege der Finsternis begriffen und zur Erlösung nicht reif sei. – Wenn einer, indem er ein Almosen gibt, mich früge, was er davon hat; so wäre meine gewissenhafte Antwort: »Dieses, daß jenem Armen sein Schicksal um so viel erleichtert wird; außerdem aber schlechterdings nichts. Ist dir nun damit nicht gedient, und daran eigentlich nichts gelegen; so hast du eigentlich nicht ein Almosen geben, sondern einen Kauf tun wollen: da bist du um dein Geld betrogen. Ist dir aber daran gelegen, daß jener, den der Mangel drückt, weniger leide; so hast du eben deinen Zweck erreicht, hast dies davon, daß er weniger leidet, und siehst genau, wie weit deine Gabe sich belohnt.«

Wie ist es nun aber möglich, daß ein Leiden, welches nicht *meines* ist, nicht *mich* trifft, doch ebenso unmittelbar, wie sonst nur mein eigenes, Motiv für mich werden, mich zum Handeln bewegen soll? Wie gesagt, nur dadurch, daß ich es, obgleich mir nur als ein Äußeres, bloß vermittelst der äußern Anschauung oder Kunde gegeben, dennoch *mitempfinde*, es als *meines fühle*, und doch nicht *in mir*, sondern *in einem andern*, und also eintritt was schon Calderon ausspricht:

que entre el ver
Padecer y el padecer
Ninguna distancia habia.
»No siempre el peor es cierto«, Jorn. II, p. 229.
(daß zwischen leiden sehn und leiden kein Unterschied sei.)

Dies aber setzt voraus, daß ich mich mit dem andern gewissermaßen identifiziert habe, und folglich die Schranke zwischen Ich und Nicht-Ich, für den Augenblick, aufgehoben sei: nur dann wird die Angelegenheit des andern, sein Bedürfnis, seine Not, sein Leiden, unmittelbar zum meinigen: dann erblicke ich ihn nicht mehr, wie ihn doch die empirische Anschauung gibt, als ein mir Fremdes, mir Gleichgültiges, von mir gänzlich Verschiedenes; sondern *in ihm* leide ich mit, trotzdem, daß seine Haut meine Nerven nicht einschließt. Nur dadurch kann *sein* Wehe, *seine* Not, Motiv *für mich* werden: außerdem kann es durchaus nur meine eigene. *Dieser Vorgang* ist, ich wiederhole es, *mysteriös*: denn er ist etwas, wovon die Vernunft keine unmittelbare Rechenschaft geben kann, und dessen Gründe auf dem Wege der Erfahrung nicht auszumitteln sind. Und doch ist er alltäglich. Jeder hat ihn oft an sich selbst erlebt, sogar dem Hartherzigsten und Selbstsüchtigsten ist er nicht fremd geblieben. Er tritt täglich ein, vor unsern Augen, im einzelnen, im kleinen, überall wo, auf unmittelbaren Antrieb, ohne viel Überlegung, ein Mensch dem andern hilft und beispringt, ja, bisweilen selbst sein Leben für einen, den er zum ersten Male sieht, in die augenscheinlichste Gefahr setzt, ohne mehr dabei zu denken, als eben daß er die große Not und Gefahr des andern sieht. Er tritt im großen ein, wenn, nach langer Überlegung und schwerer Debatte, die hochherzige britische Nation 20 Millionen Pfund Sterling hingibt, um den Negersklaven in ihren Kolonien die Freiheit zu erkaufen; unter dem Beifallsjubel einer ganzen Welt. Wer diese schöne Handlung im großen Stil, dem Mitleid als Triebfeder absprechen wollte, um sie dem Christentum zuzuschreiben, bedenke, daß im ganzen Neuen Testament kein Wort gegen die Sklaverei gesagt ist; so allgemein auch damals die Sache war; und daß vielmehr, noch 1860, in Nord-Amerika, bei Debatten über die Sklaverei, einer sich darauf berufen hat, daß Abraham und Jakob auch Sklaven gehalten haben.

Was nun in jedem einzelnen Fall die praktischen Ergebnisse jenes mysteriösen innern Vorganges sein werden, mag die Ethik in Kapiteln und Paragraphen über Tugendpflichten, oder Liebespflichten, oder unvollkommene Pflichten, oder wie sonst, auseinandersetzen. Die Wurzel, die Grundlage von dem allen ist die hier dargelegte, aus welcher der Grundsatz entspringt: omnes, quantum potes, juva; und aus diesem ist hier alles Übrige gar leicht abzuleiten, wie aus der ersten Hälfte meines Prinzips, also aus dem Neminem laede, alle Pflichten der Gerechtigkeit. Die Ethik ist in Wahrheit die leichteste aller Wissenschaften; wie es auch nicht anders zu erwarten steht, da jeder die Obliegenheit hat, sie selbst zu konstruieren, selbst aus dem obersten Grundsatz, der in seinem Herzen wurzelt, die Regel für jeden vorkommenden Fall abzuleiten: denn wenige haben die Muße und Geduld, eine fertig konstruierte Ethik zu erlernen. Aus der Gerechtigkeit und Menschenliebe fließen sämtliche Tugenden, daher sind jene die Kardinaltugenden, mit deren Ableitung der Grundstein der Ethik gelegt ist. – Gerechtigkeit ist der ganze ethische Inhalt des Alten Testaments, und Menschenliebe der des Neuen: diese ist die *καινη ἐντολη* (Joh. 13,34), in welcher, nach Paulus (Röm. 13,8–10), alle christlichen Tugenden enthalten sind.

## § 19
## *Bestätigungen des dargelegten Fundaments der Moral*

Die jetzt ausgesprochene Wahrheit, daß das Mitleid, als die einzige nicht egoistische, auch die alleinige echt moralische Triebfeder sei, ist, seltsamer, ja, fast unbegreiflicher Weise, paradox. Ich will daher versuchen, sie den Überzeugungen des Lesers dadurch zu entfremden, daß ich sie als durch die Erfahrung und die Aussprüche des allgemeinen Menschengefühls bestätigt nachweise.

1) Zu diesem Zweck will ich zuvörderst einen beliebig erdachten Fall zum Beispiel nehmen, der in dieser Untersuchung als experimentum crucis gelten kann. Um mir aber nicht die Sache leicht zu machen, nehme ich keinen Fall der Menschenliebe, sondern eine Rechtsverletzung und zwar die stärkste. – Man setze zwei junge Leute, Kajus und Titus, beide leidenschaftlich verliebt, doch jeder in ein anderes Mädchen: und jedem stehe ein wegen äußerer Umstände bevorzugter Nebenbuhler durchaus im Wege. Beide seien entschlossen, jeder den seinigen aus der Welt zu schaffen, und beide seien vor aller Entdeckung, sogar vor jedem Verdacht, vollkommen gesichert. Als jedoch jeder seinerseits an die nähere Veranstaltung des Mordes geht, stehn beide, nach einem Kampfe mit sich selbst, davon ab. Über die Gründe dieses Aufgebens ihres Entschlusses sollen sie uns aufrichtige und deutliche Rechenschaft ablegen. – Nun soll die Rechenschaft, welche Kajus gibt, ganz in die Wahl des Lesers gestellt sein. Er mag etwan durch religiöse Gründe, wie den Willen Gottes, die dereinstige Vergeltung, das künftige Gericht u. dgl. abgehalten worden sein. Oder aber er sage: »Ich bedachte, daß die Maxime meines Verfahrens in diesem Fall sich nicht geeignet haben würde, eine allgemein gültige Regel für alle möglichen vernünftigen Wesen abzugeben, indem ich ja meinen Nebenbuhler allein als Mittel und nicht zugleich als Zweck behandelt haben würde.« – Oder er sage mit Fichte: »Jedes Menschenleben ist Mittel zur Realisation des Sittengesetzes: also kann ich nicht, ohne gegen die Realisation des Sittengesetzes gleichgültig zu sein, einen vernichten, der zu derselben beizutragen bestimmt ist.« (Sittenlehre, S. 373.) – (Diesem

Skrupel, beiläufig gesagt, könnte er dadurch begegnen, daß er, im Besitz seiner Geliebten, bald ein neues Instrument des Sittengesetzes zu produzieren hofft.) – Oder er sage, nach Wollastone: »Ich habe überlegt, daß jene Handlung der Ausdruck eines unwahren Satzes sein würde.« – Oder er sage, nach Hutcheson: »Der moralische Sinn, dessen Empfindungen, wie die jedes andern Sinnes, nicht weiter erklärlich sind, hat mich bestimmt, es sein zu lassen.« – Oder er sage, nach Adam Smith: »Ich sah voraus, daß meine Handlung gar keine Sympathie mit mir in den Zuschauern derselben erregt haben würde.« – Oder, nach Christian Wolff: »Ich erkannte, daß ich dadurch meiner eigenen Vervollkommnung entgegen arbeiten und auch keine fremde befördern würde.« Oder er sage, nach Spinoza: »Homini nihil utilius homine: ergo hominem interimere nolui.« – Kurz, er sage, was man will. – Aber Titus, dessen Rechenschaft ich mir vorbehalte, der sage: »Wie es zu den Anstalten kam, und ich deshalb, für den Augenblick, mich nicht mit meiner Leidenschaft, sondern mit jenem Nebenbuhler zu beschäftigen hatte, da zuerst wurde mir recht deutlich, was jetzt mit ihm eigentlich vorgehn sollte. Aber nun ergriff mich Mitleid und Erbarmen, es jammerte mich seiner, ich konnte es nicht übers Herz bringen: ich habe es nicht tun können.« – Jetzt frage ich jeden redlichen und unbefangenen Leser: Welcher von beiden ist der bessere Mensch? – Welchem von beiden möchte er sein eigenes Schicksal lieber in die Hand geben? – Welcher von ihnen ist durch das reinere Motiv zurückgehalten worden? – Wo liegt demnach das Fundament der Moral?

2) Nichts empört so im tiefsten Grunde unser moralisches Gefühl, wie Grausamkeit. Jedes andere Verbrechen können wir verzeihen, nur Grausamkeit nicht. Der Grund hievon ist, daß Grausamkeit das gerade Gegenteil des Mitleids ist. Wenn wir von einer sehr grausamen Tat Kunde erhalten, wie z. B. die ist, welche eben jetzt die Zeitungen berichten, von einer Mutter, die ihren fünfjährigen Knaben dadurch gemordet hat, daß sie ihm siedendes Öl in den Schlund goß, und ihr jüngeres Kind dadurch, daß sie es lebendig begrub; – oder die, welche eben aus Algier gemeldet wird, daß nach einem zufälligen Streit und Kampf zwischen einem Spanier und einem Algierer, dieser, als der stärkere, jenem

die ganze untere Kinnlade rein ausriß und als Trophäe davon trug, jenen lebend zurücklassend; – dann werden wir von Entsetzen ergriffen und rufen aus: »Wie ist es möglich, so etwas zu tun?« – Was ist der Sinn dieser Frage? Ist er vielleicht: Wie ist es möglich, die Strafen des künftigen Lebens so wenig zu fürchten? – Schwerlich. – Oder: Wie ist es möglich, nach einer Maxime zu handeln, die so gar nicht geeignet ist, ein allgemeines Gesetz für alle vernünftigen Wesen zu werden? – Gewiß nicht. – Oder: Wie ist es möglich, seine eigene und die fremde Vollkommenheit so sehr zu vernachlässigen? – Ebensowenig. – Der Sinn jener Frage ist ganz gewiß bloß dieser: Wie ist es möglich, so ganz ohne Mitleid zu sein? – Also ist es der größte Mangel an Mitleid, der einer Tat den Stempel der tiefsten moralischen Verworfenheit und Abscheulichkeit aufdrückt. Folglich ist Mitleid die eigentliche moralische Triebfeder.

3) Überhaupt ist die von mir aufgestellte Grundlage der Moral und Triebfeder der Moralität die einzige, der sich eine reale, ja ausgedehnte Wirksamkeit nachrühmen läßt. Denn von den übrigen Moralprinzipien der Philosophen wird dies wohl niemand behaupten wollen; da diese aus abstrakten, zum Teil selbst spitzfindigen Sätzen bestehn, ohne anderes Fundament, als eine künstliche Begriffskombination, so daß ihre Anwendung auf das wirkliche Handeln sogar oft eine lächerliche Seite haben würde. Eine gute Tat, bloß aus Rücksicht auf das Kantische Moralprinzip vollbracht, würde im Grunde das Werk eines philosophischen Pedantismus sein, oder aber auf Selbsttäuschung hinauslaufen, indem die Vernunft des Handelnden eine Tat, welche andere, vielleicht edlere Triebfedern hätte, als das Produkt des kategorischen Imperativs und des auf nichts gestützten Begriffs der Pflicht auslegte. Aber nicht nur von den *philosophischen*, auf bloße Theorie berechneten, sondern sogar auch von den ganz zum praktischen Behuf aufgestellten *religiösen* Moralprinzipien läßt sich selten eine entschiedene Wirksamkeit nachweisen. Dies sehn wir zuvörderst daran, daß, trotz der großen Religionsverschiedenheit auf Erden, der Grad der Moralität, oder vielmehr Immoralität, durchaus keine jener entsprechende Verschiedenheit aufweist, sondern, im wesentlichen, so ziemlich überall derselbe ist. Nur muß man nicht

Roheit und Verfeinerung mit Moralität und Immoralität verwechseln. Die Religion der Griechen hatte eine äußerst geringe, fast nur auf den Eid beschränkte moralische Tendenz; es wurde kein Dogma gelehrt und keine Moral öffentlich gepredigt: wir sehn aber nicht, daß deshalb die Griechen, alles zusammengenommen, moralisch schlechter gewesen wären, als die Menschen der christlichen Jahrhunderte. Die Moral des Christentums ist viel höherer Art, als die der übrigen Religionen, die jemals in Europa aufgetreten sind: aber wer deshalb glauben wollte, daß die europäische Moralität sich in eben dem Maße verbessert hätte und jetzt wenigstens unter den gleichzeitigen exzellierte, den würde man nicht nur bald überführen können, daß unter Mohammedanern, Gebern, Hindu und Buddhaisten mindestens ebensoviel Redlichkeit, Treue, Toleranz, Sanftmut, Wohltätigkeit, Edelmut und Selbstverleugnung gefunden wird, als unter den christlichen Völkern; sondern sogar würde das lange Verzeichnis unmenschlicher Grausamkeiten, die das Christentum begleitet haben, in den zahlreichen Religionskriegen, den unverantwortlichen Kreuzzügen, in der Ausrottung eines großen Teils der Ureinwohner Amerikas und Bevölkerung dieses Weltteils mit aus Afrika herangeschleppten, ohne Recht, ohne einen Schein des Rechts, ihrer Familien, ihrem Vaterlande, ihrem Weltteil entrissenen und zu endloser Zuchthausarbeit verdammten Negersklaven*, in den unermüdlichen Ketzerverfolgungen und himmelschreienden Inquisitionsgerichten, in der Bartholomäusnacht, in der Hinrichtung von 18000 Niederländern durch Alba, usw. usw. – eher einen Ausschlag zu Ungunsten des Christentums besorgen lassen. Überhaupt aber, wenn man die vortreffliche Moral, welche die christliche und mehr oder weniger jede Religion predigt, vergleicht mit der Praxis ihrer Bekenner, und sich vorstellt, wohin es mit dieser kommen würde, wenn nicht der weltliche Arm die Verbrechen verhinderte, ja, was wir zu befürchten hätten, wenn auch nur auf *einen* Tag alle Gesetze aufgehoben würden; so wird man bekennen müssen, daß die Wirkung aller Religionen auf die

* Noch jetzt wird, nach Buxton, The African slavetrade, 1839, ihre Zahl *jährlich* durch ungefähr 150000 frische Afrikaner vermehrt, bei deren Einfangung und Reise über 200000 andere jämmerlich umkommen.

Moralität eigentlich sehr geringe ist. Hieran ist freilich die Glaubensschwäche Schuld. Theoretisch und solange es bei der frommen Betrachtung bleibt, scheint jedem sein Glaube fest. Allein die Tat ist der harte Probierstein aller unserer Überzeugungen: wenn es zu ihr kommt und nun der Glaube durch große Entsagungen und schwere Opfer bewährt werden soll; da zeigt sich die Schwäche desselben. Wenn ein Mensch ein Verbrechen ernstlich meditiert; so hat er die Schranke der echten reinen Moralität bereits durchbrochen: danach aber ist das erste, was ihn aufhält, allemal der Gedanke an Justiz und Polizei. Entschlägt er sich dessen, durch die Hoffnung diesen zu entgehn; so ist die zweite Schranke, die sich ihm entgegenstellt, die Rücksicht auf seine Ehre. Kommt er nun aber auch über diese Schutzwehr hinweg; so ist sehr viel dagegen zu wetten, daß, nach Überwindung dieser zwei mächtigen Widerstände, jetzt noch irgendein Religionsdogma Macht genug über ihn haben werde, um ihn von der Tat zurückzuhalten. Denn wen nahe und gewisse Gefahren nicht abschrecken, den werden die entfernten und bloß auf Glauben beruhenden schwerlich in Zaum halten. Überdies läßt sich gegen jede ganz allein aus religiösen Überzeugungen hervorgegangene gute Handlung noch einwenden, daß sie nicht uneigennützig gewesen, sondern aus Rücksicht auf Lohn und Strafe geschehn sei, folglich keinen rein moralischen Wert habe. Diese Einsicht finden wir stark ausgedrückt in einem Briefe des berühmten Großherzogs Karl August von Weimar, wo es heißt: »Baron Weyhers fand selber, das müsse ein schlechter Kerl sein, der durch Religion gut, und nicht von Natur dazu geneigt sei. In vino veritas.« (Briefe an J. H. Merck, Br. 229.) – Nun betrachte man dagegen die von mir aufgestellte moralische Triebfeder. Wer wagt es, einen Augenblick in Abrede zu stellen, daß sie zu allen Zeiten, unter allen Völkern, in allen Lagen des Lebens, auch im gesetzlosen Zustande, auch mitten unter den Greueln der Revolutionen und Kriege, und im großen wie im kleinen, jeden Tag und jede Stunde, eine entschiedene und wahrhaft wundersame Wirksamkeit äußert, täglich vieles Unrecht verhindert, gar manche gute Tat, ohne alle Hoffnung auf Lohn und oft ganz unerwartet ins Dasein ruft, und daß wo sie und nur sie allein wirksam gewesen, wir alle mit Rührung und Hochachtung der Tat den echten moralischen Wert unbedingt zugestehn.

4) Denn grenzenloses Mitleid mit allen lebenden Wesen ist der festeste und sicherste Bürge für das sittliche Wohlverhalten und bedarf keiner Kasuistik. Wer davon erfüllt ist, wird zuverlässig keinen verletzen, keinen beeinträchtigen, keinem wehe tun, vielmehr mit jedem Nachsicht haben, jedem verzeihen, jedem helfen, so viel er vermag, und alle seine Handlungen werden das Gepräge der Gerechtigkeit und Menschenliebe tragen. Hingegen versuche man einmal zu sagen: »Dieser Mensch ist tugendhaft, aber er kennt kein Mitleid.« Oder: »Es ist ein ungerechter und boshafter Mensch; jedoch ist er sehr mitleidig«; so wird der Widerspruch fühlbar. – Der Geschmack ist verschieden; aber ich weiß mir kein schöneres Gebet, als das, womit die alt-indischen Schauspiele (wie in früheren Zeiten die englischen mit dem für den König) schließen. Es lautet: »Mögen alle lebenden Wesen von Schmerzen frei bleiben.«

5) Auch aus einzelnen Zügen läßt sich entnehmen, daß die wahre moralische Grundtriebfeder das Mitleid ist. Es ist, z.B., ebenso unrecht, einen Reichen, wie einen Armen, durch gefahrlose legale Kniffe, um hundert Taler zu bringen; aber die Vorwürfe des Gewissens und der Tadel der unbeteiligten Zeugen werden im zweiten Fall sehr viel lauter und heftiger ausfallen; daher auch schon Aristoteles sagt: *δεινότερον δέ ἐστι τὸ ἀτυχοῦντα, ἢ τὸν εὐτυχοῦντα, ἀδικεῖν* (iniquius autem est, injuriam homini infortunato, quam fortunato, intulisse), Probl., XXIX, 2. Hingegen werden die Vorwürfe noch leiser, als im ersten Falle sein, wenn es eine Staatskasse ist, die man übervorteilt hat: denn diese kann kein Gegenstand des Mitleids sein. Man sieht, daß nicht unmittelbar die Rechtsverletzung, sondern zunächst das dadurch auf den andern gebrachte Leiden den Stoff des eigenen und fremden Tadels liefert. Die bloße Rechtsverletzung als solche, z.B. die obige gegen eine Staatskasse, wird zwar auch vom Gewissen und von andern gemißbilligt werden, aber nur sofern die Maxime, *jedes* Recht zu achten, welche den wahrhaft ehrlichen Mann macht, dadurch gebrochen ist; also mittelbar und im geringern Grade. War es jedoch eine *anvertraute* Staatskasse, so ist der Fall ein ganz ande-

rer, indem hier der oben festgestellte Begriff der *doppelten Ungerechtigkeit*, mit seinen spezifischen Eigenschaften, eintritt. Auf dem hier Auseinandergesetzten beruht es, daß der schwerste Vorwurf, welcher habsüchtigen Erpressern und legalen Schurken überall gemacht wird, der ist, daß sie das Gut der Witwen und Waisen an sich gerissen haben: eben weil diese, als ganz hülflos, mehr noch, als andere, hätten das Mitleid erwecken sollen. Der gänzliche Mangel an diesem ist es also, welcher den Menschen der Ruchlosigkeit überführt.

6) Noch augenscheinlicher, als der Gerechtigkeit, liegt der Menschenliebe Mitleid zum Grunde. Keiner wird von andern Beweise echter Menschenliebe erhalten, solange es ihm in jedem Betracht wohl geht. Der Glückliche kann zwar das Wohlwollen seiner Angehörigen und Freunde vielfach erfahren: aber die Äußerungen jener reinen, uneigennützigen, objektiven Teilnahme am fremden Zustand und Schicksal, welche Wirkung der Menschenliebe sind, bleiben dem in irgendeinem Betracht Leidenden aufbehalten. Denn an dem Glücklichen *als solchem* nehmen wir nicht Teil; vielmehr bleibt er *als solcher* unserm Herzen fremd: habeat sibi sua. Ja, er wird, wenn er viel vor andern voraus hat, leicht Neid erregen, welcher droht, bei seinem einstigen Sturz von der Höhe des Glücks, sich in Schadenfreude zu verwandeln. Jedoch bleibt diese Drohung meistens unerfüllt und es kommt nicht zu dem Sophokleischen γελῶσι δ᾽ ἐχθροί (rident inimici). Denn sobald der Glückliche stürzt, geht eine große Umgestaltung in den Herzen der übrigen vor, welche für unsere Betrachtung belehrend ist. Nämlich zuvörderst zeigt sich jetzt, welcher Art der Anteil war, den die Freunde seines Glücks an ihm nahmen: diffugiunt cadis cum faece siccatis amici. Aber andererseits, was er mehr fürchtete, als das Unglück selbst, und was zu denken ihm unerträglich fiel, das Frohlocken der Neider seines Glücks, das Hohngelächter der Schadenfreude, bleibt meistens aus: der Neid ist versöhnt, er ist mit seiner Ursache verschwunden, und das jetzt an seine Stelle tretende Mitleid gebiert die Menschenliebe. Oft haben die Neider und Feinde eines Glücklichen, bei seinem Sturz, sich in schonende, tröstende und helfende Freunde verwandelt. Wer hat nicht, wenigstens in schwächeren Graden, etwas der Art

an sich selbst erlebt und, von irgendeinem Unglücksfall betroffen, mit Überraschung gesehn, daß die, welche bisher die größte Kälte, sogar Übelwollen gegen ihn verrieten, jetzt mit ungeheuchelter Teilnahme an ihn herantraten. Denn Unglück ist die Bedingung des Mitleids und Mitleid die Quelle der Menschenliebe. – Dieser Betrachtung verwandt ist die Bemerkung, daß unsern Zorn, selbst wenn er gerecht ist, nichts so schnell besänftigt, wie hinsichtlich des Gegenstandes desselben die Rede: »Es ist ein Unglücklicher«. Denn was für das Feuer der Regen, das ist für den Zorn das Mitleid. Dieserhalb rate ich dem, der nicht gern etwas zu bereuen haben möchte, daß, wenn er von Zorn gegen einen andern entbrannt, diesem ein großes Leid zuzufügen gedenkt, – er sich lebhaft vorstellen möge, er hätte es ihm bereits zugefügt, sähe ihn jetzt mit seinen geistigen, oder körperlichen Schmerzen, oder Not und Elend, ringen und müßte zu sich sagen: das ist mein Werk. Wenn irgend etwas, so vermag dieses seinen Zorn zu dämpfen. Denn Mitleid ist das rechte Gegengift des Zorns, und durch jenen Kunstgriff gegen sich selbst antizipiert man, während es noch Zeit ist

> la pitié, dont la voix,
> Alors qu'on est vengé, fait entendre ses lois.
>
> *Volt.*, »Sémiramis«, A. 5, Sc. 6.

Überhaupt wird unsere gehässige Stimmung gegen andere durch nichts so leicht beseitigt, als wenn wir einen Gesichtspunkt fassen, von welchem aus sie unser Mitleid in Anspruch nehmen. – Sogar daß Eltern, in der Regel, das kränkliche Kind am meisten lieben, beruht darauf, daß es immerfort Mitleid erregt.

7) Die von mir aufgestellte moralische Triebfeder bewährt sich als die echte ferner dadurch, daß sie auch *die Tiere* in ihren Schutz nimmt, für welche in den andern europäischen Moralsystemen so unverantwortlich schlecht gesorgt ist. Die vermeinte Rechtlosigkeit der Tiere, der Wahn, daß unser Handeln gegen sie ohne moralische Bedeutung sei, oder, wie es in der Sprache jener Moral heißt, daß es gegen Tiere keine Pflichten gebe, ist geradezu eine empörende Roheit und Barbarei des Okzidents, deren Quelle im Judentum liegt. In der Philosophie beruht sie auf der aller Evi-

denz zum Trotz angenommenen gänzlichen Verschiedenheit zwischen Mensch und Tier, welche bekanntlich am entschiedensten und grellsten von Cartesius ausgesprochen ward, als eine notwendige Konsequenz seiner Irrtümer. Als nämlich die Cartesisch-Leibniz-Wolffische Philosophie aus abstrakten Begriffen die rationale Psychologie aufbaute und eine unsterbliche anima rationalis konstruierte; da traten die natürlichen Ansprüche der Tierwelt diesem exklusiven Privilegio und Unsterblichkeits-Patent der Menschenspezies augenscheinlich entgegen, und die Natur legte, wie bei allen solchen Gelegenheiten, still ihren Protest ein. Nun mußten sie von ihrem intellektuellen Gewissen geängstigten Philosophen suchen, die rationale Psychologie durch die empirische zu stützen und daher bemüht sein, zwischen Mensch und Tier eine ungeheure Kluft, einen unermeßlichen Abstand zu eröffnen, um, aller Evidenz zum Trotz, sie als von Grund aus verschieden darzustellen. Solcher Bemühungen spottet schon Boileau:

Les animaux ont-ils des universités?
Voit-on fleurir chez eux des quatre facultés?

Da sollten am Ende gar die Tiere sich nicht von der Außenwelt zu unterscheiden wissen und kein Bewußtsein ihrer selbst, kein Ich haben! Gegen solche abgeschmackte Behauptungen darf man nur auf den jedem Tiere, selbst dem kleinsten und letzten, inwohnenden grenzenlosen Egoismus hindeuten, der hinlänglich bezeugt, wie sehr die Tiere sich ihres Ichs, der Welt oder dem Nicht-Ich gegenüber, bewußt sind. Wenn so ein Cartesianer sich zwischen den Klauen eines Tigers befände, würde er auf das deutlichste inne werden, welchen scharfen Unterschied ein solcher zwischen seinem Ich und Nicht-Ich setzt. Solchen Sophistikationen der Philosophen entsprechend finden wir, auf dem populären Wege, die Eigenheit mancher Sprachen, namentlich der deutschen, daß sie für das Essen, Trinken, Schwangersein, Gebären, Sterben und den Leichnam der Tiere ganz eigene Worte haben, um nicht die gebrauchen zu müssen, welche jene Akte beim Menschen bezeichnen, und so unter der Diversität der Worte die vollkommene Identität der Sache zu verstecken. Da die alten

Sprachen eine solche Duplizität der Ausdrücke nicht kennen, sondern unbefangen dieselbe Sache mit demselben Worte bezeichnen; so ist jener elende Kunstgriff ohne Zweifel das Werk europäischer Pfaffenschaft, die, in ihrer Profanität, nicht glaubt weit genug gehn zu können im Verleugnen und Lästern des ewigen Wesens, welches in allen Tieren lebt; wodurch sie den Grund gelegt hat zu der in Europa üblichen Härte und Grausamkeit gegen Tiere, auf welche ein Hochasiate nur mit gerechtem Abscheu hinsehn kann. In der englischen Sprache begegnen wir jenem nichtswürdigen Kunstgriff nicht; ohne Zweifel, weil die Sachsen, als sie England eroberten, noch keine Christen waren. Dagegen findet sich ein Analogon desselben in der Eigentümlichkeit, daß im Englischen alle Tiere generis neutrius sind und daher durch das Pronomen it (es) vertreten werden, ganz wie leblose Dinge; welches, zumal bei den Primaten, wie Hunde, Affen usw., ganz empörend ausfällt und unverkennbar ein Pfaffenkniff ist, um die Tiere zu Sachen herabzusetzen. Die alten Ägypter, deren ganzes Leben religiösen Zwecken geweiht war, setzten in denselben Grüften die Mumien der Menschen und die der Ibisse, Krokodile usw. bei: aber in Europa ist es ein Greuel und ein Verbrechen, wenn der treue Hund neben der Ruhestätte seines Herrn begraben wird, auf welcher er bisweilen, aus einer Treue und Anhänglichkeit, wie sie beim Menschengeschlechte nicht gefunden wird, seinen eigenen Tod abgewartet hat. – Auf die Erkenntnis der Identität des Wesentlichen in der Erscheinung des Tiers und der des Menschen leitet nichts entschiedener hin, als die Beschäftigung mit Zoologie und Anatomie: was soll man daher sagen, wenn heutzutage (1839) ein frömmelnder Zootom einen absoluten und radikalen Unterschied zwischen Mensch und Tier zu urgieren sich erdreistet und hierin so weit geht, die redlichen Zoologen, welche, fern von aller Pfäfferei, Augendienerei und Tartüffianismus, an der Hand der Natur und Wahrheit ihren Weg verfolgen, anzugreifen und zu verunglimpfen?

Man muß wahrlich an allen Sinnen blind, oder vom foetor Judaicus total chloroformiert sein, um nicht zu erkennen, daß das Wesentliche und Hauptsächliche im Tiere und im Menschen dasselbe ist, und daß was beide unterscheidet, nicht im Primären, im Prinzip, im Archäus, im innern Wesen, im Kern beider Erscheinungen liegt, als welcher in der einen wie in der andern *der Wille* des Individuums ist, sondern allein im Sekundären, im Intellekt, im Grad der Erkenntniskraft, welcher beim Menschen, durch das hinzugekommene Vermögen *abstrakter* Erkenntnis, genannt *Vernunft*, ein ungleich höherer ist, jedoch erweislich nur vermöge einer größern cerebralen Entwickelung, also der somatischen Verschiedenheit eines einzigen Teiles, des Gehirns, und namentlich seiner Quantität nach. Hingegen ist des Gleichartigen zwischen Tier und Mensch, sowohl psychisch als somatisch, ohne allen Vergleich mehr. So einem okzidentalischen, judaisierten Tierverächter und Vernunftidolater muß man in Erinnerung bringen, daß, wie *er* von *seiner* Mutter, so auch der Hund von der *seinigen* gesäugt worden ist. Daß sogar Kant in jenen Fehler der Zeit- und Landesgenossen gefallen ist, habe ich oben gerügt. Daß die Moral des Christentums die Tiere nicht berücksichtigt, ist ein Mangel derselben, den es besser ist einzugestehn, als zu perpetuieren, und über den man sich um so mehr wundern muß, als diese Moral im übrigen die größte Übereinstimmung zeigt mit der des Brahmanismus und Buddhaismus, bloß weniger stark ausgedrückt und nicht bis zu den Extremen durchgeführt ist; daher man kaum zweifeln kann, daß sie, wie auch die Idee von einem Mensch gewordenen Gotte (Avatar), aus Indien stammt und über Ägypten nach Judäa gekommen sein mag; so daß das Christentum ein Abglanz indischen Urlichtes von den Ruinen Ägyptens wäre, welcher aber leider auf jüdischen Boden fiel. Als ein artiges *Symbol* des eben gerügten Mangels in der christlichen Moral, bei ihrer sonstigen großen Übereinstimmung mit der indischen, ließe sich der Umstand auffassen, daß Johannes der Täufer ganz in der Weise eines indischen Saniassis auftritt, dabei aber – in Tierfelle gekleidet! welches bekanntlich jedem Hindu ein Greuel sein würde; da sogar die Königliche Sozietät zu Kalkutta ihr Exemplar der Veden nur unter dem Versprechen erhielt, daß sie es nicht, nach europäischer Weise, in Leder binden lassen würde: daher es sich in ihrer Bibliothek in Seide gebunden vorfindet. Einen ähnlichen, charakteristischen Kontrast bietet die evangelische Geschichte vom Fischzuge Petri, den der Heiland, durch ein Wunder, dermaßen segnet, daß die Böte mit Fischen bis zum Sinken überfüllt werden (Luk. 5), mit der Geschichte von dem in ägyptische Weisheit eingeweihten Pythagoras, welcher den Fischern ihren Zug, während das Netz noch unter dem Wasser liegt, abkauft, um sodann allen gefangenen Fischen ihre Freiheit zu schenken (Apul. de magia, p. 36. Bip.). – Mitleid mit Tieren hängt mit der Güte des Charakters so genau zusammen, daß man zuversichtlich behaupten darf, wer gegen Tiere grausam ist, könne kein guter Mensch sein. Auch zeigt dieses Mitleid sich als aus derselben Quelle mit der gegen Menschen zu übenden Tugend entsprungen. So z. B. werden fein fühlende Personen, bei der Erinnerung, daß sie, in übler Laune, im Zorn, oder vom Wein erhitzt, ihren Hund, ihr Pferd, ihren Affen unverdienter oder unnötiger Weise, oder über die Gebühr gemißhandelt haben, dieselbe Reue, dieselbe Unzufriedenheit mit sich selbst empfinden, welche bei der Erinnerung an gegen Menschen verübtes Unrecht empfunden wird, wo sie die Stimme des strafenden Gewissens heißt. Ich erinnere mich, gelesen zu haben, daß ein Engländer, der in Indien, auf der Jagd, einen Affen geschossen hatte, den Blick, welchen dieser im Sterben auf ihn warf, nicht vergessen gekonnt und seitdem nie mehr auf Affen geschossen hat. Ebenso Wilhelm Harris, ein wahrer Nimrod, der, bloß um das Vergnügen der Jagd zu genießen, in den Jahren 1836 und 1837 tief in das innere Afrika reiste. In seiner 1838 zu Bombay erschienenen Reise erzählt er, daß, nachdem er den ersten Elefanten, welches ein weiblicher war, erlegt hatte und am folgenden Morgen das gefallene Tier aufsuchte, alle andern Elefanten aus der Gegend entflohen waren: bloß das Junge des gefallenen hatte die Nacht bei der toten Mutter zugebracht, kam jetzt, alle Furcht vergessend, den Jägern mit den lebhaftesten und deutlichsten Bezeugungen seines trostlosen Jammers entgegen, und umschlang sie mit seinem kleinen Rüssel, um ihre Hülfe anzurufen. Da, sagt Harris, habe ihn eine wahre Reue über seine Tat ergriffen und sei ihm zumute gewesen, als hätte er einen Mord begangen. Diese feinfühlende englische Nation sehn wir, vor allen andern, durch ein hervorstechendes Mitleid mit Tieren ausgezeichnet, welches sich bei jeder Gelegenheit kundgibt und die Macht gehabt hat, dieselbe, dem sie übrigens degradierenden »kalten Aberglauben« zum Trotz, dahin zu bewegen, daß sie die in der Moral von der Religion gelassene Lücke durch die Gesetzgebung ausfüllte. Denn diese Lücke eben ist Ursache, daß man in Europa und Amerika der Tier-Schutz-Vereine bedarf, welche selbst nur mittelst Hülfe der Justiz und Polizei wirken können. In Asien gewähren die Religionen den Tieren hinlänglichen Schutz, daher dort kein Mensch an dergleichen Vereine denkt. Indessen erwacht auch in Europa mehr und mehr der Sinn für die Rechte der Tiere, in dem Maße, als die seltsamen Begriffe von einer bloß zum Nutzen und Ergötzen der Menschen ins Dasein gekommenen Tierwelt, infolge welcher man die Tiere ganz als Sachen behandelt, allmählich verblassen und verschwinden. Denn diese sind die Quelle der rohen und ganz rücksichtslosen Behandlung der Tiere in Europa, und habe ich den alttestamentlichen Ursprung derselben nachgewiesen im zweiten Bande der Parerga, § 177. Zum Ruhme der Engländer also sei es gesagt, daß bei ihnen zuerst das Gesetz auch die Tiere ganz ernstlich gegen grausame Behandlung in Schutz genommen hat, und der Bösewicht es wirklich büßen muß, daß er gegen Tiere, selbst wenn sie ihm gehören, gefrevelt hat. Ja, hiemit noch nicht zufrieden, besteht in London eine zum Schutz der Tiere freiwillig zusammengetretene Gesellschaft, Society for the prevention of cruelty to animals, welche, auf Privatwegen, mit bedeutendem Aufwande, sehr viel tut, um der Tierquälerei entgegen zu arbeiten. Ihre Emissarien passen heimlich auf, um nachher als Denunzianten der Quäler sprachloser, empfindender Wesen aufzutreten, und überall hat man deren Gegenwart zu befürchten.* Bei steilen

* Wie ernstlich die Sache genommen wird, zeigt das folgende ganz frische Beispiel, welches ich aus dem Birmingham-Journal vom Dezember 1839 übersetze: »Gefangennehmung einer Gesellschaft von 84 Hundehetzern. »–Da man erfahren hatte, daß gestern auf dem Plan in der Fuchsstraße zu Birmingham eine Hundehetze stattfinden sollte, ergriff die Gesellschaft der Tierfreunde Vorsichtsmaßregeln, um sich der Hülfe der Polizei zu versichern, von welcher ein starkes Detachement nach dem Kampfplatze marschierte, und sobald es eingelassen worden, die gesamte gegenwärtige Gesellschaft arretierte. Diese Teilnehmer wurden nunmehr paarweise mit Handschlingen aneinandergebunden und dann das Ganze durch ein langes Seil in der Mitte vereinigt: so wurden sie nach dem Polizeiamt geführt, woselbst der Bürgermeister mit dem Magistrat Sitzung hielt. Die beiden Hauptpersonen wurden jede zu einer Strafe von 1 Pfund Sterling nebst 8½ Schilling Kosten und im

Brücken in London hält die Gesellschaft ein Gespann Pferde, welches jedem schwer beladenen Wagen unentgeltlich vorgelegt wird. Ist das nicht schön? Erzwingt es nicht unsern Beifall, so gut wie eine Wohltat gegen Menschen? Auch die Philanthropic Society zu London setzte ihrerseits im Jahre 1837 einen Preis von 30 Pfund aus, für die beste Darlegung moralischer Gründe gegen Tierquälerei, welche jedoch hauptsächlich aus dem Christentum genommen sein sollten, wodurch freilich die Aufgabe erschwert war: der Preis ist 1839 dem Herrn Macnamara zuerkannt worden. In Philadelphia besteht, zu ähnlichen Zwecken, eine Animals friends Society. Dem Präsidenten derselben hat T. Forster (ein Engländer) sein Buch Philozoia, moral reflections on the actual condition of animals and the means of improving the same (Brüssel 1839) dezidiert. Das Buch ist originell und gut geschrieben. Als Engländer sucht der Verfasser seine Ermahnungen zu menschlicher Behandlung der Tiere natürlich auch auf die Bibel zu stützen, gleitet jedoch überall ab; so daß er endlich zu dem Argument greift, Jesus Christus sei ja im Stalle bei Öchselein und

Nichtzahlungsfall zu 14 Tage schwerer Arbeit im Zuchthause verurteilt. Die übrigen wurden entlassen.« – Die Stutzer, welche bei solchen noblen Pläsirs nie zu fehlen pflegen, werden in der Prozession sehr geniert ausgesehn haben. – Aber ein noch strengeres Exempel aus neuerer Zeit finden wir in den Times vom 6. April 1855, S. 6, und zwar eigentlich von dieser Zeitung selbst statuiert. Sie berichtet nämlich den gerichtlich gewordenen Fall der Tochter eines sehr begüterten schottischen Baronets, welche ihr Pferd höchst grausam, mit Knüttel und Messer, gepeinigt hatte, wofür sie zu 5 Pfund Sterling Strafe verurteilt worden war. Daraus nun aber macht so ein Mädchen sich nichts, und würde also eigentlich ungestraft davon gehüpft sein, wenn nicht die Times mit der rechten und empfindlichen Züchtigung nachgekommen wären, indem sie, die Vor- und Zunamen des Mädchens zweimal, mit großen Buchstaben hinsetzend, fortfahren: »Wir können nicht umhin, zu sagen, daß ein paar Monat Gefängnisstrafe, nebst einigen, privatim, aber vom handfestesten Weibe in Hampshire applizierten Auspeitschungen eine viel passendere Bestrafung der Miß N. N. gewesen sein würde. Eine Elende dieser Art hat alle ihrem Geschlechte zustehenden Rücksichten und Vorrechte verwirkt: wir können sie nicht mehr als ein Weib betrachten.« – Ich widme diese Zeitungsnachrichten besonders den jetzt in Deutschland errichteten Vereinen gegen Tierquälerei, damit sie sehn, wie man es angreifen muß, wenn es etwas werden soll; wiewohl ich dem preiswürdigen Eifer des Herrn Hofrat Perner in München, der sich diesem Zweige der Wohltätigkeit gänzlich gewidmet hat und die Anregung dazu über ganz Deutschland verbreitet, meine volle Anerkennung zolle.

Eselein geboren, wodurch symbolisch angedeutet wäre, daß wir die Tiere als unsere Brüder zu betrachten und demgemäß zu behandeln hätten. – Alles hier Angeführte bezeugt, daß die in Rede stehende moralische Saite nachgerade auch in der okzidentalischen Welt anzuklingen beginnt. Daß übrigens das Mitleid mit Tieren nicht so weit führen muß, daß wir, wie die Brahmanen, uns der tierischen Nahrung zu enthalten hätten, beruht darauf, daß in der Natur die Fähigkeit zum Leiden gleichen Schritt hält mit der Intelligenz; weshalb der Mensch durch Entbehrung der tierischen Nahrung, zumal im Norden, mehr leiden würde, als das Tier durch einen schnellen und stets unvorhergesehenen Tod, welchen man jedoch mittelst Chloroform noch mehr erleichtern sollte. Ohne tierische Nahrung hingegen würde das Menschengeschlecht im Norden nicht einmal bestehn können. Nach demselben Maßstabe läßt der Mensch das Tier auch für sich arbeiten, und nur das Übermaß der aufgelegten Anstrengung wird zur Grausamkeit.

8) Sehn wir einmal ganz ab von aller, vielleicht möglichen, metaphysischen Erforschung des letzten Grundes jenes Mitleids, aus welchem allein die nicht-egoistischen Handlungen hervorgehn können, und betrachten wir dasselbe vom empirischen Standpunkt aus, bloß als Naturanstalt; so wird jedem einleuchten, daß zu möglichster Linderung der zahllosen und vielgestalteten Leiden, denen unser Leben ausgesetzt ist und welchen keiner ganz entgeht, wie zugleich als Gegengewicht des brennenden Egoismus, der alle Wesen erfüllt und oft in Bosheit übergeht, – die Natur nichts Wirksameres leisten konnte, als daß sie in das menschliche Herz jene wundersame Anlage pflanzte, vermöge welcher das Leiden des einen vom andern mitempfunden wird, und aus der die Stimme hervorgeht, welche, je nachdem der Anlaß ist, diesem »Schone!« jenem »Hilf!« stark und vernehmlich zuruft. Gewiß war von dem hieraus entspringenden gegenseitigen Beistande für die Wohlfahrt aller mehr zu hoffen, als von einem allgemeinen und abstrakten, aus gewissen Vernunftbetrachtungen und Begriffskombinationen sich ergebenden, strengen Pflichtgebot, von welchem um so weniger Erfolg zu erwarten stände, als dem rohen Menschen allgemeine Sätze und abstrakte Wahrheiten

ganz unverständlich sind, indem für ihn nur das Konkrete etwas ist, – die ganze Menschheit aber, mit Ausnahme eines äußerst kleinen Teils, stets roh war und bleiben muß, weil die viele, für das Ganze unumgänglich nötige körperliche Arbeit die Ausbildung des Geistes nicht zuläßt. Hingegen zur Erweckung des als die *alleinige Quelle uneigennütziger Handlungen und deshalb als die wahre Basis der Moralität* nachgewiesenen Mitleids, bedarf es keiner abstrakten, sondern nur der anschauenden Erkenntnis, der bloßen Auffassung des konkreten Falles, auf welche dasselbe, ohne weitere Gedankenvermittlung, sogleich anspricht.

9) In völliger Übereinstimmung mit dieser letzten Betrachtung werden wir folgenden Umstand finden. Die Begründung, welche ich der Ethik gegeben habe, läßt mich zwar unter den Schulphilosophen ohne Vorgänger, ja, sie ist, in Beziehung auf die Lehrmeinungen dieser, paradox, indem manche von ihnen, z. B. die Stoiker (Sen., De clem., II, 5), Spinoza (Eth., IV, prop. 50), Kant (Kritik der praktischen Vernunft, S. 213; – R., S. 257), das Mitleid geradezu verwerfen und tadeln. Dagegen aber hat meine Begründung die Auktorität des größten Moralisten der ganzen neuern Zeit für sich: denn dies ist, ohne Zweifel, J. J. Rousseau, der tiefe Kenner des menschlichen Herzenz, der seine Weisheit nicht aus Büchern, sondern aus dem Leben schöpfte, und seine Lehre nicht für das Katheder, sondern für die Menschheit bestimmte, er, der Feind der Vorurteile, der Zögling der Natur, welchem allein sie die Gabe verliehen hatte, moralisieren zu können, ohne langweilig zu sein, weil er die Wahrheit traf und das Herz rührte. Von ihm also will ich einige Stellen zur Bestätigung meiner Ansicht herzusetzen mir erlauben, nachdem ich im Bisherigen mit Anführungen so sparsam wie möglich gewesen bin.

Im Discours sur l'origine de l'inégalité, S. 91 (edit. Bip.), sagt er: Il y a un autre principe, que Hobbes n'a point apperçu, et qui ayant été donné à l'homme pour adoucir, en certaines circonstances, la férocité de son amourpropre, tempère l'ardeur qu'il a pour son bien-être par une *répugnance innée à voir souffrir son semblable*. Je ne crois pas avoir aucune contradiction à craindre en accordant à l'homme *la seule vertu naturelle* qu'ait été forcé de reconnaître le détracteur le plus outré des vertus humaines. Je parle *de la pitié* etc. – S. 92: Mandeville a bien senti qu'avec toute leur morale les hommes n'eussent jamais été que des monstres, si la nature ne leur eut donné *la pitié* à l'appui de la raison: mais il n'a pas vu, que *de cette seule qualité découlent toutes les vertus sociales*, qu'il veut disputer aux hommes. En effet qu'est-ce-que la générosité, la clémence, l'humanité, sinon *la pitié* appliquée aux faibles, aux coupables, ou à l'espèce humaine en général? La bienveillance et l'amitié même sont, à le bien prendre, des productions d'une pitié constante, fixée sur un objet particulier; car désirer que quelqu'un ne souffre point, qu'est-ce autre-chose, que désirer qu'il soit heureux? – – La commisération sera d'autant plus énergique, que *l'animal spectateur s'identifiera* plus intimément *avec l'animal souffrant*. – S. 94: Il est donc bien certain, que la pitié est un sentiment naturel, qui, modérant dans chaque individu l'amour de soi-même, concourt à la conservation mutuelle de toute l'espèce. C'est elle, qui dans l'état de nature, tient lieu de lois, de mœurs, et de vertus, avec cet avantage, que nul ne sera tenté de désobéir à sa douce voix: c'est elle, qui détournera tout sauvage robuste d'enlever à un faible enfant, ou à un vieillard infirme sa subsistence acquise avec peine, si lui même espère pouvoir trouver la sienne ailleurs: c'est elle qui, au lieu de cette maxime sublime de justice raisonnée »fais à autrui comme tu veux qu'on te fasse«, inspire à tous les hommes cette autre maxime de bonté naturelle, bien moins parfaite, mais plus utile peut-être que la précédente »fais ton bien avec le moindre mal d'autrui qu'il est possible«. C'est, en un mot, *dans ce sentiment naturel plutôt, que dans les argumens subtils, qu'il faut chercher la cause de la répugnance qu'éprouverait tout homme à mal faire*, même indépendamment des maximes de l'éducation. – Hiemit vergleiche man, was er sagt im Emile, L. IV, p. 115–120 (ed. Bip.), wo es unter anderm heißt: En effet, comment nous laissons-nous émouvoir à la pitié, si ce n'est en nous transportant hors de nous et en nous *identifiant avec l'animal souffrant; en quittant, pour ainsi dire, notre être, pour prendre le sien?* Nous ne souffrons qu'autant que nous jugeons qu'il souffre: *ce n'est pas dans nous, c'est dans lui, que nous souffrons*. – – – *offrir au jeune homme* des objets, sur lesquels puisse agir la force expansive de son cœur, qui le dilatent, qui l'étendent sur les autres êtres, qui le fassent partout *se retrouver hors de lui*; écarter avec soin ceux, qui le resserrent, le concentrent, et tendent le ressort *du moi humain* etc. –

Von Auktoritäten abseiten der Schulen, wie gesagt, entblößt, führe ich noch an, daß die *Chinesen* fünf Kardinaltugenden (Tschang) annehmen, unter welchen das Mitleid (Sin) obenansteht. Die übrigen vier sind: Gerechtigkeit, Höflichkeit, Weisheit und Aufrichtigkeit.* Dementsprechend sehn wir auch bei den Hindu, auf den zum Andenken verstorbener Fürsten errichteten Gedächtnistafeln, unter den ihnen nachgerühmten Tugenden das Mitleid mit Menschen und Tieren die erste Stelle einnehmen. In Athen hatte das Mitleid einen Altar auf dem Forum: *'Αϑηναίοις δὲ ἐν τῇ ἀγορᾷ ἐστι 'Ελέου βωμός, ᾧ μάλιστα ϑεῶν, ἐς ἀνϑρώπινον βίον καὶ μεταβολὰς πραγμάτων ὅτι ὠφέλιμος, μόνοι τιμὰς 'Ελλήνων νέμουσιν 'Αϑηναῖοι. Παυσ.*, I, 17. (Atheniensibus in foro commiserationis ara est, quippe cui, inter omnes Deos, vitam humanam et mutationem rerum maxime adjuvanti, soli inter Graecos, honores tribuunt Athenienses.) Diesen Altar erwähnt auch Lukianos im Timon, § 99. – Ein von Stobäos uns aufbehaltener Ausspruch des Phokion stellt das Mitleid als das Allerheiligste im Menschen dar: *οὔτε ἐξ ἱεροῦ βωμόν, οὔτε ἐκ τῆς ἀνϑρωπινης φύσεως ἀφαιρετέον τὸν ἔλεον* (nec aram e fano, nec commiserationem e vita humana tollendam esse). In der Sapientia Indorum, welches die griechische Übersetzung des Pantscha Tantra ist, heißt es (Sect. 3, p. 220): *Λέγεται γάρ, ὡς πρώτη τῶν ἀρετῶν ἡ ἐλεημοσύνη* (princeps virtutum misericordia censetur). Man sieht, daß alle Zeiten und alle Länder sehr wohl die Quelle der Moralität erkannt haben; nur Europa nicht; woran allein der foetor Judaicus Schuld ist, der hier alles und alles durchzieht: da muß es dann schlechterdings ein Pflichtgebot, ein Sittengesetz, ein Imperativ, kurzum, eine Ordre und Kommando sein, dem pariert wird: davon gehn sie nicht ab, und wollen nicht einsehn, daß dergleichen immer nur den Egoismus zur Grundlage hat. Bei einzelnen freilich und Überlegenen hat die gefühlte Wahrheit sich kundgegeben: so bei Rousseau, wie oben angeführt;

* Journ. Asiatique, Vol. 9, p. 62, zu vergleichen mit Meng-Tseu, ed. Stan. Julien, 1824, L. I, § 45; auch mit Meng-Tseu in den Livres sacrés de l'Orient par Pauthier, p. 281.

und auch Lessing, in einem Briefe von 1756, sagt: »Der mitleidigste Mensch ist der beste Mensch, zu allen gesellschaftlichen Tugenden, zu allen Arten der Großmut der aufgelegteste.«

## § 20

### *Vom ethischen Unterschiede der Charaktere*

Die letzte Frage, deren Beantwortung zur Vollständigkeit des dargelegten Fundaments der Ethik gehört, ist diese: Worauf beruht der so große Unterschied im moralischen Verhalten der Menschen? Wenn Mitleid die Grundtriebfeder aller echten, d.h. uneigennützigen Gerechtigkeit und Menschenliebe ist; warum wird der eine, der andere aber nicht dadurch bewogen? – Vermag vielleicht die Ethik, indem sie die moralische Triebfeder aufdeckt, auch sie in Tätigkeit zu versetzen? Kann sie den hartherzigen Menschen in einen mitleidigen und dadurch in einen gerechten und menschenfreundlichen umschaffen? – Gewiß nicht: der Unterschied der Charaktere ist angeboren und unvertilgbar. Dem Boshaften ist seine Bosheit so angeboren, wie der Schlange ihre Giftzähne und Giftblase; und so wenig wie sie kann er es ändern. Velle non discitur, hat der Erzieher des Nero gesagt. Plato untersucht im Meno ausführlich, ob die Tugend sich lehren lasse, oder nicht: er führt eine Stelle des Theognis an:

*ἀλλὰ διδάσκων*
*Οὔποτε ποιήσεις τὸν κακὸν ἄνδρ' ἀγαθόν.*
(sed docendo nunquam ex malo bonum hominem facies)

und gelangt zu dem Resultate: *ἀρετὴ ἂν εἴη οὔτε φύσει, οὔτε διδακτόν· ἀλλὰ θείᾳ μοίρᾳ παραγιγνομένη, ἄνευ νοῦ, οἷς ἂν παραγίγνηται* (virtus utique nec doctrina, neque natura nobis aderit; verum divina sorte, absque mente, in eum, qui illam sortitus fuerit, influet); wobei mir der Unterschied zwischen *φυσει* und *θειᾳ μοιρᾳ* ungefähr den zwischen physisch und metaphysisch zu bezeichnen scheint. Schon der Vater der Ethik, Sokrates, hat, nach Angabe des Aristoteles, behauptet: *οὐκ ἐφ' ἡμῖν γενέσθαι τὸ σπουδαίους εἶναι, ἢ φαύλους* (in nostra potestate non est, bonos, aut malos esse). (Eth. magna, I, 9.) Aristoteles selbst äußert sich im gleichen Sinn: *πᾶσι γὰρ δοκεῖ ἕκαστα τῶν ἠθῶν ὑπάρχειν φύσει πως· καὶ γὰρ δίκαιοι, καὶ σωφρονικοί, και τἆλλα ἔχομεν εὐθὺς ἐκ γενετῆς* (Singuli enim mores in omnibus hominibus quodammodo videntur inesse natura: namque ad justitiam, temperantiam, fortitudinem, ceterasque virtutes apti atque habiles sumus, cum primum nascimur). (Eth. Nicom., VI, 13.) Desgleichen finden wir diese Überzeugung sehr entschieden ausgesprochen in den jedenfalls sehr alten, wenn auch vielleicht nicht echten Fragmenten des Pythagoreers Archytas, welche uns Stobäos aufbehalten hat im Florilegio, Tit. I, § 77. Sie sind auch abgedruckt in den Opusculis Graecorum sententiosis et moralibus, edente Orellio, Vol. 2, p. 240. Daselbst also heißt es, im dorischen Dialekt: *Τὰς γὰρ λόγοις καὶ ἀποδείξεσιν ποτιχρωμένας ἀρετὰς δέον ἐπιστάμας ποταγορεύεν, ἀρετὰν δέ, τὰν ἠθικὰν καὶ βελτίσταν ἕξιν τῶ ἀλόγω μέρεος τᾶς ψυχᾶς, καθ' ἃν καὶ ποιοί τινες ἦμεν λεγόμεθα κατὰ τὸ ἦθος, οἷον ἐλευθέριοι, δίκαιοι καὶ σώφρονες.* (Eas enim, quae ratione et demonstratione utuntur, virtutes fas est, scientias appellare; virtutis autem nomine intelligemus moralem et optimum *animi partis ratione carentis habitum*, secundum quem qualitatem aliquam moralem habere dicimur, vocamurque v.c. liberales, justi et temperantes.) Wenn man die sämtlichen Tugenden und Laster, welche Aristoteles im Buche de virtutibus et vitiis zu kurzer Übersicht zusammengestellt hat, überblickt; so wird man finden, daß sie alle sich nur denken lassen als angeborene Eigenschaften, ja, nur als solche echt sein können; hingegen wenn sie, infolge vernünftiger Überlegung, willkürlich angenommen wären, eigentlich auf Verstellung hinauslaufen und unecht sein würden: daher alsdann auf ihren Fortbestand und Bewährung im Drange der Umstände durchaus nicht zu rechnen wäre. Nicht anders verhält es sich auch mit der Tugend der Menschenliebe, die beim Aristoteles, wie bei allen Alten, fehlt. In gleichem Sinne daher, wenn auch seinen skeptischen Ton beibehaltend, sagt Montaigne: Seroit-il vrai, que pour être bon tout-à-fait, il nous le faille être par occulte, naturelle et universelle propriété, sans loi, sans raison, sans exemple? (L. II, c. 11.) Lichtenberg aber sagt geradezu: »Alle Tugend aus Vorsatz taugt nicht viel. Gefühl, oder Gewohnheit ist das Ding.« (Vermischte Schriften, »Moralische Bemerkungen«.) Aber sogar die ursprüngliche Lehre des Christentums stimmt dieser Ansicht bei, indem es, in der Bergpredigt selbst, bei Lukas, Kap. 6, V.45, heißt: *ὁ ἀγαθὸς ἄνθρωπος ἐκ τοῦ ἀγαθοῦ θησαυροῦ τῆς καρδίας αὐτοῦ προφέρει τὸ ἀγαθὸν, καὶ ὁ πονηρὸς ἄνθρωπος ἐκ τοῦ πονηροῦ θησαυροῦ τῆς καρδίας αὐτοῦ προφέρει τὸ πονηρόν* (homo bonus ex bono animi sui thesauro profert bonum, malusque ex malo animi sui thesauro profert malum), nachdem, in den beiden vorhergehenden Versen, die bildliche Erläuterung der Sache, durch die Frucht, welche stets dem Baum gemäß ausfällt, vorangeschickt war.

Kant aber ist es, der zuerst diesen wichtigen Punkt vollkommen aufgeklärt hat, durch seine große Lehre, daß dem *empirischen Charakter*, der, als eine Erscheinung, sich in der Zeit und in einer Vielheit von Handlungen darstellt, der *intelligibele Charakter* zum Grunde liegt, welcher die Beschaffenheit des Dinges an sich jener Erscheinung und daher von Raum und Zeit, Vielheit und Veränderung, unabhängig ist. Hieraus allein wird die jedem Erfahrenen bekannte, so erstaunliche, starre Unveränderlichkeit der Charaktere erklärlich, welche die Wirklichkeit und Erfahrung den Versprechungen einer den Menschen moralisch bessern wollenden und von Fortschritten in der Tugend redenden Ethik allezeit siegreich entgegengehalten und dadurch bewiesen hat, daß die Tugend angeboren und nicht angepredigt wird. Wenn nicht der Charakter, als Ursprüngliches, unveränderlich und daher aller Besserung, mittelst Berichtigung der Erkenntnis, unzugänglich wäre; wenn vielmehr, wie jene platte Ethik es behauptet, eine Besserung des Charakters mittelst der Moral und demnach »ein stetiger Fortschritt zum Guten« möglich wäre; – so müßte, sollen nicht alle die vielen religiösen Anstalten und moralisierenden Bemühungen ihren Zweck verfehlt haben, wenigstens im Durchschnitt, die ältere Hälfte der Menschen bedeutend besser als die jüngere sein. Davon ist aber so wenig eine Spur, daß wir umgekehrt eher von jungen Leuten etwas Gutes hoffen, als von alten, als welche durch die Erfahrung schlimmer geworden sind. Es kann zwar kommen, daß ein Mensch im Alter etwas besser, ein anderer wiederum schlechter erscheint, als er in der Jugend war: Dies liegt aber bloß daran, daß im Alter, infolge der reifern und vielfach berichtigten Erkenntnis, der Charakter reiner und deutlicher hervortritt; während in der Jugend Unwissenheit, Irrtümer und Chimären bald falsche Motive vorschoben, bald wirkliche verdeckten; – wie dies folgt aus dem in der vorhergehenden Abhandlung S. 50ff. unter 3 Gesagten. – Daß unter den bestraften Verbrechern sich viel mehr junge als alte befinden, kommt daher, daß, wo Anlage zu dergleichen Taten im Charakter liegt, sie auch bald den Anlaß findet, als Tat hervorzutreten, und ihr Ziel, Galeere oder Galgen, erreicht: und umgekehrt, wen die Anlässe eines langen Lebens nicht zu Verbrechen haben bewegen können, der wird auch späterhin nicht leicht auf Motive dazu stoßen. Daher scheint mir der wahre Grund der dem Alter gezollten Achtung darin zu liegen, daß ein Alter die Prüfung eines langen Lebens bestanden und seine Unbescholtenheit bewahrt hat: denn dies ist die Bedingung jener Achtung. – Dieser Ansicht gemäß hat man, im wirklichen Leben, sich durch jene Verheißungen der Moralisten auch niemals irremachen lassen; sondern hat dem, der einmal sich schlecht erwiesen, nie mehr getraut, und auf den Edelmut dessen, der einmal Proben davon abgelegt, nach allem, was sich auch verändert haben mochte, stets mit Zuversicht hingeblickt. Operari sequitur Esse, ist ein fruchtbarer Satz der Scholastik: jedes Ding in der Welt wirkt nach seiner unveränderlichen Beschaffenheit, die sein Wesen, seine Essentia ausmacht; so auch der Mensch. Wie einer *ist*, so wird, so muß er handeln, und das liberum arbitrium indifferentiae ist eine längst explodierte Erfindung aus der Kindheit der Philosophie, mit welcher immerhin sich einige alte Weiber im Doktorhute noch schleppen mögen.

Die drei ethischen Grundtriebfedern des Menschen, Egoismus, Bosheit, Mitleid, sind in jedem in einem andern und unglaublich verschiedenen Verhältnisse vorhanden. Je nachdem dieses ist, werden die Motive auf ihn wirken und die Handlungen ausfallen. Über einen egoistischen Charakter werden nur egoistische Motive Gewalt haben, und die zum Mitleid, wie die zur Bosheit redenden werden nicht dagegen aufkommen: er wird so wenig sein Interesse opfern, um an seinem Feinde Rache zu nehmen, als um seinem Freunde zu helfen. Ein anderer, der für boshafte Motive stark empfänglich ist, wird oft, um andern zu schaden, großen eigenen Nachteil nicht scheuen. Denn es gibt Charaktere, die im Verursachen des fremden Leidens einen Genuß finden, der das eigene ebenso große überwiegt: dum alteri noceat sui negligens (Sen., De ira, I, 1). Diese gehn mit leidenschaftlicher Wonne in den Kampf, in welchem sie eben so große Verletzungen empfangen, als auszuteilen erwarten: ja, sie werden, mit Vorbedacht, den, der ihnen ein Übel verursacht hat, morden und gleich darauf, um der Strafe zu entgehn, sich selbst; wie dies die Erfahrung sehr oft gezeigt hat. Hingegen besteht die *Güte des Herzens* in einem tief gefühlten, universellen Mitleid mit allem was Leben hat, zunächst aber mit dem Menschen; weil mit der Steigerung der Intelligenz die Empfänglichkeit für das Leiden gleichen Schritt hält: daher die unzähligen, geistigen und körperlichen Leiden des Menschen das Mitleid viel stärker in Anspruch nehmen, als der allein körperliche und selbst da dumpfere Schmerz des Tieres. Die Güte des Charakters wird demnach zunächst abhalten von jeder Verletzung des andern, worin es auch sei, sodann aber auch zur Hülfe auffordern, wo immer ein fremdes Leiden sich darbietet. Und auch hiemit kann es ebenso weit gehn, wie in umgekehrter Richtung mit der Bosheit, nämlich bis dahin, daß Charaktere von seltener Güte sich fremdes Leiden mehr zu Herzen nehmen, als eigenes, und daher für andere Opfer bringen, durch welche sie selbst mehr leiden, als vorhin der, dem sie geholfen. Wo mehreren oder gar vielen zugleich dadurch zu helfen ist, werden sie erforderlichenfalls sich ganz aufopfern: so Arnold von Winkelried. Vom Paulinus, Bischofe zu Nola, im 5. Jahrhundert, während des Einfalls der Vandalen aus Afrika in Italien, erzählt Joh.v. Müller (Weltgeschichte, Buch 10, Kap. 10): »Nachdem er, zum Lösegeld für Gefangene, alle Schätze der Kirche, sein und seiner Freunde eigenes Vermögen dargebracht, und er den Jammer einer Witwe sah, deren einziger Sohn fortgeführt wurde, bot er für diesen sich selber zur Dienstbarkeit. Denn wer von gutem Alter war und nicht vom Schwerte fiel, wurde gefangen nach Karthago geführt.«

Dieser unglaublich großen, angeborenen und ursprünglichen

Verschiedenheit gemäß, werden jeden nur *die* Motive vorwaltend anregen, für welche er überwiegende Empfänglichkeit hat; so wie der *eine* Körper nur auf Säuren, der andere nur auf Alkalien reagiert: und wie dieses, so ist auch jenes nicht zu ändern. Die menschenfreundlichen Motive, welche für den guten Charakter so mächtige Antriebe sind, vermögen als solche nichts über den, der allein für egoistische Motive empfänglich ist. Will man nun diesen dennoch zu menschenfreundlichen Handlungen bringen; so kann es nur geschehn durch die Vorspiegelung, daß die Milderung der fremden Leiden mittelbar, auf irgendeinem Wege, zu *seinem eigenen Vorteil* gereicht (wie denn auch die meisten Sittenlehren eigentlich verschiedenartige Versuche in diesem Sinne sind). Dadurch wird aber sein Wille bloß irregeleitet, nicht gebessert. Zu wirklicher Besserung wäre erfordert, daß man die ganze Art seiner Empfänglichkeit für Motive umwandelte, also z. B. machte, daß dem einen fremdes Leiden als solches nicht mehr gleichgültig, dem andern die Verursachung desselben nicht mehr Genuß wäre, oder einem Dritten nicht jede, selbst die geringste Vermehrung des eigenen Wohlseins alle Motive anderer Art weit überwöge und unwirksam machte. Dies aber ist viel gewisser unmöglich, als daß man Blei in Gold umwandeln könnte. Denn es würde erfordern, daß man dem Menschen gleichsam das Herz im Leibe umkehrte, sein tief Innerstes umschüfe. Hingegen ist alles, was man zu tun vermag, daß man den *Kopf* aufhellt, die *Einsicht* berichtigt, den Menschen zu einer richtigern Auffassung des objektiv Vorhandenen, der wahren Verhältnisse des Lebens bringt. Hiedurch aber wird nicht weiter erreicht, als daß die Beschaffenheit seines Willens sich konsequenter, deutlicher und entschiedener an den Tag legt, sich unverfälscht ausspricht. Denn, wie manche gute Handlungen im Grunde auf falschen Motiven, auf wohlgemeinten Vorspiegelungen eines dadurch in dieser, oder jener Welt zu erlangenden eigenen Vorteils beruhen; so beruhen auch manche Missetaten bloß auf falscher Erkenntnis der menschlichen Lebensverhältnisse. Hierauf gründet sich das amerikanische Pönitentiarsystem: es beabsichtigt nicht, das *Herz* des Verbrechers zu bessern, sondern bloß, ihm den *Kopf* zurechtzusetzen, damit er zu der Einsicht gelange, daß Arbeit und Ehrlichkeit ein sichererer, ja leichterer Weg zum eigenen Wohle sind, als Spitzbüberei.

Durch Motive läßt sich *Legalität* erzwingen, nicht *Moralität*: man kann das *Handeln* umgestalten, nicht aber das eigentliche *Wollen*, welchem allein moralischer Wert zusteht. Man kann nicht das Ziel verändern, dem der Wille zustrebt, sondern nur den Weg, den er dahin einschlägt. Belehrung kann die Wahl der Mittel ändern, nicht aber die der letzten allgemeinen Zwecke: diese setzt jeder Wille sich, seiner ursprünglichen Natur gemäß. Man kann dem Egoisten zeigen, daß er durch Aufgeben kleiner Vorteile größere erlangen wird; dem Boshaften, daß die Verursachung fremder Leiden größere auf ihn selbst bringen wird. Aber den Egoismus selbst, die Bosheit selbst wird man keinem ausreden; so wenig, wie der Katze ihre Neigung zum Mausen. Sogar auch die Güte des Charakters kann, durch Vermehrung der Einsicht, durch Belehrung über die Verhältnisse des Lebens, also durch Aufhellung des Kopfes, zu einer folgerechtern und vollkommenern Äußerung ihres Wesens gebracht werden, z. B. mittelst Nachweisung der entfernteren Folgen, welche unser Tun für andere hat, wie etwan der Leiden, welche ihnen, mittelbar und erst im Laufe der Zeit, aus dieser oder jener Handlung, die wir für so schlimm nicht hielten, erwachsen; desgleichen durch Belehrung über die nachteiligen Folgen mancher gutherzigen Handlung, z. B. der Verschonung eines Verbrechers; besonders auch über den Vorrang, welcher dem Neminem laede durchgängig vor dem Omnes juva zusteht usf. In dieser Hinsicht gibt es allerdings eine moralische Bildung und eine bessernde Ethik: aber darüber hinaus geht sie nicht, und die Schranke ist leicht abzusehn. Der Kopf wird aufgehellt; das Herz bleibt ungebessert. Das Grundwesentliche, das Entschiedene, im Moralischen, wie im Intellektuellen und wie im Physischen, ist *das Angeborene*: die Kunst kann überall nur nachhelfen. Jeder ist, was er ist, gleichsam »von Gottes Gnaden«, jure divino, θειᾳ μοιρᾳ.

»Du bist am Ende – *was du bist*.
Setz' dir Perücken auf von Millionen Locken,
Setz' deinen Fuß auf ellenhohe Socken:
*Du bleibst doch immer was du bist.*«

Aber schon lange höre ich den Leser die Frage aufwerfen: wo bleibt Schuld und Verdienst? – Zur Antwort hierauf verweise ich auf § 10. Daselbst hat, was sonst *hier* vorzutragen wäre, schon seine Stelle gefunden, weil es in enger Verbindung mit Kants Lehre vom Zusammenbestehn der Freiheit mit der Notwendigkeit steht. Das dort Gesagte also bitte ich hier nochmals zu lesen. In Gemäßheit desselben ist das Operari, beim Eintritt der Motive, durchweg notwendig: daher kann die *Freiheit*, welche sich allein durch die *Verantwortlichkeit* ankündigt, nur im Esse liegen. Die Vorwürfe des Gewissens betreffen zwar zunächst und ostensibel das, was wir *getan haben*, eigentlich und im Grunde aber das, was wir *sind*, als worüber unsere Taten allein vollgültiges Zeugnis ablegen, indem sie zu unserm Charakter sich verhalten wie die Symptome zur Krankheit. In diesem Esse also, in dem was wir *sind*, muß auch Schuld und Verdienst liegen. Was wir an andern entweder hochachten und lieben, oder verachten und hassen, ist nicht ein Wandelbares und Veränderliches, sondern ein Bleibendes, ein für allemal Bestehendes: das was sie *sind*: und kommen wir etwan von ihnen zurück; so sagen wir nicht, daß sie sich geändert, sondern daß wir uns in ihnen geirrt haben. Ebenso ist der Gegenstand unserer Zufriedenheit und Unzufriedenheit mit uns selbst das, *was wir sind*, unwiderruflich sind und bleiben: dies erstreckt sich sogar auf die intellektuellen, ja auf die physiognomischen Eigenschaften. Wie sollte also nicht in dem, *was wir sind*, Schuld und Verdienst liegen? – Die immer vollständiger werdende Bekanntschaft mit uns selbst, das immer mehr sich füllende *Protokoll der Taten*, ist das *Gewissen*. Das Thema des Gewissens sind zunächst unsere Handlungen, und zwar sind es diejenigen, in welchen wir dem Mitleid, das uns aufforderte, andere wenigstens nicht zu verletzen, ja sogar ihnen Hülfe und Beistand zu leisten, entweder kein Gehör gegeben haben, weil Egoismus, oder gar Bosheit uns leitete; oder aber, mit Verleugnung dieser beiden, jenem Rufe gefolgt sind. Beide Fälle zeigen die Größe des *Unterschiedes* an, den wir *zwischen uns und andern* machen. Auf *diesem Unterschiede* beruhen zuletzt die Grade der Moralität, oder Immoralität, d.h. der Gerechtigkeit und Menschenliebe, wie auch ihres Gegenteils. Die immer reicher werdende Erinnerung der in dieser Hinsicht bedeutsamen Handlungen vollendet mehr und mehr das Bild unsers Charakters, die wahre Bekanntschaft mit uns selbst. Aus dieser aber erwächst Zufriedenheit, oder Unzufriedenheit mit uns, mit dem, was wir *sind*, je nachdem Egoismus, Bosheit, oder Mitleid vorgewaltet haben, d.h. je nachdem der Unterschied, den wir zwischen unserer Person und den übrigen gemacht haben, größer, oder kleiner gewesen ist. Nach demselben Maßstabe beurteilen wir ebenfalls die andern, deren Charakter wir ebenso empirisch, wie den eigenen, nur unvollkommener, kennen lernen: hier tritt als Lob, Beifall, Hochachtung, oder Tadel, Unwille und Verachtung auf, was bei der Selbstbeurteilung sich als Zufriedenheit, oder Unzufriedenheit, die bis zur Gewissensangst gehn kann, kundgab. Daß auch die Vorwürfe, welche wir andern machen, nur *zunächst* auf die Taten, *eigentlich* aber auf den unveränderlichen Charakter derselben gerichtet sind, und Tugend oder Laster als inhärierende, bleibende Eigenschaften angesehn werden, bezeugen manche sehr häufig vorkommende Redensarten, z.B. »Jetzt sehe ich, wie du bist!« – »In dir habe ich mich geirrt.« – Now I see what You are! – Voilà donc, comme tu es! – »So bin ich nicht!« – »Ich bin nicht der Mann, der fähig wäre, Sie zu hintergehn« u.dgl.m.; ferner auch: les âmes bien nées; auch im Spanischen, bien nacido; *εὐγενής*, *εὐγένεια*, für tugendhaft, Tugend; generosioris animi amicus, usw.

Durch Vernunft ist das Gewissen bloß deshalb bedingt, weil nur vermöge ihrer eine deutliche und zusammenhängende Rückerinnerung möglich ist. Es liegt in der Natur der Sache, daß das Gewissen erst *hinterher* spricht; weshalb es auch das *richtende* Gewissen heißt. *Vorher* sprechen kann es nur im uneigentlichen Sinn, nämlich indirekt, indem die Reflexion aus der Erinnerung ähnlicher Fälle auf die künftige Mißbilligung einer erst projektierten Tat schließt. – So weit geht die ethische Tatsache des Bewußtseins: sie selbst bleibt als metaphysisches Problem stehn, welches nicht unmittelbar zu unserer Aufgabe gehört, jedoch im letzten Abschnitt berührt werden wird. – Zu der Erkenntnis, daß das Gewissen nur die mittelst der Taten entstehende Bekanntschaft mit dem eigenen unveränderlichen Charakter ist, stimmt es vollkommen, daß die in den verschiedenen Menschen so höchst verschiedene *Empfänglichkeit* für die Motive des Eigennutzes, der Bosheit und des Mitleids, worauf der ganze moralische Wert des Menschen beruht, nicht etwas aus einem andern Erklärliches, noch durch Belehrung zu Erlangendes und daher in der Zeit Entstehendes und Veränderliches, ja, vom Zufall Abhängiges, sondern angeboren, unveränderlich und nicht weiter erklärlich ist. Demgemäß ist der Lebenslauf selbst, mit allem seinem vielgestalteten Treiben, nichts weiter, als das äußere Zifferblatt jenes innern, ursprünglichen Getriebes, oder der Spiegel, in welchem allein dem Intellekt eines jeden die Beschaffenheit seines eigenen Willens, der sein Kern ist, offenbar werden kann.

Wer sich die Mühe gibt, das hier und im erwähnten § 10 Gesagte recht zu durchdenken, wird in meiner Begründung der Ethik eine Konsequenz und abgerundete Ganzheit entdecken, welche allen andern abgeht, und andererseits eine Übereinstimmung mit den Tatsachen der Erfahrung, welche jene noch weniger haben. Denn nur die Wahrheit kann durchgängig mit sich und mit der Natur übereinstimmen: hingegen streiten alle falsche Grundansichten innerlich mit sich selbst und nach außen mit der Erfahrung, welche bei jedem Schritte ihren stillen Protest einlegt.

Daß jedoch besonders die hier am Schlusse dargelegten Wahrheiten vielen festgewurzelten Vorurteilen und Irrtümern, namentlich einer gewissen gangbaren Kinderschulen-Moral geradezu vor den Kopf stoßen, ist mir gar wohl, jedoch ohne Reue und Bedauern, bewußt. Denn erstlich spreche ich hier nicht zu Kindern, noch zum Volke, sondern zu einer erleuchteten Akademie, deren rein theoretische Frage auf die letzten Grundwahrheiten der Ethik gerichtet ist, und die auf eine höchst ernsthafte Frage auch eine ernste Antwort erwartet: und zweitens halte ich dafür, daß es weder privilegierte, noch nützliche, noch selbst unschädliche Irrtümer geben kann, sondern jeder Irrtum unendlich mehr Schaden als Nutzen stiftet. – Wollte man hingegen bestehende Vorurteile zum Maßstabe der Wahrheit, oder zum Grenzstein machen, den ihre Darlegung nicht überschreiten darf, so würde es redlicher sein, philosophische Fakultäten und Akademien ganz eingehn zu lassen: denn was nicht ist, soll auch nicht scheinen.

# IV.
# ZUR METAPHYSISCHEN AUSLEGUNG DES ETHISCHEN URPHÄNOMENS

## § 21
### *Verständigung über diese Zugabe*

Im Bisherigen habe ich die moralische Triebfeder als Tatsache nachgewiesen, und habe gezeigt, daß aus ihr allein uneigennützige Gerechtigkeit und echte Menschenliebe hervorgehn können, auf welchen zwei Kardinaltugenden alle übrigen beruhen. Zur Begründung der Ethik ist dies hinreichend, insofern diese notwendig auf irgend etwas tatsächlich und nachweisbar Vorhandenes, sei es nun in der Außenwelt oder im Bewußtsein gegeben, gestützt werden muß; wenn man nicht etwan, wie manche meiner Vorgänger, bloß einen abstrakten Satz beliebig annehmen und aus ihm die ethischen Vorschriften ableiten, oder, wie Kant, mit einem bloßen Begriff, dem des *Gesetzes*, ebenso verfahren will. Der von der Königlichen Sozietät gestellten Aufgabe scheint mir hiedurch genügt zu sein, da solche auf das Fundament der Ethik gerichtet ist und nicht noch eine Metaphysik dazu verlangt, um wieder jenes zu begründen. Inzwischen sehe ich sehr wohl, daß der menschliche Geist hiebei die letzte Befriedigung und Beruhigung noch nicht findet. Wie am Ende jeder Forschung und jeder Realwissenschaft, so steht er auch hier vor einem Urphänomen, welches zwar alles unter ihm Begriffene und aus ihm folgende erklärt, selbst aber unerklärt bleibt und als ein Rätsel vorliegt. Auch hier also stellt sich die Forderung einer *Metaphysik* ein, d.h. einer letzten Erklärung der Urphänomene als solcher und, wenn in ihrer Gesamtheit genommen, der Welt. Diese Forderung erhebt auch hier die Frage, warum das Vorhandene und Verstandene sich so und nicht anders verhalte, und wie aus dem Wesen an sich der Dinge der dargelegte Charakter der Erscheinung hervorgehe. Ja, bei der Ethik ist das Bedürfnis einer metaphysischen Grundlage um so dringender, als die philosophischen, wie die religiösen Systeme darüber einig sind, daß die ethische Bedeutsamkeit der Handlungen zugleich eine metaphysische, d.h. über die bloße Erscheinung der Dinge und somit auch über alle Möglichkeit der Erfahrung hinausreichende, demnach mit dem ganzen Dasein der Welt und dem Lose des Menschen in engster Beziehung stehende sein müsse; indem die letzte Spitze, in welche die Bedeutung des Daseins überhaupt auslaufe, zuverlässig das Ethische sei. Dies letztere bewährt sich auch durch die unleugbare Tatsache, daß, bei Annäherung des Todes, der Gedankengang eines jeden Menschen, gleichviel ob dieser religiösen Dogmen angehangen habe oder nicht, eine *moralische* Richtung nimmt und er die Rechnung über seinen vollbrachten Lebenslauf durchaus in *moralischer* Rücksicht abzuschließen bemüht ist. Hierüber sind besonders die Zeugnisse der Alten von Gewicht; weil sie nicht unter christlichem Einfluß stehn. Ich führe demnach an, daß wir diese Tatsache bereits ausgesprochen finden in einer, dem uralten Gesetzgeber Zaleukos zugeschriebenen, nach Bentley und Heyne jedoch von einem Pythagoreer herrührenden Stelle, welche Stobäos (Floril., Tit. 44, § 20) uns aufbehalten hat: *Δεῖ τίθεσθαι πρὸ ὀμμάτων τὸν καιρὸν τοῦτον, ἐν ᾧ γίγνεται τὸ τέλος ἑκάστῳ τῆς ἀπαλλαγῆς τοῦ ζῆν. Πᾶσι γὰρ ἐμπίπτει μεταμέλεια τοῖς μέλλουσι τελευτᾷν, μεμνημένοις ὧν ἠδικήκασι, καὶ ὁρμὴ τοῦ βούλεσθαι πάντα πεπρᾶχθαι δικαίως αὐτοῖς.* (Oportet ante oculos sibi ponere punctum temporis illud, quo unicuique e vita excedendum est: omnes enim moribundos poenitentia corripit, e memoria eorum, quae injuste egerint, ac vehementer optant, omnia sibi juste peracta fuisse.) Imgleichen sehn wir, um an ein historisches Beispiel zu erinnern, den Perikles, auf dem Sterbebette, von allen seinen Großtaten nichts hören wollen, sondern nur davon, daß er nie einen Bürger in Trauer versetzt hatte (Plut. in Pericl). Um nun aber einen sehr heterogenen Fall daneben zu stellen, so ist mir aus dem Berichte der Aussagen vor einer englischen Jury erinnerlich, daß ein roher, fünfzehnjähriger Negerjunge, auf einem Schiffe, im Begriff an einer soeben in einer Schlägerei erhaltenen Verletzung zu sterben, eilig alle Kameraden herbeiholen ließ, um sie zu fragen, ob er jemals einen von ihnen gekränkt oder beleidigt hätte, und bei der Verneinung große Beruhigung fand. Durchgängig lehrt die Erfahrung, daß Sterbende sich vor dem Scheiden mit jedem zu versöhnen wünschen. Einen anderartigen Beleg zu unserem Satze gibt die bekannte Erfahrung, daß, während für intellektuelle Leistungen, und wären sie die ersten Meisterstücke der Welt, der Urheber sehr gern einen Lohn annimmt, wenn er ihn nur erhalten kann, fast jeder, der etwas moralisch Ausgezeichnetes geleistet hat, allen Lohn dafür abweist. Dies ist besonders der Fall bei moralischen Großtaten, wann z.B. einer das Leben eines andern, oder gar vieler, mit Gefährdung seines eigenen, gerettet hat; als wo er, in der Regel, selbst wenn er arm ist, schlechterdings keinen Lohn annimmt; weil er fühlt, daß der metaphysische Wert seiner Handlung darunter leiden würde. Eine poetische Darstellung dieses Herganges liefert uns Bürger am Schlusse des Liedes vom braven Mann. Aber auch in der Wirklichkeit fällt es meistens so aus, und ist mir in englischen Zeitungen mehrmals vorgekommen. – Diese Tatsachen sind allgemein und treten ohne Unterschied der Religion ein. Wegen dieser unleugbaren ethisch-metaphysischen Tendenz des Lebens könnte auch, ohne eine in diesem Sinn gegebene Auslegung desselben, keine Religion in der Welt Fuß fassen: denn mittelst ihrer ethischen Seite hat jede ihren Anhaltspunkt in den Gemütern. Jede Religion legt ihr Dogma der jedem Menschen fühlbaren, aber deshalb noch nicht verständlichen, moralischen Triebfeder zum Grunde und verknüpft es so eng mit derselben, daß beide als unzertrennlich erscheinen: ja, die Priester sind bemüht, Unglauben und Immoralität für eins und dasselbe auszugeben. Hierauf beruht es, daß dem Gläubigen der Ungläubige für identisch mit dem moralisch Schlechten gilt, wie wir schon daran sehn, daß Ausdrücke, wie gottlos, atheistisch, unchristlich, Ketzer u. dgl. als synonym mit moralisch schlecht gebraucht werden. Den Religionen ist die Sache dadurch leicht gemacht, daß sie, vom *Glauben* ausgehend, diesen für ihr Dogma schlechthin, ja, unter Drohungen fordern dürfen. Aber die philosophischen Systeme haben hier nicht so leichtes Spiel: daher man bei Untersuchung aller Systeme finden wird, daß es, wie mit der Begründung der Ethik, so auch mit dem Anknüpfungspunkte derselben an die gegebene Metaphysik überall äußerst schlecht bestellt ist. Und doch ist die Forderung, daß die Ethik sich auf die Metaphysik stütze, unabweisbar, wie ich dies schon in der Einleitung durch Wolffs und Kants Auktorität bekräftigt habe.

Nun aber ist das Problem der Metaphysik so sehr das schwerste aller den menschlichen Geist beschäftigenden Probleme, daß es von vielen Denkern für schlechthin unauflösbar gehalten wird. Für mich kommt, in gegenwärtigem Fall, noch der ganz besondere Nachteil hinzu, den die Form einer abgerissenen Monographie herbeiführt, daß ich nämlich nicht von einem bestimmten metaphysischen Systeme, zu welchem ich mich etwan bekenne, ausgehn darf; weil ich es entweder darzulegen, welches viel zu weitläuftig, oder als gegeben und gewiß anzunehmen hätte, welches höchst mißlich sein würde. Hieraus wieder folgt, daß ich hier so wenig, als im Vorhergehenden, die synthetische, sondern nur die analytische Methode anwenden darf, d.h. nicht vom Grunde auf die Folgen, sondern von den Folgen auf den Grund zu gehn habe. Diese harte Notwendigkeit aber, voraussetzungslos zu verfahren und von keinem andern, als dem allen gemeinsamen Standpunkt auszugehn, hat mir schon die Darlegung des Fundaments der Ethik so sehr erschwert, daß ich jetzt auf dieselbe zurücksehe, wie auf ein zustande gebrachtes schweres Kunststück, dem analog, wo einer aus freier Hand gemacht hat, was sonst überall nur auf einer festen Unterlage ausgeführt wird. Vollends aber jetzt, wo die Frage nach der metaphysischen Auslegung der ethischen Grundlage angeregt ist, wird die Schwierigkeit des voraussetzungslosen Verfahrens so überwiegend, daß ich nur den Ausweg sehe, es bei ganz allgemeinen Umrissen bewenden zu lassen, mehr Andeutungen, als Ausführungen zu geben, den Weg, der hier zum Ziele führt, zu zeigen, aber nicht ihn bis ans Ende zu verfolgen, und überhaupt nur einen sehr geringen Teil von dem zu sagen, was ich unter andern Umständen hier vorzubringen hätte. Bei diesem Verfahren aber berufe ich mich, neben den eben dargelegten Gründen, darauf, daß die eigentliche Aufgabe in den vorhergehenden Abschnitten gelöst ist, folglich was ich hier noch darüber leiste ein opus supererogationis, eine beliebig zu gebende und beliebig zu nehmende *Zugabe* ist.

## § 22
### *Metaphysische Grundlage*

Den festen Boden der Erfahrung, welcher bis hieher alle unsere Schritte getragen hat, sollen wir also jetzt verlassen, um in dem, wohin keine Erfahrung auch nur möglicherweise reichen kann, die letzte theoretische Befriedigung zu suchen, glücklich, wenn uns auch nur ein Fingerzeig, ein flüchtiger Durchblick zuteil wird, bei welchem wir uns einigermaßen beruhigen können. Hingegen was uns nicht verlassen soll, ist die bisherige Redlichkeit des Verfahrens: wir werden nicht, nach der Weise der sogenannten Nach-Kantischen Philosophie, uns in Träumereien gefallen, Märchen auftischen, durch Worte zu imponieren und dem Leser Sand in die Augen zu streuen suchen; sondern ein weniges, redlich dargeboten, ist unsere Verheißung.

Das, was bis hieher Erklärungsgrund war, wird jetzt selbst unser Problem, nämlich jenes jedem Menschen angeborene und unvertilgbare, natürliche Mitleid, welches sich uns als die alleinige Quelle *nicht-egoistischer Handlungen* ergeben hat: diesen aber ausschließlich kommt moralischer Wert zu. Die Weise vieler modernen Philosophen, welche die Begriffe *Gut* und *Böse* als *einfache*, d.h. keiner Erklärung bedürftige, noch fähige, Begriffe behandeln, und dann meistens sehr geheimnisvoll und andächtig von einer »*Idee des Guten*« reden, aus welcher sie die Stütze ihrer Ethik, oder wenigstens einen Deckmantel ihrer Dürftigkeit machen*, nötigt mich, hier die Erklärung einzuschalten, daß diese Begriffe nichts weniger als einfach, geschweige a priori gegeben, sondern Ausdrücke einer Relation und aus der alltäglichsten Erfahrung geschöpft sind. Alles, was den Bestrebungen irgendeines individuellen Willens gemäß ist, heißt, in Beziehung auf diesen, *gut*: – gutes Essen, gute Wege, gute Vorbedeutung; – das Gegenteil *schlecht*, an belebten Wesen *böse*. Ein Mensch, der, vermöge seines

* »Der Begriff *des Guten*, in seiner Reinheit, ist ein *Urbegriff*, eine *absolute Idee*, deren Inhalt sich im Unendlichen verliert«.

*Bouterweck*, Praktische Aphorismen, S. 54.

Man sieht, er möchte aus dem schlichten, ja, trivialen Begriff *Gut* am liebsten einen *Διϊπετης* machen, um ihn als Götzen im Tempel aufstellen zu können.

Charakters, den Bestrebungen anderer nicht gern hinderlich, vielmehr, so weit er füglich kann, günstig und förderlich ist, der also andere nicht verletzt, vielmehr ihnen, wo er kann, Hülfe und Beistand leistet, wird von ihnen, in ebenderselben Rücksicht, *ein guter Mensch* genannt, mithin der Begriff *Gut*, von demselben relativen, empirischen und im passiven Subjekt gelegenen Gesichtspunkte aus, auf ihn angewandt. Untersuchen wir nun aber den Charakter eines solchen Menschen nicht bloß in Hinsicht auf andere, sondern an sich selbst; so wissen wir aus dem Vorhergehenden, daß eine ganz unmittelbare Teilnahme am Wohl und Wehe anderer, als deren Quelle wir das Mitleid erkannt haben, es ist, aus welcher die Tugenden der Gerechtigkeit und Menschenliebe in ihm hervorgehn. Gehn wir aber auf das Wesentliche eines solchen Charakters zurück; so finden wir es unleugbar darin, *daß er weniger als die Übrigen einen Unterschied zwischen sich und andern macht*. Dieser *Unterschied* ist in den Augen des boshaften Charakters so groß, daß ihm fremdes Leiden unmittelbar Genuß ist, den er deshalb, ohne weitern eigenen Vorteil, ja, selbst diesem entgegen, sucht. Derselbe *Unterschied* ist in den Augen des Egoisten noch groß genug, damit er, um einen kleinen Vorteil für sich zu erlangen, großen Schaden anderer als Mittel gebrauche. Diesen beiden ist also zwischen dem *Ich*, welches sich auf ihre eigene Person beschränkt, und dem *Nicht-Ich*, welches die übrige Welt begreift, eine weite Kluft, ein mächtiger *Unterschied*: Pereat mundus, dum ego salvus sim, ist ihre Maxime. Dem guten Menschen hingegen ist dieser *Unterschied* keineswegs so groß, ja, in den Handlungen des Edelmuts erscheint er als aufgehoben, indem hier das fremde Wohl auf Kosten des eigenen befördert, also das fremde Ich dem eigenen gleichgesetzt wird: und wo *viele* andere zu retten sind, wird das eigene Ich ihnen gänzlich zum Opfer gebracht, indem der einzelne für viele sein Leben hingibt.

Es frägt sich jetzt, ob die letztere Auffassung des Verhältnisses zwischen dem eigenen und dem fremden Ich, welche den Handlungen des guten Charakters zum Grund liegt, eine irrige sei und auf einer Täuschung beruhe? oder ob dies vielmehr der Fall der entgegengesetzten Auffassung sei, auf welcher der Egoismus und die Bosheit fußt? –

Diese dem Egoismus zum Grunde liegende Auffassung ist, *empirisch*, streng gerechtfertigt. Der *Unterschied* zwischen der eigenen und der fremden Person erscheint erfahrungsgemäß als ein absoluter. Die Verschiedenheit des Raumes, welche mich von dem andern trennt, trennt mich auch von seinem Wohl und Wehe. – Hiegegen wäre jedoch zunächst zu bemerken, daß die Erkenntnis, die wir vom eigenen Selbst haben, keineswegs eine erschöpfende und bis auf den letzten Grund klare ist. Durch die Anschauung, welche das Gehirn auf Data der Sinne vollzieht, also mittelbar, erkennen wir den eigenen Leib als ein Objekt im Raum, und durch den innern Sinn die fortlaufende Reihe unserer Bestrebungen und Willensakte, welche auf Anlaß äußerer Motive entstehn, endlich auch die mannigfaltigen, schwächeren, oder stärkeren Bewegungen des eigenen Willens, auf welche alle inneren Gefühle sich zurückführen lassen. Das ist alles: denn das Erkennen wird nicht selbst wieder erkannt. Hingegen das eigentliche Substrat dieser ganzen Erscheinung, unser inneres *Wesen an sich*, das Wollende und Erkennende selbst, ist uns nicht zugänglich: wir sehn bloß nach außen, innen ist es finster. Demnach ist die Kenntnis, welche wir von uns selbst haben, keineswegs eine vollständige und erschöpfende, vielmehr sehr oberflächlich, und dem größern, ja, hauptsächlichen Teil nach sind wir uns selber unbekannt und ein Rätsel, oder, wie Kant sagt: Das Ich erkennt sich nur als Erscheinung, nicht nach dem, was es an sich sein mag. Jenem andern Teile nach, der in unsere Erkenntnis fällt, ist zwar jeder vom andern gänzlich verschieden: aber hieraus folgt noch nicht, daß es sich ebenso verhalte hinsichtlich des großen und wesentlichen Teiles, der jedem verdeckt und unbekannt bleibt. Für diesen ist also wenigstens eine Möglichkeit übrig, daß er in allen eines und identisch sei.

Worauf beruht alle Vielheit und numerische Verschiedenheit der Wesen? – Auf Raum und Zeit: durch diese allein ist sie möglich; da das viele sich nur entweder als nebeneinander, oder als nacheinander denken und vorstellen läßt. Weil nun das gleichartige Viele die *Individuen* sind; so nenne ich Raum und Zeit, in der Hinsicht, daß sie die *Vielheit* möglich machen, das principium individuationis, unbekümmert, ob dies genau der Sinn sei, in welchem die Scholastiker diesen Ausdruck nahmen.

Wenn an den Aufschlüssen, welche Kants bewunderungswürdiger Tiefsinn der Welt gegeben hat, *irgend etwas* unbezweifelt wahr ist, so ist es die *transzendentale Ästhetik*, also die Lehre von der Idealität des Raumes und der Zeit. Sie ist so klar begründet, daß kein irgend scheinbarer Einwand dagegen hat aufgetrieben werden können. Sie ist Kants Triumph und gehört zu den höchst wenigen metaphysischen Lehren, die man als wirklich bewiesen und als eigentliche Eroberungen im Felde der Metaphysik ansehn kann. Nach ihr also sind Raum und Zeit die Formen unsers eigenen Anschauungsvermögens, gehören diesem, nicht den dadurch erkannten Dingen an, können also nimmermehr eine Bestimmung der Dinge an sich selbst sein; sondern kommen nur der *Erscheinung* derselben zu, wie solche in unserm, an physiologische Bedingungen gebundenen Bewußtsein der Außenwelt allein möglich ist. Ist aber dem Dinge an sich, d.h. dem wahren Wesen der Welt, *Zeit* und *Raum* fremd; so ist es notwendig auch die *Vielheit*: folglich kann dasselbe in den zahllosen Erscheinungen dieser Sinnenwelt doch nur eines sein, und nur das eine und identische Wesen sich in diesen allen manifestieren. Und umgekehrt, was sich als ein *Vieles*, mithin in Zeit und Raum darstellt, kann nicht Ding an sich, sondern nur *Erscheinung* sein. Diese aber ist, als solche, bloß für unser durch vielerlei Bedingungen beschränktes, ja, auf einer organischen Funktion beruhendes Bewußtsein vorhanden, nicht außer demselben.

Diese Lehre, daß alle Vielheit nur scheinbar sei, daß in allen Individuen dieser Welt, in so unendlicher Zahl sie auch, nach- und nebeneinander, sich darstellen, doch nur eines und dasselbe, in ihnen allen gegenwärtige und identische, wahrhaft seiende Wesen sich manifestiere, dies Lehre ist freilich lange vor Kant, ja, man möchte sagen von jeher dagewesen. Denn zuvörderst ist sie die Haupt- und Grundlehre des ältesten Buches der Welt, der heiligen *Veden*, deren dogmatischer Teil, oder vielmehr esoterische Lehre, uns in den *Upanischaden* vorliegt.* Daselbst finden wir

* Die Echtheit des *Oupnekhat* war auf Grund einiger, von mohammedanischen Abschreibern beigefügten und in den Text geratenen Randglossen angefochten worden. Allein sie wird vollkommen vindiziert von dem Sanskrit-Gelehrten F. H. H. Windischmann (dem Sohn) in seinem Sancara, sive de theologumenis Vedanti-

fast auf jeder Seite jene große Lehre: sie wird unermüdlich, in zahllosen Wendungen wiederholt und durch mannigfaltige Bilder und Gleichnisse erläutert. Daß sie gleichfalls der Weisheit des Pythagoras zum Grunde lag, ist, selbst nach den kärglichen Nachrichten, die von seiner Philosophie zu uns gelangt sind, durchaus nicht zu bezweifeln. Daß in ihr allein fast die ganze Philosophie der Eleatischen Schule enthalten war, ist allbekannt. Später waren von ihr die Neu-Platoniker durchdrungen, indem sie lehrten *διὰ τὴν ἑνότητα ἁπάντων πάσας ψυχὰς μίαν εἶναι* (propter omnium unitatem cunctas animas unam esse). Im 9. Jahrhundert sehn wir sie in Europa unerwartet auftreten durch Skotus Erigena, der, von ihr begeistert, sich bemüht, sie in die Formen und Ausdrücke der christlichen Religion zu kleiden. Unter den Mohammedanern finden wir sie als begeisterte Mystik der Sufis wieder. Aber im Okzident mußte Jordanus Brunus es mit einem schmählichen und qualvollen Tode büßen, daß er dem Drange, jene Wahrheit auszusprechen, nicht hatte widerstehn können. Dennoch sehn wir auch die christlichen Mystiker, wider Willen und Absicht, sich in sie verstricken, wann und wo sie auftreten. Spinozas Name ist mit ihr identifiziert. In unsern Tagen endlich, nachdem Kant den alten Dogmatismus vernichtet hatte und die Welt erschrocken vor den rauchenden Trümmern stand, wurde jene Erkenntnis wieder auferweckt durch die eklektische Philosophie Schellings, der, die Lehren des Plotinos, Spinozas, Kants und Jakob Böhmes mit den Ergebnissen der neuen Naturwissenschaft amalgamierend, schleunig ein Ganzes zusammensetzte, dem dringenden Bedürfnis seiner Zeitgenossen einstweilen zu genügen, und es dann mit Variationen abspielte; infolge wovon jene Erkenntnis unter den

corum, 1833, p. XIX, ebenfalls von Bochinger, De la vie contemplative chez les Indous, 1831, p. 12. – Sogar der des Sanskrits unkundige Leser kann sich, durch Vergleichung der neueren Übersetzungen einzelner Upanischaden, von Rammohun Roy, Polen und selbst der von Colebrooke, wie auch der neuesten von *Röer*, deutlich überzeugen, daß der von Anquetil streng wörtlich ins Lateinische übertragenen persischen Übersetzung des Märtyrers dieser Lehre, Sultans Daraschakoh, ein genaues und vollkommenes Wortverständnis zum Grunde gelegen hat; hingegen jene andern sich großenteils mit Tappen und Erraten geholfen haben, daher sie ganz gewiß viel ungenauer sind. – Näheres hierüber findet man im zweiten Bande der Parerga, Kap. 16, § 184.

Gelehrten Deutschlands zu durchgängiger Geltung gelangt, ja, selbst unter den bloß Gebildeten fast allgemein verbreitet ist.* Eine Ausnahme machen allein die heutigen Universitätsphilosophen, als welche die schwere Aufgabe haben, dem sogenannten *Pantheismus* entgegen zu arbeiten, wodurch in große Not und Verlegenheit versetzt, sie in ihrer Herzensangst bald zu den kläglichsten Sophismen, bald zu den bombastischesten Phrasen greifen, um daraus irgend einen anständigen Maskenanzug zusammenzuflicken, eine beliebte und oktroyierte Rockenphilosophie darin zu kleiden. Kurzum, das *Ἓν καὶ πᾶν* war zu allen Zeiten der Spott der Toren und die endlose Meditation der Weisen. Jedoch läßt der strenge Beweis desselben sich allein aus Kants Lehre, wie oben geschehn, führen; obwohl Kant selbst dies nicht getan hat, sondern, nach Weise kluger Redner, nur die Prämissen gab, den Zuhörern die Freude der Konklusion überlassend.

Gehört demnach Vielheit und Geschiedenheit allein der bloßen *Erscheinung* an, und ist es ein und dasselbe Wesen, welches in allem Lebenden sich darstellt; so ist diejenige Auffassung, welche den Unterschied zwischen Ich und Nicht-Ich aufhebt, nicht die irrige: vielmehr muß die ihr entgegengesetzte dies sein. Auch finden wir diese letztere von den Hindus mit dem Namen *Maja*, d.h. Schein, Täuschung, Gaukelbild, bezeichnet. Jene erstere Ansicht ist es, welche wir als dem Phänomen des Mitleids zum Grunde liegend, ja, dieses als den realen Ausdruck derselben gefunden haben. Sie wäre demnach die metaphysische Basis der Ethik, und bestände darin, daß das *eine* Individuum im *andern* unmittelbar sich selbst, ein eigenes wahres Wesen wiedererkenne. Demnach träfe die praktische Weisheit, das Rechttun und Wohltun, im Resultat genau zusammen mit der tiefsten Lehre der am weitesten gelangten theoretischen Weisheit; und der praktische Philosoph, d.h. der Gerechte, der Wohltätige, der Edelmütige, spräche durch die Tat nur dieselbe Erkenntnis aus, welche das Ergebnis des größten

* On peut assez longtemps, chez notre espèce,
Fermer la porte à la raison.
Mais, dès qu'elle entre avec adresse,
Elle reste dans la maison,
Et bientôt elle en est maîtresse. *Volt.*

Tiefsinns und der mühseligsten Forschung des theoretischen Philosophen ist. Indessen steht die moralische Trefflichkeit höher denn alle theoretische Weisheit, als welche immer nur Stückwerk ist und auf dem langsamen Wege der Schlüsse zu dem Ziele gelangt, welches jene mit *einem* Schlage erreicht; und der moralisch Edle, wenn ihm auch noch so sehr die intellektuelle Trefflichkeit abgeht, legt durch sein Handeln die tiefste Erkenntnis, die höchste Weisheit an den Tag, und beschämt den Genialsten und Gelehrtesten, wenn dieser durch sein Tun verrät, daß jene große Wahrheit ihm doch im Herzen fremd geblieben ist.

»Die Individuation ist real, das principium individuationis und die auf demselben beruhende Verschiedenheit der Individuen ist die Ordnung der Dinge an sich. Jedes Individuum ist ein von allen andern von Grund aus verschiedenes Wesen. Im eigenen Selbst allein habe ich mein wahres Sein, alles andere hingegen ist Nicht-Ich und mir fremd.« – Dies ist die Erkenntnis, für deren Wahrheit Fleisch und Bein Zeugnis ablegen, die allem Egoismus zum Grunde liegt, und deren realer Ausdruck jede lieblose, ungerechte, oder boshafte Handlung ist. –

»Die Individuation ist bloße Erscheinung, entstehend mittelst Raum und Zeit, welche nichts weiter als die durch mein zerebrales Erkenntnisvermögen bedingten Formen aller seiner Ojekte sind; daher auch die Vielheit und Verschiedenheit der Individuen bloße Erscheinung, d.h. nur in meiner *Vorstellung* vorhanden ist. Mein wahres, inneres Wesen existiert in jedem Lebenden so unmittelbar, wie es in meinem Selbstbewußtsein sich nur mir selber kundgibt.« – Diese Erkenntnis, für welche im Sanskrit die Formel tat-twam asi, d.h. »dies bist Du«, der stehende Ausdruck ist, ist es, die als *Mitleid* hervorbricht, auf welcher daher alle echte, d.h. uneigennützige Tugend beruht und deren realer Ausdruck jede gute Tat ist. Diese Erkenntnis ist es im letzten Grunde, an welche jede Appellation an Milde, an Menschenliebe, an Gnade für Recht sich richtet: denn eine solche ist eine Erinnerung an die Rücksicht, in welcher wir alle eins und dasselbe Wesen sind. Hingegen beruft Egoismus, Neid, Haß, Verfolgung, Härte, Rache, Schadenfreude, Grausamkeit sich auf jene erstere Erkenntnis und beruhigt sich bei ihr. Die Rührung und Wonne, welche wir beim

Anhören, noch mehr beim Anblick, am meisten beim eigenen Vollbringen einer edlen Handlung empfinden, beruht im tiefsten Grunde darauf, daß sie uns die Gewißheit gibt, daß jenseit aller Vielheit und Verschiedenheit der Individuen, die das principium individuationis uns vorhält, eine Einheit derselben liege, welche wahrhaft vorhanden, ja, uns zugänglich ist, da sie ja eben faktisch hervortrat.

Je nachdem die eine oder die andere Erkenntnisweise festgehalten wird, tritt, zwischen Wesen und Wesen, die *φιλια* oder das *νεικος* des Empedokles hervor. Aber wer, vom *νεικος* beseelt, feindlich eindränge auf seinen verhaßtesten Widersacher, und bis in das Tiefinnerste desselben gelangte; der würde in diesem, zu seiner Überraschung, sich selbst entdecken. Denn so gut wie im Traum in allen uns erscheinenden Personen wir selbst stecken, so gut ist es im Wachen der Fall, – wenn auch nicht so leicht einzusehn. Aber tat-twam asi.

Das Vorwalten der einen oder der andern jener beiden Erkenntnisweisen zeigt sich nicht bloß in den einzelnen Handlungen, sondern in der ganzen Art des Bewußtseins und der Stimmung, welche daher beim *guten* Charakter eine von der des *schlechten* so wesentlich verschiedene ist. *Dieser* empfindet überall eine starke Scheidewand zwischen sich und allem außer ihm. Die Welt ist ihm ein *absolutes Nicht-Ich* und sein Verhältnis zu ihr ein ursprünglich feindliches: dadurch wird der Grundton seiner Stimmung Gehässigkeit, Argwohn, Neid, Schadenfreude. – Der gute Charakter hingegen lebt in einer seinem Wesen homogenen Außenwelt: die andern sind ihm kein Nicht-Ich, sondern »Ich noch einmal«. Daher ist sein ursprüngliches Verhältnis zu jedem ein befreundetes: er fühlt sich allen Wesen im Innern verwandt, nimmt unmittelbar teil an ihrem Wohl und Wehe, und setzt mit Zuversicht dieselbe Teilnahme bei ihnen voraus. Hieraus erwächst der tiefe Friede seines Innern und jene getroste, beruhigte, zufriedene Stimmung, vermöge welcher in seiner Nähe jedem wohl wird. – Der böse Charakter vertraut in der Not nicht auf den Beistand anderer: ruft er ihn an, so geschieht es ohne Zuversicht: erlangt er ihn, so empfängt er ihn ohne wahre Dankbarkeit: weil er ihn kaum anders denn als Wirkung der Torheit anderer begreifen kann. Denn sein eigenes im fremden Wesen wieder zu erkennen, ist er selbst dann noch unfähig, nachdem es von dort aus sich durch unzweideutige Zeichen kundgegeben hat. Hierauf beruht eigentlich das Empörende alles Undanks. Diese moralische Isolation, in der er sich wesentlich und unausweichbar befindet, läßt ihn auch leicht in Verzweiflung geraten.– Der gute Charakter wird mit ebenso vieler Zuversicht den Beistand anderer anrufen, als er sich der Bereitwilligkeit bewußt ist, ihnen den seinigen zu leisten. Denn, wie gesagt, dem einen ist die Menschenwelt Nicht-Ich, dem andern »Ich noch einmal«. – Der Großmütige, welcher dem Feinde verzeiht und das Böse mit Gutem erwidert, ist erhaben und erhält das höchste Lob; weil er sein selbsteigenes Wesen auch da noch erkannte, wo es sich entschieden verleugnete.

Jede ganz lautere Wohltat, jede völlig und wahrhaft uneigennützige Hülfe, welche, als solche, ausschließlich die Not des andern zum Motiv hat, ist, wenn wir bis auf den letzten Grund forschen, eigentlich eine mysteriöse Handlung, eine praktische Mystik, sofern sie zuletzt aus derselben Erkenntnis, die das Wesen aller eigentlichen Mystik ausmacht, entspringt und auf keine andere Weise mit Wahrheit erklärbar ist. Denn daß einer auch nur ein Almosen gebe, ohne dabei auf die entfernteste Weise etwas anderes zu bezwecken, als daß der Mangel, welcher den andern drückt, gemindert werde, ist nur möglich, sofern er erkennt, daß er selbst es ist, was ihm jetzt unter jener traurigen Gestalt erscheint, also daß er sein eigenes Wesen an sich in der fremden Erscheinung wiedererkenne. Daher habe ich, in der vorigen Abteilung, das Mitleid das große Mysterium der Ethik genannt.

Wer für sein Vaterland in den Tod geht, ist von der Täuschung frei geworden, welche das Dasein auf die eigene Person beschränkt: er dehnt sein eigenes Wesen auf seine Landsleute aus, in denen er fortlebt, ja, auf die kommenden Geschlechter derselben, für welche er wirkt; – wobei er den Tod betrachtet, wie das Winken der Augen, welches das Sehn nicht unterbricht.

Der, dem alle andern stets Nicht-Ich waren, ja, der im Grunde allein seine eigene Person für wahrhaft real hielt, die andern hingegen eigentlich nur als Phantome ansah, denen er bloß eine relative Existenz, sofern sie Mittel zu seinen Zwecken sein oder diesen entgegenstehn konnten, zuerkannte, so daß ein unermeßlicher Unterschied, eine tiefe Kluft zwischen seiner Person und allem jenem Nicht-Ich blieb, der also ausschließlich in dieser eigenen Person existierte, dieser sieht, im Tode, mit seinem Selbst auch alle Realität und die ganze Welt untergehn. Hingegen der, welcher in allen andern, ja in allem, was Leben hat, sein eigenes Wesen, sich selbst erblickte, dessen Dasein daher mit dem Dasein alles Lebenden zusammenfloß, der verliert durch den Tod nur einen kleinen Teil seines Daseins: er besteht fort in allen andern, in welchen er ja sein Wesen und sein Selbst stets erkannt und geliebt hat, und die Täuschung verschwindet, welche sein Bewußtsein von dem der Übrigen trennte. Hierauf mag, zwar nicht ganz, aber doch zum großen Teil, die Verschiedenheit beruhen zwischen der Art, wie besonders gute und überwiegend böse Menschen die Todesstunde entgegennehmen. –

In allen Jahrhunderten hat die arme Wahrheit darüber erröten müssen, daß sie paradox war: und es ist doch nicht ihre Schuld. Sie kann nicht die Gestalt des thronenden allgemeinen Irrtums annehmen. Da sieht sie seufzend auf zu ihrem Schutzgott, der Zeit, welcher ihr Sieg und Ruhm zuwinkt, aber dessen Flügelschläge so groß und langsam sind, daß das Individuum darüber hinstirbt. So bin denn auch ich mir des Paradoxen, welches diese metaphysische Auslegung des ethischen Urphänomens für die an ganz anderartige Begründungen der Ethik gewöhnten okzidentalisch Gebildeten haben muß, sehr wohl bewußt, kann jedoch nicht der Wahrheit Gewalt antun. Vielmehr ist alles, was ich, aus dieser Rücksicht, über mich vermag, daß ich durch eine Anführung belege, wie jene Metaphysik der Ethik schon vor Jahrtausenden die Grundansicht der indischen Weisheit war, auf welche ich zurückdeute, wie Kopernikus auf das von Aristoteles und Ptolemäos verdrängte Weltsystem der Pythagoreer. Im Bhagavad-Gita, Lectio 13; 27, 28, heißt es, nach A. W. v. Schlegels Übersetzung: Eundem in omnibus animantibus consistentem summum dominum, istis pereuntibus haud pereuntem qui cernit, is vere cernit. – Eundem vero cernens ubique praesentem dominum, non violat semet ipsum sua ipsius culpa: exinde pergit ad summum iter.

Bei diesen Andeutungen zur Metaphysik der Ethik muß ich es bewenden lassen, obwohl noch ein bedeutender Schritt in derselben zu tun übrig bleibt. Allein dieser setzt voraus, daß man auch in der *Ethik* selbst einen Schritt weiter gegangen wäre, welches ich nicht tun durfte, weil in Europa der Ethik ihr höchstes Ziel in der Rechts- und Tugendlehre gesteckt ist, und man was über diese hinausgeht nicht kennt, oder doch nicht gelten läßt. Dieser notwendigen Unterlassung also ist es zuzuschreiben, daß die dargelegten Umrisse zur Metaphysik der Ethik noch nicht, auch nur aus der Ferne, den Schlußstein des ganzen Gebäudes der Metaphysik, oder den eigentlichen Zusammenhang der Divina Commedia absehn lassen. Dies lag aber auch weder in der Aufgabe, noch in meinem Plan. Denn man kann nicht alles in einem Tage sagen, und soll auch nicht mehr antworten, als man gefragt ist.

Indem man sucht, menschliche Erkenntnis und Einsicht zu fördern, wird man stets den Widerstand des Zeitalters empfinden, gleich dem einer Last, die man zu ziehn hätte, und die schwer auf den Boden drückt, aller Anstrengung trotzend. Dann muß man sich trösten mit der Gewißheit, zwar die Vorurteile gegen sich, aber die Wahrheit für sich zu haben, welche, sobald nur ihr Bundesgenosse, die Zeit, zu ihr gestoßen sein wird, des Sieges vollkommen gewiß ist, mithin, wenn auch nicht heute, doch morgen.

# ZU LEBEN UND WERK
# ZEITTAFEL
# Arthur Schopenhauer
# 1788–1860

Arthur Schopenhauer ist der Sohn eines begüterten Danziger Kaufmanns. Er wurde im großbürgerlichen Stil erzogen. Privatunterricht und ausgedehnte Reisen mit den Eltern durch Westeuropa verschafften ihm eine breite Bildung. Das väterliche Vermögen erlaubte ihm auch, nach dem Scheitern als Dozent in Berlin drei Jahrzehnte in Frankfurt als Privatgelehrter zu leben. Wie Nietzsche gehört er zu den wenigen Philosophen, die zugleich Schriftsteller hohen Grades waren.

Schopenhauers provizierendes philosophisches Programm ist die Kritik der Welt, wie sie ist, und die Kritik der Philosophie, wie sie ist. Damit beginnt ein neuer Abschnitt der abendländischen Philosophie. Nicht mehr die Idee, der Geist, die Vernunft sind der Ausgangspunkt allen Denkens und Seins, wie noch Immanuel Kant und Georg Wilhelm Friedrich Hegel gelehrt hatten. An ihre Stelle tritt vielmehr ein vernunftloses Daseinsprinzip, das sich blind durchsetzt. Dieses Prinzip ist dem einzelnen nicht in der Vorstellung gegeben, also nicht als „Idee", sondern in der Erfahrung des eigenen Leibes: Es ist der Wille mit seinem ständigen Drang ins Dasein.

Dieser Drang begründet jedoch keinen Fortschrittsoptimismus. Die Lehre vom Willen als steuerndes Prinzip der Welt führt Schopenhauer vielmehr zu jenem Pessimismus, als dessen Hauptvertreter er im 19. Jahrhundert gilt. Eine dauernde Erlösung vom Daseinsdrang des Willens ist nur durch eine Verneinung des Willens zum Leben möglich, also durch den Tod. Eine vorübergehende Befreiung wenigstens gewährt die Kunst, als deren höchste Gattung Schopenhauer die Musik gilt. In der ästhetischen Anschauung kann sich der Mensch zeitweise vom Drang des daseinsdurstigen Wollens frei machen.

Schopenhauers ganzes philosophisch-schriftstellerisches Werk ist im Grunde die Ausführung dieser Gedanken, die auch im Titel seines Hauptwerks formuliert sind: "Die Welt als Wille und Vorstellung" (1819). Das ist bereits in der Dissertation „Über die vierfache Wurzel des Satzes vom zureichenden Grunde" (1813) angelegt. Die späteren Schriften „Über den Willen in der Natur" (1836), die beiden Preisschriften (1839 und 1840) sowie „Parerga und Paralipomena" (1851) führen das fort und bringen noch Ergänzungen und nähere Ausführungen.

Schopenhauer selbst hat diese strenge Einheit seines Werks in der Einleitung zu „Über die Grundlage der Moral" formuliert: „Wenn einmal die Zeit gekommen sein wird, wo man mich liest, wird man finden, daß meine Philosophie ist wie Theben mit hundert Toren:

von allen Seiten kann man hinein und durch jedes auf geradem Wege bis zum Mittelpunkt gelangen."

„Über die Grundlage der Moral" (1840) ist eine Preisschrift auf eine entsprechende Frage, die die Königlich Dänische Gesellschaft der Wissenschaften in Kopenhagen gestellt hatte. Sie fand nicht das Wohlwollen der Gutachter und blieb ohne Auszeichnung. Schopenhauer kritisiert hier zunächst ausführlich die Ethik Kants und bestimmt dann als Grundlage der Moral „die moralische Triebfeder", den inneren, vom Charakter des Menschen ausgehenden moralischen Trieb, der die moralischen Handlungen hervorruft: „Das wahre Fundament der Moral ist das natürliche Mitleid, aus dem Gerechtigkeit und Menschenliebe stammen."

## Zeittafel zu Leben und Werk

1788 22. Februar Geburt in Danzig. Vater: Heinrich Floris Schopenhauer, Kaufmann. Mutter: Johanna Schopenhauer, geb. Trosiener.
1793 Übersiedlung nach Hamburg.
1797 Geburt der Schwester Adele. Bei einem Geschäftsfreund des Vaters in Le Havre.
1799 Besuch einer Privatschule in Hamburg.
1800 Beginn einer mehrjährigen Bildungsreise: Reise nach Karlsbad, Prag und Dresden.
1803 Reise nach England, Frankreich, Holland, in die Schweiz, Österreich.
1805 Rückkehr nach Hamburg. Antritt einer Kaufmannslehre. Tod des Vaters.
1806 Übersiedlung von Mutter und Schwester nach Weimar.
1807 Besuch des Gymnasiums in Gotha.
1808 Fortsetzung des Unterrichts in Weimar. Liebe zu Karoline Jagemann.
1809 Immatrikulation an der Universität Göttingen als Medizinstudent.
1810 Übertritt in die Philosophische Fakultät.
1811 In Weimar bei Wieland. Fortsetzung des Studiums in Berlin bei Johann Gottlieb Fichte und Friedrich Schleiermacher.
1813 Dissertation „Über die vierfache Wurzel des Satzes vom zureichenden Grunde". Promotion zum Doktor der Philosophie. Bekanntschaft mit Goethe.
1814 Endgültiges Zerwürfnis mit der Mutter. Übersiedlung nach Dresden. Privatgelehrter.
1816 „Über das Sehn und die Farben".
1818 Italienreise (Venedig, Rom, Neapel, Paestum, Rom, Venedig, Mailand).
1819 „Die Welt als Wille und Vorstellung". Rückkehr nach Dresden. Entschluß zur Habilitation.
1820 Vorlesungen über die Lehre vom Wesen der Welt und vom menschlichen Geist. Liebe zu Caroline Richter.
1822 Zweite Reise nach Italien (Oberitalien, Florenz). Krankheit, Depressionen.

1823 Rückkehr aus Italien. In München.
1825 Endgültiges Scheitern der Dozentenkarriere in Berlin.
1830 „Theoria colorum physiologica".
1831 Flucht aus Berlin wegen Cholera. Übersiedlung nach Frankfurt.
1836 „Über den Willen in der Natur".
1838 Tod der Mutter.
1839 Krönung der Preisschrift „Über die Freiheit des Willens" durch die Königlich Norwegische Sozietät der Wissenschaften zu Drontheim.
1840 Preisschrift „Über die Grundlage der Moral" von der Königlich Dänischen Gesellschaft der Wissenschaften nicht gekrönt.
1841 „Die beiden Grundprobleme der Ethik" (beide Preisschriften).
1847 Zweite Auflage der (bearbeiteten) Dissertation.
1849 Tod der Schwester.
1851 „Parerga und Paralipomena" (kleine philosophische Schriften; 2 Bände; darin „Aphorismen zur Lebensweisheit").
1857 Besuch Friedrich Hebbels.
1858 Ablehnung der ihm angetragenen Mitgliedschaft in der Königlichen Akademie der Wissenschaften in Berlin.
1860 21. September Tod in Frankfurt. Begräbnis auf dem Hauptfriedhof.